S. PIESSE

CHIMISTE-PARFUMEUR A LONDRES

HISTOIRE DES PARFUMS

ET

HYGIÈNE DE LA TOILETTE

Poudres, Vinaigres, Dentifrices, Fards, Teintures, Cosmétiques, etc.

ÉDITION FRANÇAISE

MISE AU COURANT DES PROGRÈS DE LA SCIENCE

Avec 72 figures dans le texte.

LA PARFUMERIE A TRAVERS LES SIÈCLES

HISTOIRE NATURELLE DES PARFUMS

D'ORIGINE VÉGÉTALE ET D'ORIGINE ANIMALE

HYGIÈNE DES PARFUMS ET DES COSMÉTIQUES

HYGIÈNE DES CHEVEUX ET PRÉPARATIONS ÉPILATOIRES

POUDRES ET EAUX DENTIFRICES

TEINTURES, FARDS, ROUGES, ETC.

PARIS

LIBRAIRIE J.-B. BAILLIÈRE ET FILS

19, rue Hautefeuille, près du boulevard Saint-Germain.

1905

BIBLIOTHÈQUE DES CONNAISSANCES UTILES

HISTOIRE
DES PARFUMS

1269-04. — CORBEIL. Imprimerie ÉD. CRÉTÉ

PRÉFACE

Depuis une vingtaine d'années, l'étude et la production des parfums ont bénéficié d'un redoublement d'activité de la part des savants et des praticiens. Et en même temps que s'accumulent nos connaissances sur cette question, captivante entre toutes, de plus en plus nombreux devient le public qui s'y intéresse. Le bon accueil qu'a reçu ce livre, la rapidité avec laquelle se sont succédé ses diverses éditions en sont la preuve irréfutable.

L'extraction des parfums des plantes est l'objet de perfectionnements continus, la fabrication artificielle des produits odorants est constamment rajeunie et fécondée par les découvertes des chimistes ; aussi bien les applications dans l'art de la parfumerie sont-elles en quelque sorte indéfinies et l'originalité peut-elle s'y exercer sans entraves. Présenter au lecteur un exposé, toujours au courant de ces progrès, de l'ensemble des connaissances nécessaires au parfumeur et utiles au public éclairé, tel est le but auquel a visé l'auteur en écrivant cet ouvrage qui, fréquemment réédité, a pu y répondre constamment.

Deux volumes ont été consacrés à cette étude : le

premier relatif à l'HISTOIRE DES PARFUMS et à l'HYGIÈNE DE LA TOILETTE, le second traitant de la CHIMIE DES PARFUMS.

Dans le premier volume, **Histoire des parfums et hygiène de la toilette**, on trouvera tout ce qui a trait à l'*origine* et à l'*emploi des parfums*.

La PREMIÈRE PARTIE comprend un court résumé de l'*histoire de la parfumerie* chez les Anciens, puis chez les Modernes, particulièrement en France et en Angleterre.

On y a rattaché en outre les questions relatives à l'*odorat* et aux *odeurs*, à leurs harmonies et à leur variabilité, ainsi que l'étude de la *désinfection* et de l'*embaumement*, et la description des *principaux produits employés en parfumerie*, ceux que l'on pourrait appeler les *produits accessoires* : acide acétique, alcool, glycérine, paraffine, etc.

La DEUXIÈME PARTIE, qui constitue le corps de l'ouvrage, est consacrée aux *parfums d'origine végétale* et aux *parfums d'origine animale*, étudiés au point de vue des conditions de leur production et de la description des êtres vivants qui les élaborent. Ce chapitre a été entièrement remanié et doté de l'exposé des connaissances récemment acquises sur ce sujet. On y a, en particulier, résumé cet ensemble de travaux qui, dans ces dernières années, tout en ouvrant une voie nouvelle dans le domaine de la chimie végétale, ont solutionné le problème de la formation, de la distribution, de la circulation et de l'évolution des composés odorants chez la plante.

Enfin, ce premier volume se termine par une étude

sur l'*hygiène cosmétique* et sur les *applications générales de la parfumerie*. A une époque où les progrès de la civilisation ont, à si juste titre, fait naître des besoins constants en ce qui concerne l'hygiène et la toilette, ce chapitre présentera pour le lecteur un intérêt particulièrement puissant.

Le second volume des parfums de Piesse, la **Chimie des parfums**, a été récemment réédité dans un nouvel esprit et mis au courant de tous les progrès, progrès nombreux et rapides, réalisés aussi bien dans l'étude chimique des huiles essentielles et de leurs principes constitutifs, que dans l'exploitation industrielle des parfums naturels et artificiels. Il constitue un tableau exact de nos connaissances sur le sujet, connaissances dont l'exposé a été mis à la portée du plus grand nombre de lecteurs possible.

Comme on a pu s'en convaincre par cette analyse succincte, les deux volumes des parfums de Piesse forment un *manuel complet du parfumeur*, indispensable à tous ceux qui s'occupent des parfums au point de vue industriel, scientifique ou documentaire, utile à tous ceux qui veulent en faire un emploi raisonné et conforme aux règles de l'hygiène.

Juillet 1904.

HISTOIRE DES PARFUMS

ET

HYGIÈNE DE LA TOILETTE

I

La Parfumerie à travers les siècles. — De l'odorat et des odeurs. — Désinfection et embaumement. — Généralités sur les divers produits employés en parfumerie.

I

LA PARFUMERIE A TRAVERS LES SIÈCLES

> La nature, de sa main puissante et mystérieuse, pare les jardins et remplit l'air pur d'odorantes senteurs... C'est là que je veux m'abreuver d'un air céleste, aspirer les brises vivifiantes qui s'exhalent en foule des bosquets odorants, des vallons parfumés.
>
> THOMSON.

ORIGINE RELIGIEUSE DE LA PARFUMERIE

La main du Créateur a répandu sur les fleurs tous les trésors de ses richesses; après les avoir posées sur des tiges pleines de grâce et de délicatesse, il les a peintes des couleurs les plus vives, les plus variées, les plus harmonieuses, et les a imprégnées des plus exquises senteurs. C'est que la fleur occupe une place importante dans les desseins de la nature. Au milieu de la corolle sont placés les organes reproducteurs destinés à perpétuer les espèces après la mort des individus qui les ont portés; aussi l'homme dès son berceau a-t-il appris à respecter des productions si magnifiques; et s'il s'est permis d'y porter quelquefois une main téméraire, ce n'a été sans doute que pour faire hommage au Créateur de ce qu'il considérait comme le symbole de la perfection.

C'est aussi pour reconnaître le souverain domaine de Dieu sur sa créature, que l'homme a cherché à extraire des fleurs les suaves parfums qu'elles renferment, et qu'il a ravi à différents végétaux ces résines et ces baumes aux aromes enivrants dont quelques-uns sont encore brûlés dans nos temples.

C'est en effet dans les cérémonies religieuses des premiers peuples qu'il faut chercher les premières traces de l'art du parfumeur; chez les nations de l'antiquité, une offrande de parfums était regardée comme le témoignage de la plus profonde et de la plus respectueuse vénération.

Pline place l'origine de la parfumerie dans ces belles contrées de l'Orient, où les richesses végétales se trouvent réunies comme dans un pays privilégié qui, recevant le premier les rayons du soleil, semble en épuiser toutes les vertus vivifiantes; son opinion est confirmée par les saintes Écritures. Les fréquentes allusions de la Bible aux parfums et aux aromates prouvent que, de très bonne heure, il s'en faisait une consommation considérable chez les peuples dont le sol produit l'aloès, la cannelle, le bois de santal, le camphre, la muscade et le girofle, l'arbre à encens dont les Sabéens avaient le saint privilège de recueillir la gomme-résine, le *balsamier* ou *baumier*, le triste *Nyctanthes*, qui répand ses riches parfums au crépuscule, le *nilica*, dans les fleurs duquel les abeilles, dit-on, s'endorment au bruit de leur propre bourdonnement; tous ces végétaux et une foule d'autres non moins odorants appartiennent à l'Orient, et pendant des siècles sont demeurés inconnus au reste du monde.

I. — LES PARFUMS CHEZ LES JUIFS.

Que les Anciens attachassent une idée non seulement de respect personnel, mais encore d'hommage religieux, à une offrande d'encens, c'est ce que prouve l'exemple des mages qui, après s'être prosternés à genoux pour adorer l'enfant Jésus nouveau-né et après avoir reconnu sa divinité, lui offrirent de l'or, de la myrrhe et de l'encens.

Il ne paraît pas du reste que les Juifs aient fait grand usage des parfums pour leur toilette, soit que les prescriptions sévères de la loi de Moïse contre ceux qui emploieraient pour eux les parfums réservés pour le sanctuaire les en aient détournés, soit que leur vie nomade ne leur ait pas permis de s'occuper d'un art qui n'appartient qu'aux civilisations avancées. Il est certain toutefois qu'outre les parfums brûlés dans le temple, les Juifs en avaient d'autres qu'ils répandaient sur les morts. Nous le voyons par l'exemple de Joseph d'Arimathie, qui oignit le corps de Notre-Seigneur avant de le mettre au tombeau, et par cette réponse de Jésus à Juda, qui reprochait à Marie l'emploi d'une préparation empruntée aux banquets comme un luxe inutile : « C'est ma sépulture qu'elle prépare. » Nous trouvons dans saint Jean : « C'était leur coutume de répandre sur les morts des substances aromatiques, particulièrement de la myrrhe et de l'aloès, qui venaient d'Arabie. » Cette cérémonie est exprimée en grec par le verbe ἐνταφιάζειν (embaumer ou ensevelir) ; elle était accomplie par les voisins et les parents.

Les Juifs avaient l'habitude de s'oindre de parfums avant le repas. Cependant il paraît certain qu'ils n'ont pas fait de très grands progrès dans l'art du parfumeur et qu'ils se sont contentés d'employer les aromates tels que la nature les leur offrait, ou tout au plus dissous dans des véhicules appropriés.

Les premiers chrétiens imitèrent les Juifs et adoptèrent l'usage de l'encens dans les cérémonies de la liturgie. Saint Ephraïm, père de l'Église de Syrie, prescrivit par son testament qu'aucun parfum ne fût brûlé ni répandu sur son cercueil, mais que les aromates fussent plutôt donnés au sanctuaire.

Les parfums étaient employés dans le service de l'Église non seulement sous forme d'encens, mais encore mêlés à l'huile et à la cire pour les lampes et les cierges qui devaient brûler dans la maison du Seigneur.

2. — LES PARFUMS CHEZ LES CHINOIS.

Les Chinois, dont le sensualisme est si raffiné, dit M. Claye (1), font une grande consommation de parfums, auxquels ils accordent une large place dans leur culte, leurs usages domestiques et leurs plaisirs; ils brûlent des bois et des résines odorants devant leurs autels et les mêlent aux mets ; ce sont surtout les aphrodisiaques qui sont recherchés ; et on assure qu'ils savent préparer certaines boules odorantes formées d'ambre, de musc, de fleurs de chanvre mêlées à l'opium et à d'autres substances plus énergiques ; quelque temps échauffées et roulées dans la main, elles jettent dans un voluptueux spasme les beautés aux petits pieds qui peuplent le Céleste Empire (2).

(1) Claye, *Les Talismans de la beauté*, 1864, p. 15.
(2) Id., *Ibid.*, p. 16.

3. — LES PARFUMS EN ORIENT.

Les disciples de Zoroastre faisaient leurs prières devant des autels où brillait le feu sacré, et cinq fois par jour les prêtres y mettaient du bois et des odeurs.

Dans l'Orient on considère, de nos jours, comme une preuve d'amitié et un acte d'hospitalité, d'asperger les visiteurs d'essence de roses, ou de les parfumer de bois d'aloès à la fin de chaque visite. Dans un excellent ouvrage qui peint très bien la vie domestique des peuples de l'Orient, on trouve plusieurs passages relatifs à l'usage des parfums. Telle est *l'Histoire du frère cadet du barbier*, qui, se trouvant attiré dans le palais de la femme du grand vizir pour y devenir son jouet et lui servir d'amusement, se vit *peindre les sourcils comme une femme, raser la barbe et ensuite parfumer de bois d'aloès et d'eau de roses.*

4. — LES PARFUMS CHEZ LES SCYTHES.

Hérodote nous apprend (1) que les femmes scythes broyaient sur une pierre du bois de cyprès, du cèdre et de l'encens ; elles y versaient ensuite une certaine quantité d'eau jusqu'à ce que le tout prît la consistance d'une pâte qui servait à enduire le visage et les membres ; cette composition répandait d'abord une odeur agréable, puis, quand on l'enlevait le lendemain, elle donnait à la peau de la douceur et de l'éclat.

5. — LES PARFUMS EN ÉGYPTE.

Les dames égyptiennes portaient souvent sur elles de petits sachets de gommes-résines odoriférantes, comme

(1) *Melpomène*, c. LXXV.

c'est encore l'habitude chez les Chinois : chacun sait d'ailleurs que les morts chez les Égyptiens étaient comme enveloppés d'aromates qui ont conservé leurs momies jusqu'à notre époque (1).

6. — LES PARFUMS CHEZ LES GRECS.

La mythologie des Grecs attribuait aux immortels l'invention et l'usage des parfums, et, d'après la Fable, les hommes n'en auraient eu connaissance que par l'indiscrétion d'Œnone, une des nymphes de Vénus.

Homère parle des parfums à l'occasion de quelques divinités ; quand les dieux de l'Olympe favorisaient un mortel de leur visite, ils laissaient après eux une odeur d'ambroisie, signe non équivoque de leur divine nature.

L'usage d'oindre de parfums les corps des personnes mortes n'était pas particulier aux Juifs ; tous les peuples de l'antiquité paraissent avoir pratiqué à cet égard le même cérémonial ; ainsi nous trouvons dans Homère que Vénus elle-même veillait nuit et jour sur les restes d'Hector, versant sur lui un baume précieux (2) :

.....Διὸς θυγάτηρ 'Αφροδίτη
.....ῥοδόεντι δὲ χρῖεν ἐλαίῳ,
.ἀμβροσίῳ.

Les Grecs d'ailleurs aimaient beaucoup les parfums et avaient fait faire de remarquables progrès à l'art du parfumeur ; ils poussaient à cet égard la recherche jusqu'à renfermer leurs habits dans des coffres odorants, ainsi que nous l'apprend Homère en parlant d'Ulysse, et, d'après Athénée (3), ils avaient des cassolettes qui

(1) Voy. LORET, *L'Égypte au temps des Pharaons* : Toilettes et Parfums. Paris, 1889. (*Bibliothèque scientifique contemporaine.*)
(2) HOMÈRE, *Iliade*, XXIII, 185.
(3) Livre Ier, *passim*.

répandaient dans l'air de suaves odeurs pendant qu'ils étaient à table. De même que les Romains, ils avaient la coutume de se couronner de roses dans les festins, et les vins les plus estimés des Athéniens étaient parfumés avec des violettes, des roses et divers aromates ; celui de Byblos, en Phénicie, était surtout remarquable sous ce rapport. Le luxe des parfums fut même poussé si loin qu'une loi du sage Solon en défendait l'usage aux Athéniens.

Chez les Lacédémoniens, ce luxe fut toujours proscrit, et les parfumeurs étaient bannis de la cité comme gens qui perdaient l'huile, par la même raison qu'on repoussait tous ceux qui teignaient la laine, parce qu'ils en détruisaient la blancheur.

Malgré les prohibitions de Solon et de Lycurgue, le goût des parfums ne tarda pas à devenir général en Grèce, et y fut poussé à un degré de raffinement qui n'avait jamais encore été atteint et qui ne fut jamais dépassé depuis.

Quoique l'Orient fournît aux Athéniens la gomme et les essences les plus estimées, ils grossirent considérablement la liste des plantes odoriférantes déjà en usage. Apollonius, disciple d'Hérophile, a écrit un traité sur les parfums. « La meilleure iris, dit-il, vient d'Elis et de Cyzique ; la meilleure qualité d'essence de roses se fait à Phasales, à Naples et à Capoue ; celle qu'on tire du crocus est supérieure à Soli, en Cilicie et à Rhodes ; l'essence de nard à Tanius, l'extrait de feuilles de vigne à Chypre et à Adramyttium ; l'huile de marjolaine, l'extrait de pommes se tirent de Cos ; l'Égypte produit le palmier qui donne l'essence de *Cyprinus* (1) ; la meilleure après vient de Chypre, de Phénicie et enfin de

(1) Glaïeul.

Sidon. Le parfum appelé *panathénaïcum* (1) se fait à Athènes; en Égypte on prépare supérieurement ceux qu'on nomme *métopien* et *mendésien* ; toutefois la qualité de chaque parfum est due aux substances et aux opérations plutôt qu'au pays lui-même. »

Les boîtes dans lesquelles on renfermait les onguents étaient ordinairement d'albâtre, élégamment ornées, et devaient former un article important du mémoire du joaillier; on les nommait *alabastra*. C'étaient encore des vases d'*onyx*. On conservait ces préparations dans de l'huile et on les colorait en rouge, avec du cinabre ou de l'orseille (PLINE); mais, si nous en croyons un passage du *Colon*, d'Alexis (2), cette prodigalité elle-même a été bien dépassée :

« Car pour se parfumer, il ne trempait pas ses doigts dans l'albâtre, coutume ordinaire du temps passé, mais il lâchait quatre colombes tout imprégnées d'essences, non d'une seule espèce. Chacune portant un parfum particulier et différent des autres, elles planaient au-dessus de nous, et de leurs ailes humides faisaient pleuvoir leurs parfums sur nos robes et nos vêtements; moi aussi, ne soyez pas trop jaloux, messieurs, j'ai été arrosé d'essence de violettes. »

On parfumait toujours la salle dans laquelle un repas avait lieu, soit en brûlant de l'encens, soit en répandant sur les meubles des eaux de senteur, précaution peu nécessaire quand on considère la profusion avec laquelle les convives eux-mêmes se couvraient d'essences. Chaque partie du corps avait son parfum particulier : la menthe était recommandée pour les bras, l'huile de palmier pour les joues et la poitrine; dans les sourcils, dans les cheveux, on mettait une pommade faite avec

(1) Sorte de parfum composé.

(2) ALEXIS, poète comique grec, vivait au IVe siècle avant J.-C.

de la marjolaine; pour les genoux et le cou, on employait l'essence de lierre terrestre; cette dernière était réputée utile dans les orgies, comme aussi l'essence de roses; le coing fournissait une essence utile dans la léthargie et la dyspepsie; le parfum des feuilles de vigne entretenait la lucidité de l'esprit et celui des violettes blanches était favorable à la digestion.

Dans les exercices athlétiques des jeux Olympiques, les lutteurs et les pancratiastes (1) avaient l'habitude d'huiler leurs membres pour les rendre plus souples. Les parfums d'Athènes jouissaient d'une grande réputation, comme on peut le voir par un curieux fragment transmis par Athénée. Ce passage nous montre d'où on tirait de son temps ce qui était le plus estimé en chaque genre, « un cuisinier d'Elis, un chaudron d'Argos, du vin de Plionte, des tapisseries de Corinthe, du poisson de Sicyone, du fromage de Sicile, les parfums d'Athènes et les aiguilles de Béotie » : absolument comme les Romains, qui estimaient par-dessus tout les roses de Pœstum.

En Grèce, les boutiques de parfumeurs étaient ouvertes à tout venant; elles servaient de lieu de réunion, on y discutait les intérêts de l'État, on y décrétait la mode, on y racontait des histoires scandaleuses, et on disait à Athènes : Allons au parfum, — comme on dit : Allons au café.

La mode de se parfumer la tête dans les banquets venait, dit-on, de l'idée que les effets excitants du vin seraient mieux supportés avec la tête humide, de même qu'un malade dévoré d'une fièvre brûlante se sent soulagé par l'application d'une compresse mouillée. Aristote, mieux guidé par ses habitudes d'observation, fit

(1) Lutteurs qui combattaient au pancrace.

un raisonnement différent et plus vrai en attribuant à la nature desséchante des ingrédients dont se composaient les pommades, le grand nombre d'hommes qui avaient les cheveux gris, et il ne fut pas seul de cet avis. Ce n'est pas sans intention que Sophocle représente Vénus, la déesse du plaisir, parfumée et se regardant dans un miroir, et qu'il nous montre Minerve, la déesse de la raison et de la chasteté, assouplissant ses membres avec de l'huile avant de se livrer aux exercices gymnastiques.

Chrysippe cherchait dans l'étymologie du mot un motif pour repousser la chose ; mais cet argument, tiré par les cheveux, ne servit qu'à l'exposer aux railleries d'un plaisant de l'antiquité, qui disait à ce propos que, sans les physiciens, il n'y aurait rien de si bête au monde que les grammairiens.

Socrate proscrivait tous les parfums : « L'esclave et l'homme libre, disait-il, quand ils sont parfumés, ont la même odeur. » Cette critique fit peu d'impression sur son élève Eschine, qui devint parfumeur, contracta des dettes et essaya d'emprunter de l'argent sur la valeur de son fond. Alexandre fut plus sensible aux observations de son précepteur Léonidas qui lui reprochait de prodiguer l'encens dans les sacrifices : « Il sera temps, lui disait son maître, de vous montrer aussi généreux quand vous aurez conquis les pays qui produisent l'encens. » Le roi se souvint de la leçon, et, quand il se fut emparé de l'Arabie, il envoya à son vieux précepteur une provision considérable d'encens et de myrrhe.

7. — LES PARFUMS CHEZ LES ROMAINS.

De la Grèce les parfums pénétrèrent promptement à Rome ; et quoique la vente en fût d'abord rigoureusement prohibée, l'usage en devint chaque jour plus extravagant. Pour s'en faire une idée, il suffit de lire les poètes latins, surtout les comiques.

Les Romains, qui avaient conquis l'Égypte, l'Inde, l'Arabie, tiraient de ces contrées d'énormes quantités de parfums, auxquels ils ajoutèrent ceux que produisaient l'Italie et la Gaule.

Le jonc odorant était leur parfum le plus commun, et réservé exclusivement aux courtisanes ; les plus estimés étaient les roses de Pœstum, le nard, le mégalium, le télinum, le malabathrum, l'opobalsamum, le cinnamome, etc. Ils les employaient avec une folle profusion pour parfumer leurs bains, leurs chambres, leurs lits; de même que les Grecs, ils en avaient pour les différentes parties du corps; ils en mêlaient au vin :

> Tunc me vina juvent nardo confusa rosisque.
> Sertaque et unguentis sordida facta coma (1).

Ils en répandaient sur la tête des convives ; quand ils avaient une représentation scénique, le velarium qui recouvrait l'amphithéâtre était imprégné d'eau de senteur, qu'il laissait échapper sous forme de pluie parfumée sur les acteurs et sur les spectateurs, et les aigles romaines elles-mêmes étaient parfumées des plus fines essences avant la bataille, cérémonie qui se renouvelait quand la victoire leur avait été favorable.

Nous citerons quelques faits pour montrer l'abus que faisaient les Romains des parfums : lors des funérailles de sa femme Poppée, Néron fit brûler sur le bûcher plus d'encens que l'Arabie n'en produisait dans toute une année. A une époque antérieure, Plancius Plancus, proscrit par les triumvirs, avait été trahi par les essences

(1) GALLUS.

qu'il portait : les effluves qui s'échappaient de sa retraite le découvrirent aux soldats envoyés à sa poursuite.

Pline cite un grand nombre de préparations cosmétiques employées chez les Romains ; ils teignaient leurs cheveux en noir avec le millepertuis, le myrte, le cyprès, la pelure bouillie du poireau et le brou de noix :

Coma tum mutatur, ut annos
Dissimulet, viridi cortice tincta nucis (1).

Un mélange d'huiles, de cendres et de vers de terre les empêchait de blanchir ; les baies de myrte prévenaient la calvitie, et la graisse d'ours, déjà à cette époque, faisait comme de nos jours pousser les cheveux !

On rendait les cheveux blonds avec de la lie de vinaigre, ou le jus de coing mélangé à celui du troène, ce qui était pratiqué par les courtisanes, à qui il était défendu de porter des cheveux noirs ; il paraît même que quelques raffinés les teignaient en bleu, comme le montre le passage suivant de Properce :

An si cæruleo quædam sua tempora fuco
Tinxerit, ideirco cærula forma bona est (2).

Il était aussi d'usage chez les femmes romaines de se noircir les sourcils :

. . . . Neque illi
Jam manet humida creta (3).

Le carmin était employé pour colorer les joues, la mandragore pour effacer les cicatrices du visage, et, outre les substances simples, les parfumeurs de Rome avaient encore composé une foule de mélanges que l'on

(1) Tibulle, I, viii.
(2) II, xvii.
(3) Horace, *Epodes*.

peut voir dans Pline ou dans la *Cosmétique* d'Ovide, et dont quelques-uns ont valu à leurs auteurs de voir parvenir leurs noms à la postérité. Martial nous a conservé ceux de Niceros, de Cosmus, de Folia, etc. Le goût des parfums n'était, du reste, pas particulier à certains peuples : on le retrouve chez tous et on peut le suivre à travers les âges jusqu'à nos jours.

8. — LES PARFUMS EN ITALIE.

Suivant une ancienne coutume, le pape, à Rome, bénit chaque année ce qu'on appelle la *Rose d'or*. Cette fleur, faite de l'or le plus pur et ornée de pierres précieuses, est parfumée de baume et d'encens. Sa Sainteté récite des prières qui expliquent le sens de la bénédiction; après quoi elle prend la fleur dans sa main gauche et bénit l'assistance. La messe en cette occasion est ensuite célébrée dans la chapelle Sixtine. Ces roses d'or sont ordinairement envoyées à des souveraines, quelquefois à des princes; d'autres fois, quoique rarement, à des villes et à des corporations. Celle de l'année 1862 fut offerte à l'impératrice des Français, et celle de l'année précédente à la reine d'Espagne.

9. — LES PARFUMS EN ANGLETERRE.

Grâce à Stow, nous connaissons l'époque précise à laquelle l'usage des parfums s'y introduisit.

« Les modistes ou merciers, dit-il, ne vendaient pas alors des gants brodés ou cousus en or ou en soie, ils ne savaient faire ni lotion ni essence de prix ; ce n'est que dans la quinzième année du règne d'Élisabeth que le très honorable Édouard de Vère, comte d'Oxford, à son retour d'Italie, en rapporta des gants, des sachets, un pourpoint de peau parfumée et diverses autres nouveautés. Cette même année, la reine eut une paire de gants parfumés, ornée seulement de quatre bouffettes ou roses en soie de couleur. Élisabeth était si heureuse de cette parure nouvelle, qu'elle se fit peindre avec la main gantée, et pendant longtemps on disait « le parfum du comte d'Oxford ».

Du reste, jamais, dans les trois royaumes, les parfums et les cosmétiques ne furent plus riches, mieux préparés, plus coûteux ni plus délicats que sous le règne d'Élisabeth. Sa Majesté avait le sens de l'odorat particulièrement fin, et rien ne la blessait plus qu'une odeur désagréable. Les parfums et les cosmétiques de toute sorte étaient alors d'un usage général. Les cosmétiques et les autres objets nécessaires à la toilette des dames étaient renfermés dans des boîtes imprégnées de quelque odeur favorite que l'on appelait *boîtes à parfums* (*sweet coffers*). Cette expression se rencontre perpétuellement dans les vieux écrivains. On regardait ces boîtes comme faisant nécessairement partie du mobilier de toute chambre d'honneur; la richesse de leur forme était un témoignage certain du goût et de la générosité du maître du logis. Les flacons d'essence consacrés aux soins ordinaires de la toilette s'appelaient *flacons de senteurs* (*custing bottles*); les boules de senteurs (*pomanders*), qui dans l'origine n'étaient destinées qu'à prévenir l'infection, comme aujourd'hui les sachets de camphre, mais qui devinrent bientôt un objet de luxe parmi les personnes de qualité, étaient des boules de pâtes parfumées que l'on portait dans la poche ou autour du cou. Bientôt elles devinrent l'occasion des plus charmants ouvrages d'orfèvrerie, et souvent on les offrait comme des souvenirs ou des témoignages de satisfaction, comme on fit plus tard des tabatières. La reine Élisabeth en reçut plusieurs comme présents de nouvelle année, et dans le nombre on remarque les objets représentés figure 1.

Fig. 1. — Boule de senteur du temps d'Élisabeth, reproduite avec l'autorisation des commissaires de l'Exposition des Sciences et des Arts, d'après celle qui se trouve aujourd'hui au Muséum de South-Kensington. Chaque division de la boule présente un compartiment distinct destiné à contenir des différents parfums sous forme de poudre ou de pâte.

Les gants parfumés étant aussi à la mode, Élisabeth avait un manteau de peau d'Espagne parfumée. Les souliers même étaient parfumés. La ville imita bientôt l'usage de la cour, comme on le voit par les fréquentes allusions qui se trouvent dans les écrivains dramatiques de l'époque.

Ces écrivains sont, en effet, remplis d'observations satiriques sur l'usage fréquent, excessif que l'on faisait alors des essences et des parfums.

Comme témoignage de l'esprit de la dernière moitié du XVIIe siècle, nous pouvons citer ici un acte du Parlement anglais de 1770. Il porte que « toute femme de tout âge, de tout rang, de toute profession ou condition, vierge, fille ou veuve qui, à dater dudit acte, *trompera*, *séduira* ou *entraînera* au mariage quelqu'un des sujets de Sa Majesté à l'aide de *parfums*, *faux cheveux*, *crépons d'Espagne* (sorte d'étoffe de laine imprégnée de carmin et encore employée aujourd'hui comme rouge sous le nom de *fard en crépon*), busc d'acier, paniers, souliers à talons et fausses hanches, encourra les peines établies par la loi actuellement en vigueur contre la sorcellerie et autres manœuvres; et que le mariage sera déclaré nul et de nul effet ».

10. — LES PARFUMS EN FRANCE.

Dans les temps plus rapprochés de nous, nous trouvons encore le cosmétique en honneur.

Grégoire de Tours nous parle de l'art avec lequel Clotilde, Brunehaut, Galsuinte, relevaient l'éclat de leurs attraits; il nous apprend que les Francs et les Gaulois connaissaient plusieurs vins artificiels, que cet auteur appelle *vina odoramentis immixta*. L'auteur du roman de Persée, Forest, remarque aussi, en décrivant une fête, *que avoient chascun et chascune un chapeau de rose sur son chief.* Mathieu de Coucy raconte que, dans un banquet donné par Philippe le Bon, duc de Bourgogne, on voyait une statue d'enfant qui *pissait de l'eau de roses*.

Dans les premiers temps de la monarchie française, l'usage était de placer dans des cercueils découverts des cassolettes et des parfums qui s'exhalaient à l'aide du feu; on a trouvé de ces cassolettes dans des tombeaux d'une des églises de Paris.

Parmi les présents qu'Haroun-al-Raschid envoya à Charlemagne figuraient des parfums, et l'invasion des Arabes en Espagne y apporta des onguents et des cosmétiques inconnus jusqu'alors. Les croisades dotèrent l'Europe de parfums nouveaux, et la découverte de l'Amérique nous fit connaître le cacao, la vanille, le baume du Pérou, celui de Tolu, etc.

Pendant la Renaissance, le sceptre de la parfumerie est tenu par les artistes italiens amenés par François Ier et par Catherine de Médicis; cette époque peut être comparée à celle de Martial pour l'abus qu'on fit des pâtes et des pommades, des gants parfumés et de tous les raffinements de l'art. Les historiens attestent que Diane de Poitiers, grâce aux cosmétiques dont elle faisait usage, conserva tous ses charmes jusqu'à un âge où ses rivales avaient renoncé à plaire ; on prétend qu'elle tenait ses secrets de Paracelse. A côté de la châtelaine d'Anet brillaient la Marguerite des marguerites et les héroïnes célébrées par Brantôme, qui demandaient à la cosmétique italienne toutes les ressources de son art. C'est à cette époque que furent publiés les ouvrages de Saigini, de Guet, de Dettazy, d'Isabella Cortese, de Marinello (1), sur les cosmétiques, et qui traitaient tous de cet art d'une manière remarquable. Sous les Valois, l'usage des parfums alla jusqu'à l'abus ; les pâtes, les pommades, le masque de Poppée, retrouvé pour Henri III et ses mignons, amenèrent l'espèce de réaction qui se fit pendant le règne suivant contre les parfums et les cosmétiques; mais les pratiques de René le Florentin, les gants de la reine de Navarre et ceux de la belle Gabrielle contribuèrent à cette répulsion, comme les vendeurs de poudre épouvantèrent plus tard la cour de Louis XIV.

Après avoir été négligés sous Henri IV, qui, toujours dans les camps, se servait peu d'odeurs et d'onguents, les parfums reprirent faveur à la cour de Louis XIII, sous l'influence de la belle Anne d'Autriche.

(1) MARINELLO, *Gli Ornamenti delle donne*. Venezia, 1574.

La pâte d'amandes et les crèmes au cacao et à la vanille, importées d'Espagne, servaient à blanchir les mains et les épaules des belles dames de la cour et de l'hôtel de Rambouillet ; c'est à cette époque que les noms les plus précieux et les plus recherchés, empruntés pour la plupart au vocabulaire du Tendre, furent employés pour désigner les cosmétiques; ils furent proscrits une seconde fois par Louis XIV, qui les détestait, et ils se relevèrent définitivement sous la Régence. La beauté presque séculaire de Ninon de Lenclos montre les progrès que l'art du parfumeur avait faits à cette époque.

Avec la Régence les parfums rentrèrent à la cour; c'est à cette époque que fut inventée la poudre à la maréchale, et que Jean Liebault publia des travaux importants sur la parfumerie (1). On usait des poudres, des fards et des pommades. Ninon de Lenclos gardait sa beauté jusqu'à soixante ans, et Cagliostro vendait plus tard à la Dubarry une merveilleuse recette qui la conserva jeune et belle jusqu'aux limites de la vieillesse. Le maréchal de Richelieu vivait dans ses dernières années dans une atmosphère odorante que des soufflets lançaient dans ses appartements.

Avec Marie-Antoinette le goût des parfums s'épura ; au lieu d'odeurs vives et fortes on préféra la senteur de la violette et de la rose. On a de nos jours conservé les mêmes préférences.

Un parfum d'un usage général, même aujourd'hui, fut inventé par un membre de la plus ancienne noblesse de Rome, appelé Frangipani, et porte encore son nom ; c'est une poudre composée de tous les aromates connus, en égales proportions, auxquels on ajoute de la racine

(1) Jean LIEBAULT, *Quatre livres de Secrets de médecine et de la philosophie chimique*. Rouen, 1628.

d'iris en poids égal à la totalité, avec 1 pour 100 de musc et de civette. Une liqueur du même nom, inventée par son petit-fils Mercurio Frangipani, jouit aussi d'une faveur générale : on la prépare en faisant infuser de la poudre de frangipane dans de l'esprit-de-vin rectifié, qui dissout les principes odorants : ce parfum a le mérite d'être le plus durable de tous.

Voici l'origine de la frangipane :

Il y a à Rome une famille qui porte le nom de Frangipani ; ce nom vient, dit-on, d'une certaine fonction qu'un de ses auteurs remplissait dans l'église, celle de présenter le pain consacré dans une cérémonie particulière : *frangipani* signifie littéralement *pain rompu*, et vient de *frangere panem*, rompre le pain ; de là nous avons des tartes à la frangipane qui, les bonnes ménagères le savent, sont toutes de pain émietté. Un des membres de cette ancienne famille, Mulio Frangipani, servit en France dans l'armée du pape sous le règne de Charles IX ; ce fut le petit-fils de ce gentilhomme, le marquis de Frangipani, maréchal des armées de Louis XIII, qui inventa une espèce de gants parfumés qui prirent le nom de *gants à la frangipane*.

Puisque nous avons parlé des gants parfumés qui, par parenthèse, ont depuis longtemps cessé d'être en usage, nous ferons connaître quelques détails curieux sur le commerce des gants et des parfums.

Avant la Révolution, la parfumerie était soumise au régime des corporations. En 1190, Philippe-Auguste octroya aux parfumeurs des statuts qui furent confirmés par le roi Jean le 20 décembre 1357, et par lettre royale de Henri III, le 27 juillet 1582, qui régirent cette industrie jusqu'en 1636. Sous Colbert, qui donna une grande impulsion à l'industrie française, les parfumeurs ou parfumeurs-gantiers, comme on les appelait, obtinrent des patentes enregistrées au Parlement qui prouvent leur importance acquise; leur confrérie était établie à la chapelle Sainte-Anne de l'église des Innocents; par patentes données le 20 juillet 1426 par Henri II, roi d'Angleterre, qui se qualifiait *roi de France* pendant les troubles qui marquèrent le règne de Charles VII, leurs armes enregistrées en l'armorial général en France sont : *D'argent à trois gants de gueules, au chef d'azur chargé d'une cassolette antique d'or.*

La Révolution se fit sentir dans l'industrie du parfumeur; chaque parfum portait un nom bizarre; il y avait des habits à la guillotine, la pommade de Sanson, etc. Plusieurs compositions, devenues historiques, nous ont été transmises par le Directoire et l'Empire; c'est de cette époque que l'industrie du parfumeur se transforme en s'appuyant sur la science; c'est sous le Directoire que les belles dames firent renaître les bains parfumés de Rome et de la Grèce. Mme Tallien, au sortir d'un bain de fraises et de framboises, se faisait doucement frictionner avec des éponges imbibées de lait et de parfums.

L'empereur Napoléon Ier était très sensible à l'action des parfums; il versait lui-même tous les matins de l'eau de Cologne sur sa tête et sur ses épaules; l'impératrice Joséphine avait pour les fleurs et les parfums le goût d'une créole : elle avait apporté de la Martinique des cosmétiques dont elle n'abandonna jamais l'usage. C'est à cette époque que la consommation des parfums fut le plus considérable.

L'apparition de l'*eau de Cologne* a marqué une étape importante dans l'histoire de la parfumerie.

Il nous a paru intéressant de faire connaître les circonstances dans lesquelles elle a fait son entrée et pris dans cette industrie une importance considérable.

L'eau de Cologne a été inventée par Jean-Paul Feminis, qui habitait vers le milieu du XVIIe siècle la ville de Cologne, d'où cette eau tire son nom. En 1806, l'un de ses descendants quitta Cologne et vint fonder à Paris la maison Jean-Marie Farina. C'est à lui qu'elle doit le renom dont elle jouit dans le monde entier. MM. Roger et Gallet sont depuis 1862 propriétaires de cette maison.

L'eau de Cologne Jean-Marie Farina est aussi agréable que salutaire pour la santé. Ses propriétés hygiéniques l'ont désignée aux médecins pour la faire entrer dans la composition de nombreuses formules inscrites au Codex.

L'eau de Cologne fortifie et rafraîchit la peau, lui redonne sa souplesse. Elle dissout le tartre des dents sans attaquer l'émail. Employée dans un bain, elle rend aux muscles leur élasticité et tonifie l'organisme ; calme les maux de tête ; vaporisée, elle corrige l'air vicié des appartements et les assainit.

GANTS PARFUMÉS

Comme nous l'avons dit plus haut, les *gantiers-parfumeurs* de Paris constituaient une corporation considérable.

En qualité de gantiers ils avaient le droit de vendre gants et mitaines de toute sorte de matières, ainsi que les peaux employées pour les gants, et, comme parfumeurs, ils avaient le privilège de parfumer les gants et de vendre toute espèce de parfums. On importait alors d'Espagne et d'Italie des peaux parfumées qui servaient à faire des gants, des bourses, des gibecières. Ces peaux coûtaient fort cher et furent très à la mode ; leur odeur pénétrante en fit abandonner l'usage pour les gants ; cependant la peau d'Espagne est encore très recherchée pour parfumer le papier à lettre. Quant aux gants, Savary ajoute :

« Il s'en tirait autrefois des quantités de parfumés d'Italie et d'Espagne ; mais leur forte odeur de musc, d'ambre et de civette, qu'on ne pouvait soutenir sans incommodité, a fait que la mode et l'usage s'en sont presque perdus ; les plus estimés de ces gants étaient les gants de franchipane et ceux de néroli (1). »

Il existe un grand nombre de recettes pour parfumer les gants, dont quelques-unes sont curieuses ; voici d'abord un livre intitulé *Secreti della signora Isabella Cortese ne'quali, si contengono cose Minerali, Medicinali, Artificiose, ed Alchimiche et molte dell' arte perfumatoria appartenenti a ogni gran signoria* (Venezia, 1574, in-12). Nous y trouvons des instructions pour préparer supérieurement les gants au musc et à l'ambre, et encore « une préparation excellente de gants sans musc ».

Le mot *franchipane* ou *frangipane* dans la cuisine française est employé pour désigner une espèce de pâtisserie composée d'amandes, de crème et de sucre. Aux Indes occidentales on s'en sert pour désigner la plante et les fruits du *Plumeria alba* et du *Plumeria rubra* L., parce que, suivant Mérat et de Lens (2), « on retrouve dans ces fruits mûrs le goût de nos franchipanes » ; si ces fruits sont réellement mangeables, il est remarquable qui ni Sloane ni Lunan ne mentionnent le fait. Quoi qu'il en soit, le nom français du *Plumeria* est *frangipanier*. (D. H.)

(1) SAVARY, tome II, p. 619.

(2) MÉRAT et DE LENS, *Dictionnaire de Matière médicale et de Thérapeutique*, Paris, J.-B. Baillière.

LA PARFUMERIE A PARIS

Aujourd'hui le goût des parfums et des cosmétiques est porté au dernier point; des magasins immenses, des usines considérables ont été installés; Paris fournit aujourd'hui des parfums au monde entier; sa production annuelle dépasse cinquante millions.

Il faut distinguer trois sortes de parfumerie : la parfumerie fine ; la parfumerie ordinaire, faite par des fabricants consciencieux et ayant nom, et la parfumerie anonyme, qui ne vend que des produits mal préparés, sophistiqués ou contrefaits.

Il y a à Paris un grand nombre de maisons de parfumerie qui ne font que de la parfumerie fine et qui apportent dans cette industrie des connaissances profondes, une attention soutenue, un goût parfait.

Nous avons confiance de n'être démenti par personne en disant que les produits de la parfumerie parisienne occupent la première place sur tous les marchés du monde.

La première condition à remplir pour la parfumerie ordinaire, c'est de produire vite et à bon marché; il lui est difficile d'attendre les modifications qui ne s'accomplissent dans certains produits qu'après de grands soins et un temps très long; elle achète beaucoup de matières fabriquées et ne fait que les parfumer et les accommoder.

La sophistication et la contrefaçon du nom ou de la forme commencent souvent dans les parfumeries ordinaires; mais elles sont à peu près constantes dans les parfumeries communes et anonymes; le seul moyen de sauvegarder les intérêts du parfumeur réside dans l'adoption des marques de fabrique garantissant au consommateur l'authenticité des produits qui lui sont livrés.

La cassolette qui brûlait dans les palais de Babylone, de Suze ou de Venise, fume encore dans les sérails de Téhéran et les bords du Bosphore; la vie de la sultane et de l'odalisque s'écoule sur les coussins imprégnés d'ambre, le bouquin du narghilé aux lèvres, entre l'heure du bain et l'arrivée du maître. Pour les soins mystérieux de la toilette, les musulmanes suivent encore les prescriptions et les formules religieuses dont les commentateurs du Coran donnent le secret. Les derviches ont toujours le monopole des pâtes épilatoires et des cosmétiques qu'on applique après le bain qui, chaque vendredi, purifie le vrai croyant; mais, pour les autres parfums et les autres cosmétiques, l'Orient a perdu son monopole ; les innombrables fleurs de Grasse remplacent les baumes de l'Orient, et si l'Arabie nous fournit encore la myrrhe et ses résines, les Indes le santal et le benjoin, le Tonkin son musc, ces parfums nous arrivent à l'état de matières premières ; Paris les transforme, leur donne l'élégant cachet de la mode et les répand dans le monde entier.

Il y a un siècle, Montpellier était le centre de la fabrication de la parfumerie. Nous voyons Evelyn (1620 à 1706) rappeler à son parent, prêt à entreprendre le *grand tour*, que :

« Montpellier était une ville particulièrement favorable pour apprendre une foule d'excellentes recettes pour faire les parfums, les poudres de senteur, les pommades, les antidotes, et diverses autres préparations curieuses que, je le sais, ajoute-t-il, vous ne négligerez pas. Car, bien que ce ne soit que des bagatelles en comparaison des choses plus sérieuses; cependant, si jamais il vous prenait plus tard l'envie de vivre dans la retraite, vous trouverez dans ces distractions plus de plaisir que vous ne pouvez imaginer. »

Sans doute le savant maître de *Sayes Court* avait lui-même usé de ces distractions.

La parfumerie française fournit à toutes les capitales de l'Europe; l'Angleterre prépare des parfums ayant aussi leur cachet. Et Grasse alimente avec les matières premières aux fleurs, dont elle a le monopole, la parfumerie du monde entier.

O. REVEIL.

II

DE L'ODORAT ET DES ODEURS

De lui-même le sol se couvrira de fleurs,
D'herbes aux doux parfums, aux suaves odeurs,
Promesse du printemps, séduisante parure,
Et sa première offrande au roi de la nature.

VIRGILE.

Comme art, la parfumerie ne s'élèvera pas à la hauteur qu'elle doit atteindre tant que ceux qui en font un commerce feront soigneusement mystère de leurs procédés. Nulle industrie, s'exerçant sous le voile du secret, ne peut grandir ni prendre une importance générale. Je serais volontiers de l'avis des médecins grecs qui, chaque année, inscrivaient dans le temple d'Esculape toutes les cures qu'ils avaient faites et les moyens qu'ils avaient employés pour les faire.

« Quant au mystère dont s'entoure l'industrie, dit le professeur Solly, je me bornerai à dire que, dans ma conviction, les fabricants auraient beaucoup plus d'avantage à se montrer plus disposés à profiter de l'expérience des autres, et en même temps moins défiants et moins jaloux des prétendus secrets de leur métier. C'est une grande erreur de croire qu'un manufacturier habile soit celui qui a soigneusement gardé les secrets de sa fabrication, ou que des manières particulières de confectionner certains objets, des procédés inconnus dans les autres fabriques, des mystères au-dessus de l'intelligence du vulgaire, importent en aucune façon à la prospérité d'une usine ou au succès d'un commerce.

« Dans les temps d'ignorance tout était secret, mystère ou sortilège dans les mains des associations, des corporations ou des communautés. A cette époque, celui qui savait vivait aux dépens de celui qui ne savait pas, et personne ne cherchait à acquérir une connaissance que pour s'en faire un moyen de l'emporter sur ses voisins. La science ainsi séparée de la raison, et, pour ainsi dire, dépouillée de son innocence, était tout naturellement traitée comme une espèce de sorcellerie, et quiconque était en avance d'une étape sur l'intelligence de ses contemporains était souvent brûlé comme adonné à la magie noire. La plupart de ceux qui subirent ce cruel traitement n'avaient, on le sait, qu'à s'imputer l'opinion qui leur devint fatale, pour avoir exprès donné le change sur leurs connaissances. Il y a encore aujourd'hui des secrets, et beaucoup sont prisés aussi haut et gardés avec autant de soin que les secrets de l'art au moyen âge. Mais il est rare qu'une atmosphère de mystère soit favorable au développement de la prospérité publique ou même de l'avantage particulier. Les premiers manufacturiers n'ont point de secrets. Ils sont prêts à ouvrir leurs ateliers à tous les visiteurs étrangers ; et même, quand ils ont trouvé quelque moyen inconnu à leurs confrères de réaliser une économie de main-d'œuvre ou de matière, ils ne le gardent pas pour eux seuls. Ils ont plus de confiance dans l'esprit de progrès, dans une énergie toujours en avance que dans la possession exclusive de tel ou tel procédé. Les petits esprits ne comprennent pas cela. Ils sont toujours en quête du procédé qui doit leur ouvrir la porte de la fortune et leur montrer le grand chemin qui conduit à l'opulence. » (Solly.)

Toutefois, il convient d'ajouter que ces remarques s'appliquent plutôt aux industries qui produisent les matières premières odorantes, qu'à la parfumerie proprement dite.

Il fut un temps où l'on préparait dans la distillerie (*still room*) des « eaux distillées », des « cordiaux » qui étaient administrés comme des spécifiques contre les maladies, aux hôtes et aux serviteurs du manoir; mais maintenant cet usage est passé de mode, parce qu'il est meilleur marché d'acheter ces préparations que de les faire chez soi. Cependant, la fille de distillerie (*still room maid*) conserve encore son nom, quoiqu'elle ne soit guère appelée à remplir ses anciennes fonctions.

I. — DE L'ODORAT (1).

L'odorat est celui des cinq sens dont on s'est le moins occupé. Mais, à mesure que la science marche, les diverses facultés dont la sagesse du Créateur s'est plu à douer l'homme se développent de plus en plus, et le sens de l'odorat recevra sa part d'éducation comme ceux de la vue, de l'ouïe, du toucher et du goût.

L'influence de ce sens sur la constitution est tout à fait remarquable. Telle odeur cause immédiatement du dégoût, des nausées, des vomissements; telle autre procure à l'esprit une sensation de gaieté et de bien-être. Tels sont, par exemple, les effluves qu'on respire à la campagne par une matinée de printemps, ou les douces brises de mer imprégnées des émanations fortifiantes qui s'échappent des herbes échouées au rivage. La première fois qu'un habitant de l'intérieur respire l'air de la mer, cet air produit sur tout son système nerveux un effet extraordinaire.

(1) Consulter l'ouvrage du Dr Collet, *L'Odorat et ses troubles*. J.-B. Baillière et fils, Paris, 1904.

II. — THÉORIE DES ODEURS.

L'odeur des champs, à l'époque où l'on fauche les foins, les parfums d'un jardin vers la fin du jour, charment et récréent l'esprit.

Les odeurs peuvent se répandre extrêmement loin, à tel point qu'on a peine à croire que l'existence d'une odeur implique toujours et nécessairement l'existence d'un corps. Il semble que souvent une odeur agisse comme un agent impondérable plutôt que comme une substance physique. Il est évident que diverses substances produisent certaines odeurs, mais il n'est pas également certain que ces substances soient elles-mêmes les odeurs. En définitive, la meilleure manière, suivant moi, de comprendre la théorie des odeurs est de les considérer comme des vibrations particulières qui affectent le système nerveux, comme les couleurs affectent l'œil, comme les sons affectent l'oreille.

[On peut admettre que les vibrations auraient pour cause les actions chimiques que les essences et les parfums éprouvent au contact de l'oxygène de l'air; on peut, en effet, les amener tous à être sans odeur en les volatilisant à l'abri du contact de l'oxygène. Les essences ainsi privées d'odeur les reprennent instantanément au contact de l'air. Dans toute combinaison chimique se produisent des vibrations qui donnent lieu à des phénomènes lumineux, électriques ; dans certains cas il se produit encore d'autres vibrations qui peuvent affecter le système nerveux olfactif : pour chaque odeur la vitesse des vibrations serait différente.]

L'analogie qui existe entre la couleur et le son est un fait admis depuis longtemps. Les anciens ont bien senti ce rapport quand ils ont fait de la gamme musicale une échelle *chromatique*. Bacon et, depuis lui, une foule

2.

d'écrivains ont traité ce sujet, et plusieurs ont essayé de démontrer que l'harmonie des couleurs s'accorde avec la mélodie de la gamme.

G. B. Allen, dans des études sur l'analogie qui existe entre les couleurs et l'échelle musicale, établit que tous les compositeurs de mérite ont le sentiment de cette analogie et que toutes leurs œuvres en font foi.

Voici comment Field dispose l'échelle :

Bleu	Pourpre	Rouge	Orange	Jaune	Vert	Vert
Do	*Ré*	*Mi*	*Fa*	*Sol*	*La*	*Si*

Et voici comment il prouve l'analogie. Ces trois couleurs primitives, bleu, rouge et jaune, combinées ou opposées, produisent la plus parfaite harmonie, ainsi font les sons *do*, *mi*, *sol*. Le métrochrome et le monocorde prouvent également l'exactitude de ce double accord. Le premier de ces deux instruments nous montre que, dans le blanc pur, il y a huit nuances de bleu, cinq de rouge et trois de jaune, etc. Le second, que huit parties d'une corde donneront le son *do*, cinq le son *mi* et trois le son *sol*. Cet accord curieux prouve assurément l'existence d'une loi universelle d'harmonie.

Pour mesurer l'intensité de la lumière et celle du son, nous possédons une méthode fondée sur la vitesse avec laquelle l'une et l'autre traversent l'espace.

Frappé, avec plusieurs autres observateurs, de l'étroite analogie qui existe entre les forces qui affectent nos différents sens et particulièrement celles qui affectent les organes de l'odorat et de l'ouïe, mais ne trouvant encore aucun type adopté à l'aide duquel je puisse en quelque sorte mesurer l'intensité d'une odeur comme on mesure celle d'un son, j'ai entrepris une série d'expériences afin d'en découvrir un.

Depuis longtemps j'avais remarqué que lorsqu'on

laissait s'évaporer à l'air libre des solutions alcooliques de diverses essences mêlées ensemble, elles subissaient une sorte d'analyse naturelle, c'est-à-dire que les plus volatiles s'évaporaient les premières, tandis que les moins volatiles ne disparaissaient qu'après.

Voyant le même fait se reproduire constamment quand les essences étaient les mêmes, je ne tardai pas à reconnaître qu'une sorte de puissance définie, inhérente, abandonnait chacun des corps odorants ou leur restait fidèle pendant un temps plus ou moins long. C'est cette puissance que j'appelle la *vitesse de l'odeur*, ou, en d'autres termes, la *puissance de volatilité*. Maintenant je trouve un rapport entre cette puissance de volatilité et la manière dont une substance odorante affecte le sens de l'odorat. Je ne prétends pas dire que, parce qu'un corps a une grande puissance de volatilité, il affectera les organes de l'odorat d'une façon, et qu'un corps doué d'une moindre puissance de volatilité l'affectera d'une autre façon. Je sais qu'il y a des corps volatils, comme le mercure et l'eau, qui n'ont point d'odeur, phénomène dû principalement à ce que ces vapeurs sont insolubles dans les sécrétions qui lubrifient les membranes nasales. Mais ce que je constate, c'est que les substances qui s'exhalent naturellement ou que l'homme extrait des plantes ou des animaux, et qui sont reconnues comme autant de corps odorants, affectent les nerfs olfactifs en raison directe de leur puissance de volatilité, de cette puissance que j'appelle la *vitesse de l'odeur* parce qu'elle a une action sur l'odeur d'un corps tant que ce corps est soluble dans la sécrétion pituitaire.

[La puissance de volatilité ou vitesse de l'odeur ne doit pas, si l'on veut être conséquent avec ce qui précède et ce qui suit, être définie et expliquée comme elle l'est dans ce paragraphe, et surtout on ne devrait pas dire que les odeurs produites sont en raison directe de la solubilité des vapeurs dans le liquide provenant de la sécrétion pituitaire. Car certainement la vapeur d'eau est soluble dans cette sécrétion et est inodore ; on pourrait dire plutôt que la puissance de volatilité des essences, ou la rapidité avec laquelle elles s'évaporent, serait toujours en rapport avec la vitesse de vibration produite ou la rapidité avec laquelle les ondes odorantes se propageraient; si cette vitesse n'était pas assez grande, il n'y aurait pas d'odeur perçue, de la même manière que pour les sons l'oreille ne peut entendre ceux qui ne correspondent pas au moins à 60 vibrations par seconde; le liquide qui lubrifie la membrane olfactive, nécessaire pour percevoir les odeurs, aurait pour rôle d'augmenter la sensibilité des nerfs, qui seraient ainsi plus capables de percevoir les odeurs.]

Ainsi les corps qui ont un très faible degré de volatilité sont ceux qui sont connus sous le nom d'*odeurs fortes*; ceux, au contraire, qui ont un haut degré de volatilité sont les odeurs faibles et délicates. Ici nous voyons les analogies de certains effets sur les sens. Les ondes sonores qui se propagent le plus lentement produisent les sons les plus forts; les ondes odorantes qui se propagent le plus lentement produisent les odeurs les plus puissantes.

En parlant, même sommairement, de l'action physiologique des odeurs, il est nécessaire de rappeler au lecteur la distinction entre les substances qui irritent les nerfs de la sensibilité tactile, et celles qui communiquent aux nerfs olfactifs l'impression d'une odeur, parce que certaines matières solides pulvérisées, telles que la poussière de verre, la poudre de savon, le tabac et certains gaz comme le chlore, l'ammoniaque, etc., excitent la membrane pituitaire. Les effets produits par ces substances sont ceux d'un corps *touché*, et non ceux d'un corps *senti*.

En d'autres termes, il ne faut pas confondre l'action mécanique locale plus ou moins irritante que peuvent produire certains corps sur la membrane pituitaire, avec celle qu'exercent les odeurs proprement dites sur les nerfs de l'olfaction.

Il y a beaucoup de personnes qui sont *anosmiques*, c'est-à-dire privées du sens de l'odorat, et pour lesquelles toutes les odeurs sont semblables. « Elles ont des nez, mais ne sentent point. » Elles ressemblent aux personnes qui sont sourdes, parce qu'elles ne peuvent entendre, et d'autres aveugles, parce qu'elles ne peuvent voir. L'anosmie provient plus fréquemment du défaut d'exercice de l'odorat que d'une prédisposition naturelle. D'un autre côté, il existe des personnes qui sont *hyperosmiques*, c'est-à-dire d'un odorat excessivement subtil.

Lorsque l'on plante un jardin, destiné autant à charmer l'odorat qu'à réjouir la vue, on ne saurait mieux faire que de se guider sur les données que nous allons exposer (1) dans le choix des fleurs à cultiver. De même les personnes qui admirent le parfum céleste d'un jardin à la tombée de la nuit ne pourraient négliger la culture des fleurs nocturnes sans perdre toutes les voluptueuses émanations qu'elles exhalent dans l'atmosphère, émanations d'autant plus hors de la portée du philosophe-chimiste qu'elles sont subtiles et éthérées.

TABAC A PRISER

Quoique nous désirions voir cultiver le sens de l'odorat, nous sommes ennemi de la tabatière. Nous signa-

(1) Voy., p. 40, *Harmonie des odeurs*.

lerons cependant l'analogie qui existe entre l'usage des parfums et celui du tabac à priser. Par une singulière perversité de la nature humaine, les priseurs déclarent presque unanimement qu'ils n'aiment pas les parfums; nous nous bornerons à montrer que le tabac est au plus haut degré ce qu'on appelle un *parfum*, et nous laisserons au lecteur le soin de décider la question.

La plus grande partie du tabac qu'on prise doit son arome à l'ammoniaque, la feuille du tabac ne servant que d'intermédiaire pour porter l'ammoniaque au nez. Fraîche, la feuille donne certainement une odeur particulière à la poudre qui en est faite ; mais en définitive c'est à l'ammoniaque que cette poudre doit son montant spécial. Sous ce rapport donc, nous pouvons comparer la tabatière au flacon des dames ; l'un et l'autre ne sont que des intermédiaires de l'ammoniaque, soit pure, soit modifiée par quelque autre substance odorante, à l'effet d'en déguiser l'odeur réelle à l'appareil olfactif.

Le lecteur comprend maintenant la raison pour laquelle nous plaçons le tabac à priser dans ce chapitre.

Comme toutes les substances capables d'être modifiées par l'homme, le tabac à priser compte des variétés innombrables.

Les poudres ordinaires se font, en Angleterre, avec les nervures de la feuille de tabac, qui sans cela seraient un déchet de la fabrication des cigares. Lorsque la feuille a été roulée en cigare, les nervures et les fibres en sont séparées, sans quoi elle ne se roulerait pas comme il faut; quand on en a rassemblé une quantité suffisante, on s'occupe de fabriquer la poudre. S'il s'agit d'une des qualités bien sèches, on porte la matière au four, et là on la fait sécher plus ou moins, selon le nom sous lequel elle doit être vendue, et ensuite on la réduit en poudre.

Les poudres humides se préparent autrement. Après qu'on a réuni dans la manufacture une quantité suffisante de côtes, on les coupe en petits morceaux de 2 à 3 millimètres et on les met dans une grande auge par tas de 50 à 100 kilogrammes. Une fois là, on les mouille avec une dissolution de carbonate d'ammoniaque pour certaines sortes et de muriate d'ammoniaque pour d'autres; dans cet état, on les laisse fermenter ou mûrir pendant un ou deux mois, suivant le temps ; quinze ou vingt jours après cette opération, la matière commence à fermenter. C'est alors que l'arome ou bouquet, comme disent les fabricants, se décide, car, si la chaleur est trop grande, l'ammoniaque s'évapore ; si elle ne l'est pas assez, l'odeur ammoniacale ne se développe pas suffisamment. Il ne faut pas oublier que, sous quelque forme qu'il soit, le tabac qu'on mouille et qu'on laisse fermenter *produit de l'ammoniaque*, en vertu des éléments mêmes qui le constituent. Sous ce rapport il ne fait que ressembler aux autres végétaux qui contiennent des composés azotés. L'odeur définitive de la poudre dépend des qualités particulières des diverses sortes de tabac employées et venant les unes d'Amérique, les autres de Cuba, etc. Lorsque la fermentation est terminée, on envoie la pâte au moulin pour la moudre.

Les priseurs ont été les premiers à apprendre aux parfumeurs combien l'odeur de la fève de Tonka était estimée, et encore aujourd'hui, quand un parfumeur met trop d'extrait de fève de Tonka dans une composition, on accuse ses produits de sentir le tabac.

[Les tabacs français, préparés autrement que les tabacs anglais, sont très estimés des priseurs étrangers, qui souvent les préfèrent aux célèbres tabacs d'Espagne. Contrairement à l'opinion de Piesse, nous croyons que les tabacs agissent autrement que par l'ammoniaque qu'ils peuvent dégager.

Pour préparer les tabacs à priser, on choisit dans les manufactures françaises les tabacs gras et corsés comme le Virginie, et les tabacs forts tels que le Nord, le Lot, le Hollande ; le premier donne l'arome, les derniers produisent le montant (1). La manutention du tabac à priser est très longue : elle ne dure pas moins de dix-huit mois à deux ans ; elle consiste plus spécialement dans des fermentations qui ont pour but de déterminer la formation d'une huile essentielle dont l'odeur entre pour beaucoup dans le parfum du tabac, la destruction d'une partie de la nicotine, destruction sans laquelle le tabac aurait une action trop énergique sur l'économie, l'apparition d'un caractère alcalin avec formation de vapeurs ammoniacales qui donnent le montant, la formation de matières noires qui donnent aux tabacs la couleur recherchée par les amateurs, la décomposition partielle des acides malique, citrique, pectique, de la nicotine, etc.

On distingue dans les tabacs le *montant* de la *force* ou *parfum*. Le montant s'apprécie à l'odeur, la force aux effets que produit le tabac après la prise ; celle-ci est due à la nicotine. Un tabac a beaucoup de montant lorsqu'il renferme des sels ammoniacaux, et peu de force lorsqu'il est faible en nicotine ; le contraire a lieu pour le Virginie, qui contient peu d'ammoniaque et a peu de montant, tandis qu'il a beaucoup de force, parce qu'il contient beaucoup de nicotine. Celle-ci se dissimule à l'odorat et elle ne se manifeste que par absorption par la muqueuse du nez.

Il est probable que le parfum est indépendant de la

(1) Voy. E. Bouant, *Le Tabac, culture et industrie* (*Encyclopédie industrielle*). Paris, 1901, p. 178.

nicotine et de l'ammoniaque ; on désigne sous ce nom l'odeur douce dont sont doués les tabacs de Virginie : il se développe surtout pendant la fermentation des masses.

Aujourd'hui le mouillage nécessaire pour déterminer la fermentation s'opère avec de l'eau salée ; autrefois, sous le nom de *sauces*, on employait divers liquides, soit pour favoriser la fermentation, soit pour aromatiser ; ces sauces variaient selon les fabriques : on employait la mélasse dissoute dans l'eau, une dissolution de suc de réglisse, de l'eau dans laquelle on fait bouillir du raisin, des pruneaux, des eaux de roses et de violettes ; on donnait aussi des odeurs particulières aux tabacs, qui prenaient alors des noms étrangers, tels que *scaferlati*, de *Levant*, de *canasse* ou *canaster*, d'*andouille de Saint-Vincent* ou *cigale d'Amérique*, de *rôle de Montauban*, de *buquet du Brésil*, etc. Le *Macouba* était contrefait avec une décoction d'iris de Florence, tandis que le vrai Macouba est un tabac préparé à la Martinique avec une dissolution de sucre brut qui lui donne l'odeur de la violette. Dans les fabriques de la Havane et de Malaisie, on emploie encore ces sauces. D'après de Prade (1), la sauce employée par les Espagnols était plus composée : « Ils pilent, dit-il, les feuilles de tabac, les expriment pour en tirer le suc, les font bouillir avec du vin, faute duquel les Indiens employaient, dit-on, l'urine ; on laisse cuire en consistance d'un sirop que les Espagnols nomment *caldo* ; on y ajoute du sel pour le conserver et l'on aromatise avec l'anis et le gingembre. On a conseillé de substituer l'hydromel au vin, qui nuit à la tête ; on y ajoute la cannelle et du fenouil. »

(1) De Prade, *Histoire du Tabac*. Paris, 1691, p. 16.

D'après de Prade, l'infusion de mélilot était employée pour aromatiser le tabac, et les décoctions de bois d'Inde et de cannelle pour le colorer; d'ailleurs, la nature des parfums variait avec les fabricants, la fleur d'oranger, le jasmin, la rose, la tubéreuse, l'ambre, le musc, la civette, ou des essences agréables à l'odorat; mais aujourd'hui la régie fabrique le tabac en poudre sans aromate, et les amateurs le parfument à leur gré, et le plus souvent avec la fève de Tonka ou Tonkin, qui est la graine de *Coumarouna odorata* Aubl., *Dipterix odorata* Wild., qui doit son odeur à un principe neutre cristallisable, nommé *coumarine*, que l'on trouve dans la *vanille*, la *flouve odorante*, l'*aspérule odorante*, le *mélilot officinal*, l'*Orchis fusca*, etc.

D'après Brunet (1), on obtenait du tabac de plusieurs sortes de graines que l'on parfumait de différentes manières et que l'on colorait avec l'ocre jaune ou rouge; on y ajoutait, d'après lui, de la gomme adragante.

Ces différentes manières de parfumer le tabac donnaient lieu à autant de variétés différentes que l'on nommait tabac *de mille fleurs*, *d'Espagne*, *de cédrat*, *de bergamote*, *de néroli*, *de pongibon musqué*, *à la pointe d'Espagne*, *en odeur de Rome*, *en odeur de Malte*, *ambré*, *de Gênes*; mais qui étaient aussi l'occasion de fraudes coupables : ainsi, sous le nom de *tabac de Malte*, on vendait un mélange dans lequel entraient les poudres de rosier et de réglisse.

On cherchait aussi à augmenter le montant ou la force des tabacs en y mélangeant certaines poudres; on faisait ainsi des tabacs composés avec l'euphraise, la bétoine, la pyrèthre, le cyclamen, les nigelles (*Nigella sativa* et *damascena*), le gingembre, le poivre, le

(1) BRUNET, *Le bon usage du tabac en poudre*. Paris, 1700.

cubèbe, le cumin, la moutarde, l'angélique, le bois-saint, l'ellébore, l'euphorbe, etc., aromatisés avec le stœchas ou son essence, *Lavandula stechas* (Labiées); mais tous ces mélanges étaient plus spécialement employés comme sternutatoires : ils sont aujourd'hui inusités.

On connaissait aussi des tabacs à fumer composés et aromatisés; on y mêlait l'anis, le fenouil, le bois-saint (*Guayacum sanctum*), le bois d'aloès, de l'iris, du jonc odorant, de la sauge, du romarin; aujourd'hui on n'emploie guère plus que l'écorce de cascarille.

Les vrais amateurs de cigares prétendent que leur arome est aussi variable que les bouquets des vins. Le choix des tabacs, leur mode de fermentation peuvent contribuer sans doute beaucoup à donner aux cigares des aromes divers; on a attribué à la *nicotianine* les parfums divers des cigares, mais on ne sait rien de positif à ce sujet, et le goût des cigares a été comparé à celui du cacao, du café brûlé, des amandes amères, de la noisette, de l'absinthe, etc. Aussi les fabricants de Cuba les parfument-ils aujourd'hui avec diverses plantes aromatiques, en les enfermant dans des boîtes en bois odorant, tel que le genévrier des Bermudes ou de Virginie (*Juniperus bermudiana* et *J. virginiana*), et autres conifères. Mais il est probable que le sol, le climat, la culture peuvent influer sur la formation des huiles essentielles qui contribuent à donner l'arome aux cigares; il en est de même des fermentations plus ou moins avancées; en général, une fermentation trop forte est nuisible aux qualités du cigare. Quelques fabricants prétendent que certaines boissons favorisent le développement de l'arome du cigare; telles sont, dit-on, la bière et le café à l'eau.

Pour aromatiser les cigares, il suffit de les enfermer dans des boites ou dans des bocaux avec l'arome qu'on veut leur communiquer. Comme ils sont très poreux et perméables, ils s'en imprègnent facilement et le conservent longtemps.]

III. — HARMONIE DES ODEURS.

Les odeurs semblent affecter le nerf olfactif à certains degrés déterminés, comme les sons agissent sur les nerfs auditifs. Il y a, pour ainsi dire, une octave d'odeurs, comme une octave de notes ; certains parfums se marient comme les sons d'un instrument. Ainsi l'amande, l'héliotrope, la vanille, la clématite s'allient très bien, chacune d'elles produisant à peu près la même impression à un degré différent. D'autre part, nous avons le citron, le limon, l'écorce d'orange et la verveine, qui forment une octave d'odeurs plus élevée, et qui s'associent pareillement. L'analogie se complète par ce que nous appelons *demi-odeurs*, telles que la rose avec le géranium rosat pour demi-ton ; le petit grain, le néroli suivi de la fleur d'oranger. Puis viennent le patchouly, le bois de Santal et le vétiver, et plusieurs autres qui rentrent l'un dans l'autre.

A l'aide des fleurs déjà connues, nous pouvons obtenir, en les mélangeant dans des proportions déterminées, le parfum de presque toutes les fleurs, le jasmin seul excepté.

Dickens s'exprime en ces termes :

« Le jasmin est-il donc le Meru mystique, le centre, le Delphes, l'Omphale du monde des fleurs ? Est-il le point de départ de tout parfum, l'unité indivisible, insaisissable ? Le jasmin est-il l'Isis des fleurs à la tête voilée, aux pieds cachés, qui se fait aimer de tous et ne se révèle à personne ? Charmant jasmin ! s'il en est ainsi il faut que la rose descende de son trône et cède la couronne de reine à ta beauté sans pareille. Les révolutions, les abdications sont des jeux émouvants. Si nous allions susciter une guerre civile dans les jardins et proclamer le Jasmin empereur et roi des parterres ! »

Le parfum de certaines fleurs ressemble si fort à celui de quelques autres, que l'on est presque tenté de les croire identiques ; du moins, s'ils ne le sont pas au moment où ils s'exhalent de la plante, ils semblent le devenir par l'action de l'air. On sait qu'il en est qui sont réellement identiques dans leur composition, quoique provenant de plantes tout à fait différentes. De cette identité on peut conclure que, tôt ou tard, la chimie produira l'un avec l'autre, car pour beaucoup ce n'est qu'une molécule d'eau ou un atome d'oxygène qui fait la différence. Ce serait une grande chose que de tirer une essence plus fine et d'un prix élevé d'un produit de valeur moindre et suffisamment répandu.

Une très petite quantité d'huile essentielle d'amande dans une bouteille contenant beaucoup d'oxygène, se change en une autre substance odorante, l'acide benzoïque, que l'on voit se former en cristaux sur les parois sèches du flacon. Cette métamorphose est la démonstration naturelle de la théorie ci-dessus énoncée.

[La formation artificielle de quelques essences et leur transformation les unes dans les autres ont été déjà effectuées, comme nous le verrons plus tard ; nous avons respecté le texte anglais, et traduit fidèlement ; mais nous devons faire remarquer que l'acide benzoïque pur est parfaitement inodore, et si celui du commerce présente souvent une odeur particulière, c'est parce qu'il renferme des matières étrangères.]

Pour le nez « ignorant », toutes les odeurs sont

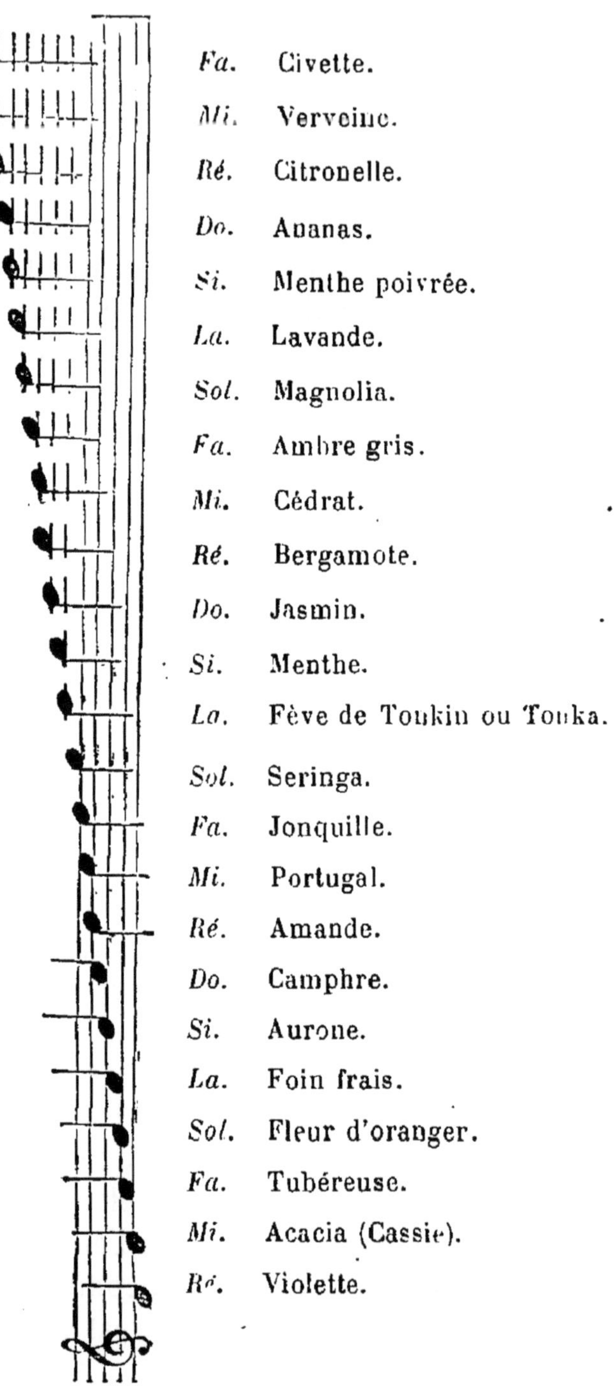

Fig. 2. — Gamme des odeurs, dessus ou clef de *Sol.*

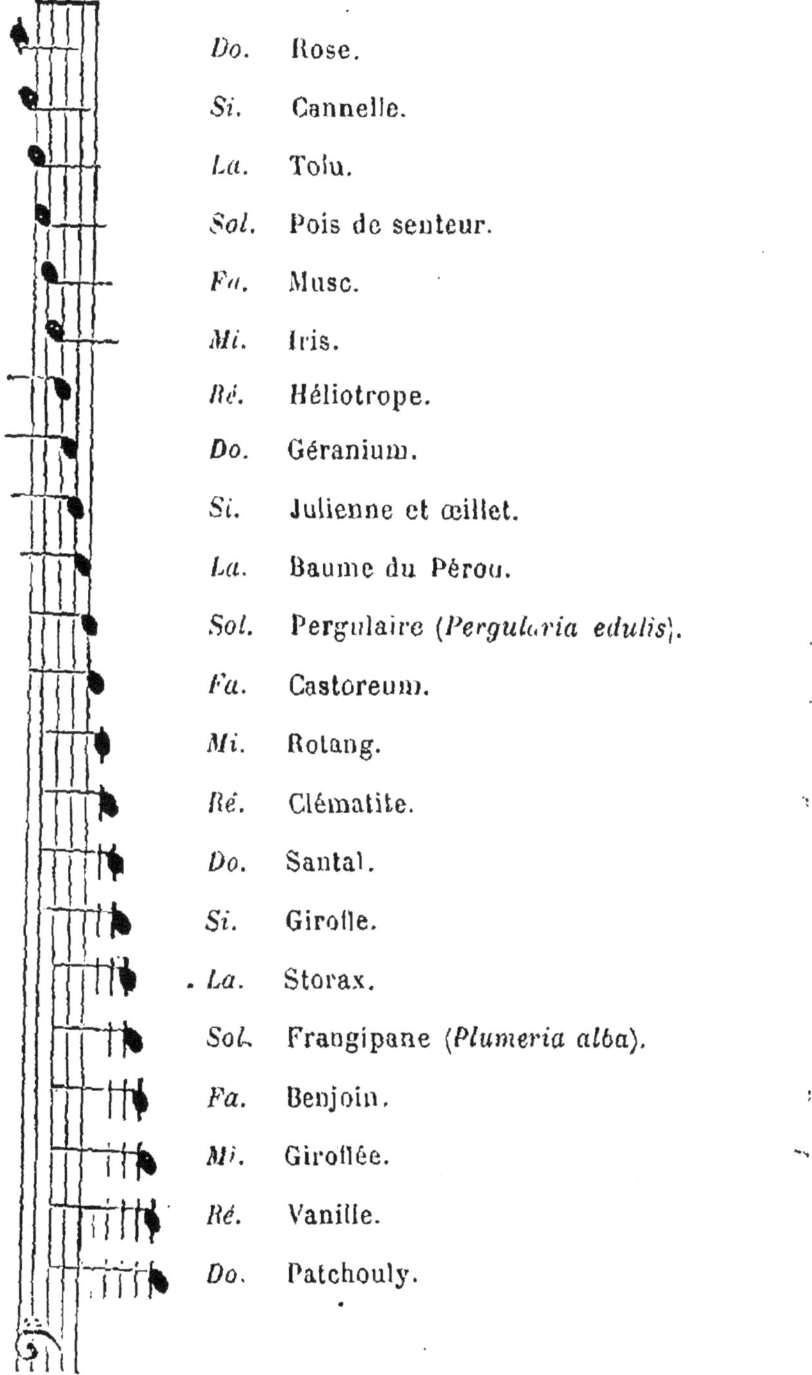

Fig. 3. — Gamme des odeurs, basse ou clef de *Fa*.

pareilles; mais le nez civilisé par le plaisir ou par l'intérêt devient le plus délicat et le plus sagace des organes. Les marchands de vin et de thé, les droguistes, les importateurs de tabac, d'autres encore doivent imposer à l'appareil olfactif un véritable cours d'éducation. Un négociant en houblon plonge son nez dans un sac, aspire le parfum de la fleur, et dit ensuite le prix qu'il en veut donner.

On a besoin de se rappeler les odeurs, et la ténacité avec laquelle elles se fixent dans la mémoire est un fait à remarquer ici : sans ce souvenir, les divers marchands dont nous venons de parler seraient bien embarrassés. Un parfumeur expérimenté a quelquefois deux cents odeurs dans son laboratoire et sait distinguer chacune d'elles par son nom. Quel musicien pourrait, sur un clavier comprenant deux cents notes, reconnaître et nommer la touche frappée sans voir l'instrument?

Dans la gamme ci-dessus, j'ai essayé de placer le nom de chaque odeur dans la position correspondant à son effet sur le sens.

J'ai exprès choisi les odeurs qui sont plus spécialement employées dans la parfumerie; mais je voudrais qu'il fût bien compris que toutes les odeurs, de quelque source qu'elles proviennent, peuvent être classées de la même manière. Je ne connais pas une seule odeur dans un laboratoire de chimie, et elles sont assez nombreuses, à laquelle je ne puisse assigner sa place correspondante.

Il y a des odeurs qui n'admettent ni dièzes ni bémols, et il y en a d'autres qui feraient presque une gamme à elles seules, grâce à leurs diverses nuances. La classe d'odeurs qui contient le plus de variétés est celle du citron.

Lorsqu'un parfumeur veut faire un bouquet d'odeurs

primitives, il doit prendre des odeurs qui s'accordent ensemble ; le parfum alors sera harmonieux. En jetant les yeux sur la gamme, on verra ce que c'est qu'harmonie et discordance en fait d'odeurs. Comme un peintre fond ses couleurs, de même un parfumeur doit fondre les aromes.

Quand on fait un bouquet de plusieurs parfums, il faut les mélanger pour que, rapprochés, ils fassent un contraste.

Le pendant de la vanille est la citronelle. Les recettes suivantes donneront une idée de la manière de composer selon les lois de l'harmonie :

Basse.

Sol.	Pergulaire (*Pergularia edulis*)	Bouquet accord de *Sol.*
Sol.	Pois de senteur	
Ré.	Violette	
Fa.	Tubéreuse	
Sol.	Fleur d'oranger	
Si.	Aurone	

Dessus.

Basse.

Do.	Santal	Bouquet accord de *Do.*
Do.	Géranium	
Mi.	Acacia	
Sol.	Fleur d'oranger	
Do.	Camphre	

Dessus.

Basse.

Fa.	Musc	Bouquet accord de *Fa.*
Do.	Rose	
Fa.	Tubéreuse	
La.	Fève Tonka	
Do.	Camphre	
Fa.	Jonquille	

Pour faire un bouquet, toutes les odeurs primitives doivent être ramenées à un certain degré de force ou de puissance. Ainsi le degré de l'esprit de rose est de 95 grammes d'huile essentielle de rose pour un gallon (4^{lit},5) d'alcool. Mais le degré du géranium est de 250 grammes d'essence pour un gallon (4^{lit},5) d'alcool. La différence de puissance odorante des deux essences est comme 3 est à 8. Les physiciens font, en fait d'électricité, une distinction entre l'intensité et la quantité ; on peut citer la verveine comme représentant la première et la vanille comme représentant la seconde. Le camphre est trois fois plus intense que la rose.

« Il y a, dit sir David Brewster, dans le son et dans la lumière une propriété trop remarquable pour être passée sous silence : deux sons éclatants peuvent arriver à produire le silence, et deux lumières vives peuvent en venir à produire l'obscurité. »

Si deux cordes égales et semblables, ou deux colonnes d'air dans deux tuyaux pareils et de mêmes dimensions, produisent exactement cent vibrations à la seconde, elles produiront chacune des ondes sonores égales, et ces ondes se réuniront pour former un son continu, double de chacun des sons entendus séparément. Si les deux cordes ou les deux colonnes d'air ne sont pas à l'unisson, mais seulement à peu près, comme, par exemple, lorsque l'une vibre cent fois et l'autre cent une fois dans une seconde, alors à la première vibration les deux sons en formeront un seul deux fois plus fort que chacun d'eux séparément ; mais l'un gagnera graduellement sur l'autre, et à la cinquantième vibration il sera en avance d'une demi-vibration. A ce moment les deux sons *s'étoufferont mutuellement*, et il se produira un intervalle de silence complet. Puis le son recommence aussitôt, il augmente graduellement et devient très fort à la centième vibration, et alors les deux vibrations se réunissent pour produire un son double de celui qu'elles font entendre isolément. Un nouvel intervalle de silence reviendra à la cent cinquantième, deux cent cinquantième, trois cent cinquantième vibration, c'est-à-dire à chaque seconde, tandis qu'un son deux fois plus fort que chacun des deux sons à part se fera entendre à la deux centième, trois centième, quatre centième vibration. Lorsque l'unisson est très imparfait, ou lorsqu'il y a une grande différence entre le nombre des vibrations que les deux cordes ou les deux colonnes d'air produisent dans une seconde, les sons successifs et les intervalles de silence ressemblent à un bourdonnement. Avec un orgue puissant, l'effet de cette expérience est très curieux. La répétition des sons *ouoù-ouoù-ouoù* représente le double son et l'intervalle de silence qui résulte de l'extinction totale des deux sons séparés.

Le phénomène correspondant par rapport à la lumière est peut-être encore plus surprenant. Si un rayon de lumière *rouge* sort d'un point lumineux et tombe sur la rétine, nous verrons distinctement l'objet lumineux d'où il provient ; mais si un autre rayon de lumière rouge part d'un autre point lumineux, de quelque côté qu'il se trouve, pourvu que la différence entre la distance de ce nouveau point et du précédent au point de la rétine sur lequel le premier rayon est tombé soit 0,00000009844, ou exactement deux, trois, quatre fois cette distance ; et si ce second rayon tombe sur le même point de la rétine, une lumière accroîtra l'intensité de l'autre et l'œil verra *deux fois* autant de lumière que quand il n'en recevait qu'une des rayons séparément. Tout cela n'est pas autre chose que ce que démontre l'expérience de tous les jours. Mais si la différence dans les distances des deux points lumineux n'est que de la *moitié* de 0,00000009844 ou une fois et demie, deux fois et demie, trois fois et demie, quatre fois et demie cette distance, *l'une des deux lumières éteindra l'autre et produira une obscurité complète.* Si les deux points lumineux sont placés de telle sorte que la différence de leurs distances au point de la rétine soit intermédiaire entre 1 et 1 1/2 ou 2 et 2 1/2 au-dessus de 0,00000009844, l'intensité de l'effet qu'ils produisent varie de l'obscurité complète au double de l'intensité de chacune des deux lumières. A une fois un quart, deux fois un quart, trois fois un quart 0,00000009844, l'intensité des deux lumières combinées ne fera qu'être égale à celle de l'une d'elles, agissant séparément. Si les rayons, au lieu de tomber sur la rétine, tombent sur une feuille de papier blanc, on verra se produire exactement le même effet, à savoir : un point noir dans le premier cas, un point lumineux dans le second et des degrés intermédiaires de clarté dans les cas intermédiaires. Si les deux lumières sont *violettes*, la différence des distances auxquelles le phénomène ci-dessus se produira sera de 0,00000016178 ; elle sera intermédiaire entre 0,00009844 et 0,00000016178 pour les couleurs intermédiaires. On peut voir aisément ce curieux phénomène en faisant pénétrer la lumière du soleil dans une chambre noire, à travers un petit trou de 0,000635 ou de 0,000508 de diamètre, et en la recevant sur une feuille de papier. Si l'on tient une aiguille ou un morceau de laiton mince dans cette lumière et si l'on en examine l'ombre, on reconnaîtra que cette ombre se compose de lignes brillantes et obscures, se succédant alternativement, et que la ligne du milieu, l'axe de l'ombre, est une ligne brillante. Les rayons de lumière qui ont pénétré dans l'ombre en contournant le corps opaque et qui se rencontrent au centre même de l'ombre ont parcouru des chemins égaux, de sorte qu'ils forment une frange lumineuse dont l'intensité est double de celle de chacun d'eux. Mais les rayons qui tombent sur un point de l'ombre, à une certaine distance du milieu, ont dans leur chemin parcouru une différence correspondant à la différence à laquelle les lumières se détruisent l'une l'autre, de sorte qu'une raie noire se produit de chaque côté de la raie brillante du milieu. A une plus grande distance du milieu, la différence en vient à produire une raie brillante, et ainsi de suite, une raie brillante et une raie obscure se succédant l'une à l'autre jusqu'au bord de l'ombre.

L'explication que les physiciens ont donnée de cet étrange phénomène est très satisfaisante et très facile à comprendre. Quand on produit une onde à la surface d'une pièce d'eau tranquille en y jetant une pierre, l'onde s'étend à la surface, tandis que l'eau elle-même ne se porte pas en avant, mais s'élève et s'abaisse simplement sur place, chaque portion de la surface éprouvant une élévation et une dépression tour à tour. Si nous supposons deux ondes égales et semblables produites par deux pierres séparées, et si elles atteignent le même endroit au même moment, c'est-à dire si les deux élévations coïncident exactement, elles uniront leurs effets et produiront une onde d'un volume double de celui de chacune d'elles. Mais si l'une est éloignée de l'autre de sorte que l'abaissement de la première coïncide avec l'élévation de la seconde et l'abaissement de la seconde avec l'élévation de la première, les deux ondes s'annihileront ou se détruiront réciproquement, l'élévation de l'une comblant en quelque sorte la moitié du creux de l'autre et le creux de celle-ci annihilant la moitié de l'élévation de celle-là, de manière à niveler la surface. On verra ce double effet se produire réellement, si l'on jette deux pierres égales dans une pièce d'eau. Là où l'eau est tout à fait unie, on verra se dessiner des lignes de forme hyperbolique par suite de l'effacement des ondes l'une par l'autre, tandis que, dans d'autres parties voisines, l'eau s'élève à une hauteur égale à celle des deux ondes réunies.

Dans les marées, nous avons un bel exemple des mêmes effets produits par la même cause. Les deux vagues immenses, résultant de l'action du soleil et de la lune sur l'Océan, produisent nos grandes marées par leur combinaison, c'est-à-dire quand l'élévation de l'une et de l'autre coïncide, et nos marées de morte-eau quand l'élévation d'une des vagues coïncide avec l'abaissement de l'autre. Si le soleil et la lune avaient exercé exactement la même action sur l'Océan, ou produit des vagues de la même grosseur, alors nos marées de morte-eau auraient disparu complètement et la grande marée aurait été une vague double de la vague produite par le soleil et la lune séparément. On peut voir un exemple de l'égalité des deux vagues dans le port de Batsha où les deux vagues arrivent par des passes de différentes longueurs et se neutralisent positivement l'une l'autre.

Maintenant, comme le son est produit par des ondulations ou ondes qui se propagent dans l'air, et comme la lumière est, à ce qu'on suppose, produite par des ondes ou ondulations dans un milieu éthéré, remplissant toute la nature et occupant les pores des corps transparents, la production successive du son et du silence par deux sons forts, celle de la lumière et de l'obscurité par deux clartés brillantes peuvent s'expliquer absolument de la même manière que nous avons expliqué l'accroissement et l'oblitération des ondes formées à la surface de l'eau. Si cette théorie de la lumière est exacte, la largeur d'une onde de lumière *rouge* sera donc de 0,00000009883, la largeur d'une onde de lumière *verte* de 0,0000001227, et celle d'une onde de lumière *violette* de 0,00000016178.

Il existe une analogie semblable dans les *parfums les plus puissants*. L'ammoniaque concentrée et l'acide acétique concentré se neutralisent réciproquement et produisent un *corps inodore*. On dira : C'est ici une combinaison chimique; d'accord, mais les odeurs qui viennent de disparaître peuvent bientôt reprendre leur force naturelle.

IV. — ODEUR DES TERRES.

Toutes les substances que, dans le langage ordinaire, on appelle *terres*, exhalent une odeur particulière et caractéristique, dès qu'elles sont imprégnées d'eau. Quiconque cheminant sur une grande route, pendant les mois d'été, a été surpris par une averse, peut avoir remarqué l'odeur délicieuse qui remplit l'air quelques minutes après que la pluie est tombée et qui s'évanouit ensuite. Lorsqu'on verse de l'eau sur de la craie, ou plutôt sur du blanc d'Espagne, il s'en dégage une odeur très persistante, mais qui n'est pas sensible pour tout le monde; les oxydes de fer, de manganèse et diverses autres substances minérales répandent une odeur quand ils sont mouillés. Nous nous bornons quant à présent à rappeler le fait, sans rechercher la cause de ces phénomènes, et à constater que les odeurs ne sont certainement dues à aucune substance préexistant dans l'eau avant qu'elle se trouve en contact avec la terre, car on a observé le même résultat lorsqu'on avait employé, pour faire l'expérience, l'eau distillée la plus pure. L'observation ne doit pas non plus être restreinte au mélange de la terre et de l'eau : car lorsqu'on verse de l'acide hydrochlorique sur de l'oxyde de zinc, il s'exhale une odeur agréable, produit secondaire de la combinaison qui a lieu alors entre l'acide et l'oxyde de zinc.

[Ces odeurs dégagées par les terres s'expliquent par la présence de matières organiques, ou par des gaz odorants absorbés par les terres poreuses et qui sont déplacés par l'eau; quant à l'odeur dégagée lorsqu'on traite l'oxyde de zinc par l'acide chlorhydrique, elle pourrait être expliquée de plusieurs manières, et elle pourra varier selon les circonstances.]

V. — ODEUR DE L'AIR EN GÉNÉRAL.

[[Indépendamment des corps dont la nature chimique et le mode de formation nous échappent, et de ceux qui ont résisté à toute tentative de synthèse, il se passe dans la nature une série de réactions chimiques qui, faisant varier la composition de l'air, se font percevoir par une odeur spéciale.

L'air est composé approximativement d'un mélange de 79 parties d'azote et de 21 parties d'oxygène; mais, à côté de ces deux principes, il en existe d'autres, en quantité beaucoup moindre, qui ne laissent pas de présenter un certain intérêt. C'est ainsi qu'à côté de l'oxygène et de l'azote, viennent se placer dans l'air l'argon, la vapeur d'eau, l'acide carbonique, l'ammoniaque, le formène, l'acide nitrique, le sulfate de soude, le sel marin, etc., dont le mélange forme l'air auquel est habitué notre sens olfactif.

Que, par suite d'une raison quelconque, une ou plusieurs de ces substances augmentent ou diminuent en proportion relativement notable, immédiatement nous en sommes prévenus par notre odorat.

A la suite d'un orage, les nombreux effluves et

étincelles électriques donnent naissance à un corps spécial, qui n'est autre chose que le produit de la condensation de l'oxygène, et que l'on nomme *ozone* (1). En même temps, il y a formation d'acide nitrique qui se combine à l'ammoniaque; divers produits qui, en temps ordinaire, sont stables, entrent en combinaison, et c'est à l'ensemble de ces transformations, de ces combinaisons, de ces modifications, qu'il faut attribuer l'odeur spéciale que l'on sent en ces moments-là.

A l'intérieur de la terre, au moment où les chaleurs sont fortes, et que l'humidité est rare, les matières organiques entrent en décomposition. Il y a putréfaction et, partant, formation de produits complexes, d'odeurs putrides, qui impressionnent désagréablement.

Sur le bord de la mer, l'air s'enrichit en sel marin, sulfate de soude, et autres sels que la mer dépose par évaporation, et qui, étant entraînés dans l'espace par le vent, se trouvent ainsi en suspension dans l'atmosphère; c'est à la présence de ces composés existant en proportions spéciales qu'il faut attribuer à l'air de la mer ses propriétés vivifiantes, cette action puissante qu'il possède pour la guérison des affections scrofuleuses, et qui, si justement estimées aujourd'hui, font que les plages sont fort courues à l'époque du beau temps (2).

L'augmentation de la proportion d'hydrogène sulfuré contenue dans l'air est cause de la naissance de l'odeur d'œufs pourris que l'on perçoit si bien dans le voisinage des eaux d'Enghien et des Eaux-Bonnes.

(1) Voy. PLANTÉ, *Phénomènes électriques de l'atmosphère.*

(2) Voy. *Nouveau Dictionnaire de Médecine et de Chirurgie pratiques* publié sous la direction du professeur JACCOUD, art. *Air marin.* — MONTEUUIS, *Les Enfants au bord de la mer.* (*Bibliothèque scientifique*, 1889.)

L'odeur spéciale des cimetières est due à la décomposition des matières renfermées dans le corps humain, décomposition donnant lieu à la production d'*hydrogène phosphoré*.]]

VI. — VARIABILITÉ DES QUALITÉS ODORANTES.

> Les fleurs, don passager d'un été trop rapide,
> Ne donnent, se fanant, qu'un fugitif plaisir ;
> Mais leurs sucs distillés en un parfum liquide
> De leur éclat vivant gardent le souvenir ;
> Une prison de verre enfermant leurs senteurs
> Rappelle l'heureux jour qu'embauma leur présence.
> Vienne aujourd'hui l'hiver déchaînant ses rigueurs,
> Si la fleur a péri, respirons son essence.
>
> SHAKSPEARE.

A. — INFLUENCE DES CLIMATS.

Les fleurs exhalent des parfums sous tous les climats ; mais celles qui croissent sous les latitudes plus chaudes dégagent des senteurs plus abondantes, tandis que celles des régions plus froides répandent les odeurs les plus délicates. W. J. Hooker (1) parle du délicieux parfum des fleurs de la vallée de Skardsheidi ; nous savons qu'on y trouve en abondance la violette, la primerose (*Primula*) et le thym sauvage. M. Louis Piesse, explorant avec le capitaine Sturt les régions sauvages de l'Australie méridionale, écrit : « Les pluies ont revêtu la terre d'une verdure aussi belle que celle des prairies du Shropshire au mois de mai, et de fleurs aussi douces que la violette d'Angleterre, à laquelle l'anémone blanche ressemble sous le rapport du parfum. L'acacia jaune (cassie), en fleur, est magnifique et exhale une odeur pénétrante. »

(1) W. J. HOOKER, *Journal of a tour in Iceland*, 2e édition, Londres, 1813.

Un écrivain du haut Canada, Forster Ker, s'exprime ainsi : « Je vous envoie quelques brins de notre gazon indien (*indian grass*) dont vous ne manquerez pas de remarquer la délicieuse odeur. Vous n'avez rien en Angleterre à y comparer, et je m'étonne que vos parfumeurs ne l'emploient pas. Il est très abondant ici.

« Tous les pays, tous les climats offrent au Très-Haut les parfums que produit leur sol. Les plus délicieuses senteurs embaument les sommets majestueux des Alpes ; la zone glaciale est riche en parfums rares ; l'Océan, ce vieux bavard à la face ridée, à la barbe grise, prodigue l'ambre gris sur ses rivages ; les contrées brûlantes de la zone torride enivrent nos sens du mélange concentré de leurs émanations volatiles, du délicieux arome de leurs divers produits, insaisissable à l'analyse chimique. »

Quoique plusieurs parfums viennent des Indes orientales, de Ceylan, du Mexique et du Pérou, le midi de l'Europe est le seul jardin véritablement utile au parfumeur. Grasse (1) est le principal siège de cette industrie. Le cultivateur, dans un cercle relativement restreint, y rencontre les divers climats les plus propres à produire dans leur perfection les plantes nécessaires à son commerce. Non loin de la mer, la cassie pousse sans craindre la gelée, qui, en une seule nuit, pourrait détruire toute une récolte ; tandis que plus près des monts Esterel, au pied des Alpes, la violette est plus douce que si elle était venue dans les expositions plus chaudes où l'oranger et la tubéreuse fleurissent parfaitement. L'Angleterre produit de la lavande et de la

(1) Grasse est située à 250 mètres d'altitude en montant de la mer au mont Esterel. La ville contient environ 12 000 habitants ; on y voit les plus grandes fabriques de matières premières pour la parfumerie.

menthe poivrée. Les huiles essentielles extraites de ces végétaux cultivés à Mitcham, dans le comté de Surrey, et à Hitchin, dans le comté de Hertford, obtiennent sur le marché un prix assez élevé. A Grasse se fabriquent tous les produits de la rose, de la tubéreuse, de la cassie, du jasmin, de la fleur d'oranger, de la violette, etc. On y récolte aussi de la menthe d'une grande finesse, ainsi que du géranium très apprécié. La Sicile nous donne le citron et l'orange, l'Italie l'iris et la bergamote.

L'odeur des plantes ne réside pas pour toutes dans les mêmes parties. Chez les unes, c'est dans la racine, comme dans l'iris et le vétiver (rhizomes ou tiges souterraines); chez les autres, dans le bois, comme dans le cèdre et le santal; c'est la feuille dans la menthe, le patchouly et le thym; la fleur dans la rose et la violette; la graine dans la fève tonka; le fruit dans le carvi; l'écorce dans la cannelle.

Quelques végétaux ont plusieurs odeurs tout à fait distinctes et caractéristiques. L'oranger, par exemple, en donne trois : des feuilles et des petits fruits on extrait le *petit grain*, des fleurs le *néroli*, et de l'écorce du fruit de l'oranger doux une huile essentielle appelée *Portugal*. Pour cette raison, cet arbre est peut-être le plus précieux de tous pour le fabricant de parfumerie.

[L'oranger donnant le meilleur néroli est le bigaradier et non l'oranger doux; l'essence qu'on extrait de son fruit est l'essence de bigarade et non l'essence de Portugal qui est produite par l'oranger doux.]

Le parfum des fleurs est dû, dans la plupart des cas, à une huile très volatile contenue dans de petits vaisseaux ou des cellules intérieures, ou qui se produit à différentes époques de leur vie, comme lorsqu'elles sont en fleurs. Quelques-unes donnent par incision des gommes (résines) odorantes, comme le benjoin, l'oliban, la myrrhe, etc. ; d'autres fournissent par le même procédé des baumes qui semblent être le mélange d'une huile odorante et d'une gomme (résine) inodore. Quelques-uns de ces baumes s'obtiennent dans le pays où la plante est indigène, en la faisant bouillir quelque temps dans l'eau. On filtre ensuite cette infusion ; on la fait bouillir une seconde fois ou on la soumet à l'évaporation, jusqu'à ce que le résidu ait acquis la consistance de la mélasse. C'est ainsi que l'on extrait le baume du Pérou du *Myroxylon peruiferum* et le baume de Tolu du *Myroxylon toluiferum*. Quoique ces odeurs soient agréables, elles sont peu employées en parfumerie pour l'usage du mouchoir, mais quelques fabricants les font entrer dans le savon. En Angleterre, on les estime plus pour leurs propriétés médicinales que pour leur parfum.

B. — Influence des heures du jour et de la nuit.

Les fleurs exhalent plus généralement leurs odeurs pendant que le soleil brille ou au moins pendant le jour ; mais il y en a qui ne sentent rien pendant le jour, et qui embaument le soir : tels sont le *Cestrum nocturnum*, le *Lychnis vespertina* et quelques variétés du *Catasetum* et du *Cymbidium*.

Certaines fleurs, en petit nombre, doivent leur nom spécifique, *tristis, triste*, à cette particularité qu'elles ne sont odorantes que la nuit ; tels sont l'*Hesperis tristis*, le *Nyctanthes arbor tristis*.

Recluz (1), en parlant des effets des rayons solaires sur les fleurs du *Cacalia septentrionalis*, s'exprime

(1) Recluz, *Journal de pharmacie*, 1827, p. 216.

ainsi : « J'ai eu occasion d'observer en 1815, au jardin du Roi, que les fleurs du *Cacalia septentrionalis,* exposées à l'action des rayons solaires, exhalaient une odeur aromatique, que l'on pouvait rendre nulle en interceptant les rayons solaires au moyen d'un chapeau ou de la main, puis en leur rendant le contact de la lumière solaire. »

Morren dit que les fleurs du *Habenaria bifolia*, qui croît aux environs de Liége, sont tout à fait inodores pendant le jour, tandis qu'elles répandent le soir, ordinairement vers onze heures, une odeur très agréable et très pénétrante. Il a remarqué que le parfum commençait à se faire sentir au crépuscule, qu'il augmentait d'intensité avec les ombres de la nuit, et qu'il s'évanouissait au point du jour. Deux bulbes de cet *Orchis* furent posés dans deux vases cylindriques remplis d'eau dans laquelle les plantes étaient complètement plongées ; un des vases fut placé au soleil et l'autre à l'ombre. Quand vint le soir, une odeur délicieuse se fit sentir et continua de s'exhaler pendant la nuit, mais elle disparut au lever du soleil. Ces expériences amenèrent Morren à conclure que l'odeur des fleurs dépend de quelque cause physiologique et non d'une évaporation de particules, ni de leur accumulation dans des parties des plantes où elles ont leur origine. Il trouva que les orchidées aromatiques, telles que la *Marillaria aromatica*, perdent leur parfum une demi-heure après l'application artificielle du pollen, et que les fleurs non fécondées conservaient leur parfum plus longtemps.

Trinchinetti, qui a fait aussi des expériences sur les odeurs des plantes, divise les fleurs odorantes en deux classes :

1° Celles dans lesquelles l'intermittence de l'odeur est liée à l'épanouissement et au sommeil de la fleur.

Cette classe contient elle-même deux subdivisions :

a. Fleurs qui, restant fermées et inodores pendant le jour, s'ouvrent et exhalent un parfum pendant la nuit: *Mirabilis jalapa*, *M. dichotoma*, *M. longiflora*, *Datura cératocaula*, *Nyctanthes arbor tristis*, *Cereus grandiflorus*, *C. nycticalus*, *C. serpentinus*, *Mesembryanthemum noctiflorum*, et quelques espèces de *silène*.

b. Fleurs qui, restant fermées et inodores pendant la nuit, s'ouvrent et répandent un parfum pendant le jour: *Convolvulus arvensis*, *Cucurbita pepo*, *Nymphæa alba* et *Nymphæa cærulea*.

2° Fleurs qui sont toujours ouvertes, mais qui sont tour à tour odorantes et inodores. Cette classe comprend deux sections :

a. Fleurs toujours ouvertes et qui n'ont d'odeur que le jour: *Cestrum diurnum*, *Caronilla glauca* et *Cacalia septentrionalis*.

b. Fleurs toujours ouvertes n'ayant d'odeur que la nuit : *Pelargonium triste*, *Cestrum nocturnum*, *Hesperis tristis* et *Gladiolus tristis*.

L'émission des odeurs que donnent les fleurs nocturnes présente parfois des intermittences singulières. Ainsi les fleurs du *Cereus grandiflorus* ne sont odorantes que par intervalles ; elles envoient des bouffées toutes les demi-heures, depuis huit heures jusqu'à minuit. Suivant Morren, dans un cas les fleurs commencèrent à s'ouvrir à six heures du soir, moment où la première odeur fut perceptible dans la serre; un quart d'heure après, à la suite d'un mouvement rapide du calice, la première bouffée se fit sentir ; à six heures vingt-trois minutes, nouvelle et très puissante émanation ; à six heures trente-cinq. les fleurs étaient toutes grandes ouvertes ; à sept heures moins un quart, l'odeur du calice devint plus forte, quoique modifiée par celle des pétales. Les émanations reprirent ensuite leurs intervalles accoutumés.

Ceux qui admirent les senteurs d'un parterre à la chute du jour ne sauraient négliger la culture des fleurs nocturnes, sans se priver des mille plaisirs qu'on éprouve à respirer les aromes qu'elles répandent dans l'atmosphère, aromes si subtils, si éthérés qu'ils échappent souvent à l'analyse du chimiste.

III

DÉSINFECTION ET EMBAUMEMENT

I. — DÉSINFECTION.

[[La désinfection a pour but de priver l'air de certains gaz ou de certaines exhalaisons produites par des substances possédant naturellement une odeur désagréable ou étant le résultat de la fermentation de divers produits, tels que les matières organisées.

Cette fermentation se fait le plus généralement sous l'influence d'êtres microscopiques, se rattachant soit au règne végétal, soit au règne animal. Avec les mauvaises odeurs il passe dans l'air une certaine quantité de miasmes qui le rendent impropre à la respiration des hommes ou des animaux.

La désinfection peut donc être comprise à deux points de vue différents : masquer, ou détruire les mauvaises odeurs.

On pourra toujours masquer une mauvaise odeur en répandant dans l'air vicié des parfums. On pourra la détruire en la mettant en présence de corps qui en changeront la nature par suite d'une véritable combinaison chimique. La désinfection peut être obtenue par le moyen d'une ventilation énergique, permettant de remplacer aussi rapidement que possible cet air infecté par de l'air pur.

Mais ces moyens ne s'appliquent qu'à détruire le

mal une fois produit. Il est un autre moyen de désinfecter, c'est d'empêcher la décomposition des matières organisées.

On emploie à cet effet une certaine quantité de substances dont le nombre augmente tous les jours et que l'on désigne sous le nom d'*antiseptiques*. Parmi ces produits, viennent en première ligne : le sublimé corrosif, l'acide borique, les sulfates de zinc et de cuivre, l'acide phénique, le thymol, etc. (1). Nous le répétons, ces matières ne servent qu'à faire disparaître la cause primordiale, et seraient tout à fait impropres à masquer une odeur désagréable.

Elles ont trouvé une grande application en médecine, mais c'est surtout à la chirurgie qu'elles rendent de réels services ; par leur emploi on élimine un grand nombre d'accidents secondaires qui suivent les opérations chirurgicales, et qui rendent les plaies mauvaises.

Les Anciens ne connaissaient comme agent désinfectant que le feu, qui agit surtout par une ventilation puissante. Plutarque raconte que pendant la guerre du Péloponèse, le médecin Acron sauva Athènes de la peste en faisant allumer dans toutes les rues de grands feux.]]

Aujourd'hui, les progrès réalisés permettent de spécialiser les moyens à employer et d'en obtenir de meilleurs résultats. On emploie beaucoup la ventilation mécanique ; mais, lorsqu'il est impossible de chasser une odeur désagréable par un courant d'air, le meilleur agent de neutralisation, c'est une autre odeur. Voilà pourquoi on se trouve bien de brûler de temps en temps du papier brouillard dans les habitations. C'est ainsi que

(1) Voy. Nothnagel et Rossbach, *Matière médicale et thérapeutique*, trad. par Alquier, 1889. — Manquat, *Traité élémentaire de thérapeutique*.

les miasmes cadavériques de nos vieilles cathédrales, de nos antiques abbayes, autrefois employées comme lieux de sépulture, disparaissaient sous la vapeur de l'encens, non pas masqués, comme le disent quelques personnes, mais réellement neutralisés par une combinaison chimique.

Les émanations malfaisantes sont toutes d'une nature alcaline, sinon ammoniacale, et se combinent volontiers avec les produits d'une combustion lente qui tous sont acides ou ont un caractère acide dans leurs réactions chimiques. Les émanations subtiles qui engendrent la maladie, soit qu'elles viennent des marais infects ou qu'elles s'échappent des poumons altérés d'une personne malade, sont immédiatement détruites par les vapeurs odorantes qui résultent d'une combustion pareille.

[Le phénomène de la désinfection par les divers gaz, vapeurs ou produits de combustion, nous paraît beaucoup plus complexe et d'une généralisation difficile ; il est des cas en effet où tout se borne à une dissimulation d'une mauvaise odeur par une bonne ou par une moins mauvaise ; mais alors il n'y a pas désinfection proprement dite, mais simplement remplacement passager d'une odeur par une autre ; dans d'autres cas, il s'opère de véritables combinaisons chimiques entre divers corps odorants, d'où il résulte de nouveaux composés inodores ; telle est, par exemple, la saturation de l'ammoniaque par l'acide acétique, ou celle du sulfhydrate d'ammoniaque par le sulfate de fer ; dans d'autres cas, il y a condensation des corps odorants par les corps poreux : c'est de la sorte qu'agit le charbon ; mais il est des circonstances dans lesquelles il y a destruction complète de matières odorantes : c'est ainsi que paraissent agir le chlore, les vapeurs nitreuses, etc. Enfin, il est des agents antiseptiques qui exercent leur action en tarissant ou diminuant la source infectante.]

Le benjoin est l'ingrédient principal de toutes les compositions qui se débitent pour parfumer les appartements. A la chaleur, il dégage de l'acide benzoïque, acide essentiellement volatil; celui-ci, quand il est répandu dans une maison, ne trouvant pas avec quoi se combiner, s'attache aux murs et pénètre dans tous les coins, dans les moindres fissures.

[Ce n'est pas l'acide benzoïque qui est le corps odorant, mais bien des matières particulières essentielles ou grasses qui accompagnent la combustion lente du benjoin.]

L'odeur de la chair brûlée est affreuse; il n'est donc pas étonnant que les Romains brûlassent de l'encens sur les bûchers.

Peut-être est-ce la mauvaise odeur que répandaient les hérétiques condamnés au feu, qui a porté l'Angleterre à éteindre le bûcher des martyrs; en effet, l'Angleterre n'avait pas d'encens à cette époque.

[Ici encore le phénomène de désinfection est complexe; la combustion de l'encens employé comme agent de désinfection et celle de tous les corps analogues agissent: 1° en produisant des vapeurs aromatiques qui masquent les mauvaises odeurs; 2° en déterminant par la combustion un courant d'air, par conséquent une petite ventilation; 3° en donnant naissance à divers produits acides qui pourront neutraliser les corps infects, gazeux, alcalins ou du moins basiques; 4° en formant des produits aromatiques qui s'opposent à la nouvelle formation des produits infects.]

Ajoutons que parmi les essences aromatiques employées en parfumerie, certaines sont de véritables antiseptiques, et que les plus estimées sous ce rapport sont les essences de menthe.

Le benjoin a également une grande valeur, à ce point de vue.

II. — EMBAUMEMENT.

[[Nous venons de dire que les causes d'infections étaient dues à l'altération des principes organiques, et chacun sait avec quelle rapidité se décomposent les tissus animaux après la mort.

Dès la plus haute antiquité, les peuples ont cherché à éviter cette putréfaction des morts. Les Grecs et les Romains brûlaient leurs morts ; tous les autres peuples pratiquaient l'embaumement.

L'art d'embaumer les cadavres fut exercé sur une très grande échelle par les Egyptiens, et les momies trouvées dans les tombeaux, où elles reposent depuis plus de trente siècles, témoignent de la perfection qu'ils avaient apportée dans cet art (1).

Lors de la conquête de l'Égypte par les Romains, cette pratique fut adoptée par la généralité des conquérants.

L'embaumement consistait à extraire, au moyen d'une tige de fer recourbée que l'on introduisait dans les narines, la plus grande partie de la cervelle du mort. On faisait ensuite, au moyen d'une pierre tranchante, une entaille dans le flanc, et on retirait le contenu de l'abdomen. La cavité ainsi formée, après avoir été nettoyée au vin de palmier et à diverses infusions aromatiques, était remplie de myrrhe pulvérisée, de casse et autres aromates (l'encens excepté) ; après quoi l'on recousait les lèvres de la plaie. Le corps ainsi traité était maintenu pendant soixante-dix jours dans un bain de natron (sesquicarbonate de soude).

(1) Voy. Victor Loret, *L'Égypte au temps des Pharaons*. Paris, 1889, J.-B. Baillière et fils.

Au bout de ce temps on le retirait, et l'enveloppait de fines bandes de toile saturées de gomme, que les Égyptiens employaient comme colle.

Le cadavre ainsi traité avait perdu toute sa chair, et il ne restait plus que la peau et les os.

Un autre moyen plus économique consistait à ne pas faire d'incisions et à ne pas vider le cadavre, mais à injecter dans ses intestins, au moyen de seringues, et en se servant pour cela des orifices naturels, une certaine huile extraite du cèdre. On fermait alors les issues par lesquelles l'huile aurait pu s'en aller et l'on immergeait dans un bain de natron.

Lorsque le temps d'immersion était suffisant, on retirait le cadavre, et on laissait s'écouler l'huile, dont la puissance était telle qu'elle entraînait avec elle, dans un même état liquide, l'estomac et les intestins tout entiers. Le natron avait de son côté dissous toute la chair.

Chaussier a proposé de conserver les morts en retirant l'estomac et les intestins, puis les plongeant dans une solution de sublimé corrosif.

De cette façon la chair devient peu à peu ferme, imputrescible, et est garantie de toute attaque des insectes.

Que l'on ait employé l'un ou l'autre de ces procédés, on termine toujours l'opération en imprégnant la dépouille funèbre de parfums et de matières aromatiques diverses.]]

IV

GÉNÉRALITÉS SUR DIVERS PRODUITS EMPLOYÉS EN PARFUMERIE

I. — ACIDE ACÉTIQUE.

L'acide acétique est un liquide incolore, à saveur piquante, et qui, lorsqu'il est pur, se prend en masse et cristallise à la température ordinaire.

Il est connu depuis la plus haute antiquité. C'est l'élément constituant du vinaigre, dans lequel il entre dans la proportion d'environ 10 p. 100, le reste étant, à très peu de chose près, constitué par de l'eau (1).

Lorsque l'on abandonne du vin à l'air, il ne tarde pas à se montrer à la partie supérieure du liquide une végétation spéciale qui s'étend sous forme de nappe à la surface du vin. Cette nappe est constituée par la réunion d'êtres microscopiques qui, animés d'une vie particulière, ont la curieuse propriété d'absorber l'oxygène de l'air pour le fixer sur l'alcool du vin, transformant ainsi ce principe en un autre corps, l'acide acétique.

C'est grâce à l'intervention de ces êtres microscopiques, auxquels on a donné le nom de *Mycoderma aceti*, que le vin abandonné dans de telles conditions

(1) L'ensemble des matières organiques fixes, des éthers volatils et des sels minéraux que renferment les vinaigres n'étant en moyenne que d'environ 20 grammes par litre.

tourne, comme on dit habituellement, c'est-à-dire se transforme en vinaigre.

Le vinaigre de vin est très estimé. A côté de l'acide acétique et de l'eau, qui sont les deux produits les plus importants entrant dans sa composition, il existe en faible quantité des proportions diverses de corps éthérés, parmi lesquels on a signalé l'éther acétique. C'est à la présence de ces produits que le vinaigre de vin doit la propriété de posséder une odeur si agréable, qui fait qu'on le recherche en parfumerie.

L'acide acétique peut être obtenu de différentes façons : ou bien on facilite par divers moyens la transformation du vin en vinaigre, c'est le procédé d'Orléans ; ou bien on distille des substances végétales et surtout le bois. On obtient ainsi un acide acétique renfermant des matières empyreumatiques qui le colorent et lui donnent une odeur désagréable ; cependant, lorsque ce produit est redistillé, il donne un acide acétique suffisamment pur pour être employé en parfumerie.

Par la distillation du verdet ou acétate de cuivre, on obtenait jadis un acide acétique très estimé ; mais ce mode d'obtention ne semble pas s'être augmenté beaucoup dans ces dernières années.]]

II. — ALCOOL.

[[Sous le nom d'*alcool*, les alchimistes désignaient une substance réduite, au moyen d'agents mécaniques, à un grand état de division.

Aujourd'hui, on entend par *alcools* une série de produits organiques jouissant de propriétés communes. Chimiquement parlant, un alcool est un corps qui, par oxydation, fournit d'abord l'aldéhyde, puis l'acide correspondant. Il diffère du carbure duquel il dérive en ce qu'il contient de l'oxygène en plus.

Plus spécialement, on entend par *alcool* l'alcool du vin ou alcool vinique (alcool éthylique). Ce produit, qui accompagne un grand nombre de fermentations, n'est cependant connu que depuis une époque assez récente. C'est seulement au moyen âge que ce principe fut découvert par la distillation de l'esprit-de-vin.

L'alcool employé dans l'industrie s'extrait d'une grande quantité de produits, tels que froment, seigle, orge germée, avoine, pomme de terre, maïs, riz, châtaignes, sucres de canne et de raisin, glucose, mélasse, raisins, pommes, poires, prunes, cerises, figues, etc. On a même employé à sa fabrication des cosses de pois et de la sciure de bois.

L'alcool de vin est le plus estimé, non pas parce qu'il est plus pur que celui que l'on retire des grains, mais parce qu'il renferme certains produits qui l'accompagnaient dans le vin, et qui lui donnent un arome particulier et suave.

L'alcool de grains que l'on obtient actuellement est un produit très pur, qui convient très bien pour la fabrication des extraits d'odeur. Les autres alcools d'industrie, tels qu'alcools de mélasse et de betterave, sont peu employés à cause de l'odeur spéciale qu'ils possèdent, et qui tient à la présence d'une huile essentielle dont il est très difficile de les débarrasser (1).]]

III. — AMMONIAQUE.

[[Sous les divers noms de *sels* (*smelling salts*), *sels de Preston*, *sels inépuisables*, *eau de Luce*, *sels volatils*,

(1) Voy. Larbalétrier, *L'Alcool au point de vue chimique, agricole, industriel, hygiénique et fiscal.* 1 vol. in-16. (*Bibliothèque scientifique contemporaine.*)

on emploie beaucoup l'ammoniaque mêlée à d'autres substances odorantes pour charmer l'odorat.

Les sels ammoniacaux sont connus depuis fort longtemps, car les sables de la Cyrénaïque étaient principalement formés de sel ammoniac.

L'ammoniaque se rencontre à l'état de combinaison dans diverses eaux, et notamment dans celles de Passy, de Chaudes-Aigues, de Bourbonne-les-Bains ; à l'état libre dans les émanations volcaniques. Il est l'un des principaux produits résultant de la décomposition des matières organiques, et notamment des détritus.

C'est un gaz doué d'une odeur forte et piquante, excessivement soluble dans l'eau, à laquelle il communique une réaction alcaline ; on le nomme communément *alcali volatil.*

Le gaz ammoniac est employé en très petite dose en parfumerie, en raison de sa puissante odeur. En l'associant habilement avec divers parfums, on obtient des produits jouissant de la double propriété d'avoir un parfum agréable, tout en possédant certaines qualités médicinales.]]

IV. — GLYCÉRINE.

[[La glycérine concentrée dans le vide est un liquide inodore, sirupeux, d'une saveur sucrée, incolore ou légèrement jaunâtre, hygrométrique, c'est-à-dire absorbant l'humidité de l'air. Quoique par l'application d'un froid intense elle ne puisse cristalliser, lorsqu'elle est pure et exempte d'eau, elle se prend en masse constituée par de petites aiguilles cristallisées et blanches.

Lorsque sur les corps gras on fait réagir l'eau, de façon qu'il y ait combinaison chimique, il y a séparation de deux éléments, et l'on obtient d'une part un acide gras, et de l'autre la glycérine.

On la trouve à l'état libre dans certaines huiles et notamment dans l'huile de palme, d'où on peut la retirer par un simple traitement à l'eau bouillante.

Les fabricants de savons la retrouvent dans les eaux mères séparées du savon, et c'est de là que le commerce la retire ; enfin, elle est le terme constant résultant, en faibles proportions, de la fermentation alcoolique. Elle existe en petite quantité dans le vin.

Au point de vue chimique, ce corps se classe dans la catégorie des alcools.

La glycérine a reçu un grand nombre d'applications.

Elle est employée au pansement des plaies, des excoriations, des dartres, etc. ; elle agit comme calmant dessiccatif. Elle entre dans la composition d'une série de produits pharmaceutiques désignés sous le nom général de *glycérés* ou *glycérolés*.

On l'emploie en Angleterre dans la fabrication des couleurs pour l'aquarelle ; elle sert comme agent lubrifiant pour les pièces délicates ; elle entre dans certaines encres d'imprimerie et à copier ; enfin elle sert en parfumerie comme élément constituant d'un certain nombre de préparations et notamment de produits pour la toilette.]]

V. — PARAFFINE.

[[Le nom de *paraffine*, qui dérive de *parum affinis* (affinités faibles), a été donné par Reichenbach à un corps composé d'hydrogène et de carbone fusible à basse température et susceptible de cristalliser, qu'il a retiré en 1830 des résidus provenant de la distillation du bois.

Plus tard, ce même corps a été retrouvé dans le

goudron de houille, et dans divers résidus provenant de la distillation de matières animales. On en a également retiré des pétroles d'Amérique, des pétroles russes (*boghead*), ainsi que des schistes et des matières bitumineuses, et aussi par la distillation de la cire.

La paraffine pure est un corps solide, incolore, à texture cristalline, inodore et sans saveur. Elle ressemble au blanc de baleine. Lorsqu'on la chauffe, elle émet des vapeurs susceptibles de s'enflammer.

La paraffine est aujourd'hui employée sur une grande échelle pour la fabrication des bougies; elle produit une flamme bien éclairante, mais, comme son point de fusion est un peu bas, on est obligé d'y ajouter de la stéarine (de 2 à 20 p. 100 suivant que ces bougies doivent être employées en hiver ou en été).

La paraffine est aussi employée pour rendre les tissus moins perméables à l'air et à l'eau. Enfin, on s'en sert comme vernis en dissolution dans les huiles volatiles pour préserver les métaux du contact de l'air. Il convient d'ajouter aussi que les parfumeurs l'ont employée avec succès pour l'extraction des parfums végétaux. Ce procédé ne semble pas avoir obtenu un grand succès industriel.]]

VI. — VASELINE.

[[On désigne sous les noms de *cosmoline*, *graisse minérale*, *pétréoline*, *vaseline*, *pétroléine*, *pétrolatum*, etc., un produit constitué par un mélange d'huile lourde de pétrole et de paraffine. Ce mélange est plus ou moins purifié et par suite plus ou moins blanc.

C'est une substance demi-solide, complètement

amorphe, blanche ou blonde, ayant l'aspect d'un corps gras, onctueuse au toucher, transparente en couche mince, plus ou moins fluorescente, surtout quand elle est fondue.

Elle est insipide, inodore, ou dégageant à peine une odeur de pétrole.

On l'emploie en pharmacie (1) et en parfumerie.]]

VII. — SAVONS PARFUMÉS.

Le mot *savon*, en anglais *soap* ou *sope*, du grec *sapo*, se rencontre pour la première fois dans les écrits de Pline et de Galien. Pline nous apprend que le *savon* fut inventé par les Gaulois, qu'il se composait de suif et de cendres, et que le savon de Germanie passait pour le meilleur. On lit dans Sismondi qu'il y avait un savonnier parmi les serviteurs de Charlemagne.

Dans les fouilles faites il y a quelques années à Pompéi, ville d'Italie ensevelie sous les cendres du Vésuve lors de l'éruption qui eut lieu en l'an 79, on a découvert la boutique d'un fabricant de savon avec du savon dedans.

Il résulte évidemment de là que la fabrication du savon remonte à une date très éloignée ; en effet, Jérémie en parle au figuré : « Car quoique tu te laves avec du natron et que tu prennes beaucoup de savon, cependant ton iniquité est *marquée* devant moi. » (*Jér.*, II, 22.) Malachie en fait autant : « Il est comme le feu du raffineur et comme le savon du foulon. » (*Mal.*, III, 2.)

Le parfumeur fabrique lui-même ou achète au fabricant les divers savons à l'état brut, puis il les refond,

(1) Voy. Andouard, *Nouveaux éléments de pharmacie*, 6e édition, 1904.

les parfume et les colore selon les articles qu'il se propose de faire.

[[On désigne sous le nom général de *savons* des composés résultant de l'action d'un alcali sur les différents acides gras entrant dans la composition des matières grasses.

Ces matières grasses peuvent affecter deux formes et provenir de deux origines. Ou elles sont solides et présentent l'aspect d'une matière blanche, plus ou moins colorée, onctueuse au toucher et facilement fusible; ou elles sont liquides et présentent toujours une certaine coloration.

Elles sont constituées par l'assemblage et la combinaison d'un certain nombre de principes que l'on retrouve dans chacune d'elles, mais en des proportions différentes. Parmi ces éléments constituants des corps gras, nous citerons les acides stéarique, oléique, margarique, etc., et la glycérine.

Lorsque sur de semblables matières on fait réagir un alcali, de façon qu'il y ait combinaison, on produit une saponification, et l'on obtient du savon.

Ce savon peut être ou dur ou mou, suivant la nature de la base employée. La potasse, la soude, la chaux, l'oxyde de plomb sont les plus usités : la première donne naissance au savon mou, les autres produisent un savon dur.

Les produits commerciaux renferment une forte proportion d'eau; le savon dit *de Marseille* en renferme 34 p. 100, d'autres en renferment de 45 à 50 p. 100.

Le savon ainsi obtenu est livré au parfumeur qui, au moyen de diverses opérations, emprisonne pour ainsi dire dans ce savon une certaine quantité de parfum.

Ce travail se fait aisément par la méthode suivante :

Le savon, découpé au moyen de fils métalliques, est chauffé avec une certaine quantité d'eau; lorsqu'il est complètement fondu, on lui incorpore les parfums, les matières colorantes (s'il doit être coloré), et quelquefois des matières étrangères, telles que la pierre ponce, le sable, etc.

Un autre procédé pour l'obtention des savons parfumés est le procédé dit *à froid*. Il consiste à faire digérer, à une température de 50 à 60 p. 100, le corps gras (huile de coco, graisse de porc, suif, ou mélange de ces corps) avec une lessive alcaline très riche en oxyde métallique. Lorsque la saponification est terminée, on coule la masse dans une *mise* en bois, et, tandis qu'elle est encore molle, on y incorpore les essences propres à la parfumer, telles que celles de citron, de bergamote, d'amandes amères, de menthe, de néroli, de fenouil, etc. Quel que soit le procédé employé, il ne reste plus qu'à donner au savon la forme que le parfumeur désire, ce qui s'obtient facilement au moyen d'un appareil spécial qui, par pression, fait entrer le savon dans le moule, et lui donne ainsi la forme convenable.]]

L'espèce de savon qui intéresse plus spécialement le parfumeur est celle qu'on appelle *blanc de suif* (*curd Soap*) et qui forme la base de tous les savons à odeur prononcée.

Le BLANC DE SUIF (*curd Soap*) est presque un savon neutre, composé de soude pure et de beau suif.

Le SAVON A L'HUILE (*oid Soap*) est une combinaison incolore d'huile et de soude, dure, serrée et ne renfermant qu'une petite quantité d'eau.

Le SAVON DE CASTILLE, importé d'Espagne, est un composé semblable, coloré avec du sulfate de fer. On ajoute la solution de sel après que la pâte est fabriquée; la présence de l'alcali amène la décomposition du sel, le protoxyde de fer se répand dans la masse du savon et, par sa couleur verte que tout le monde connaît, lui donne l'apparence du marbre. Lorsque le savon est coupé en briques et exposé à l'air, le protoxyde, par l'absorption de l'oxygène, se transforme en peroxyde : c'est ce qui fait que la tranche extérieure d'un morceau de savon est marbrée de vert. Tout le savon de Castille n'est pas coloré artificiellement; il y en a auquel on donne la même couleur en employant tantôt une barille ou soude qui contient un sulfure alcalin, tantôt un sel de fer.

SAVON MARIN (*marine Soap*). C'est un savon fait avec de l'huile de noix de coco, un grand excès de soude et beaucoup d'eau.

Le SAVON JAUNE (*yellow Soap*) est un savon composé de soude, de suif, de résine, de saindoux, etc., etc.

SAVON DE PALME (*palm Soap*). Ce savon, composé de soude et d'huile de palme, conserve la couleur et l'odeur particulières à cette huile. Le principe odorant de l'huile de palme ressemble à celui de la racine d'iris et peut en être extrait par infusion dans l'alcool; comme les essences en général, il ne subit pas l'action des alcalis : c'est pourquoi le savon d'huile de palme garde l'odeur de l'huile.

Le SAVON MOU DE NAPLES est un savon fait avec de l'huile de poisson mêlée à de l'huile de Lucques et de la potasse : il conserve, quand il est pur, son odeur naturelle de poisson.

Le public veut un savon qui ne se racornisse pas et ne change pas de forme quand il est en magasin. Il doit faire beaucoup de mousse pendant qu'on s'en sert; il ne doit pas laisser la peau rude après qu'on s'en est servi; il doit être tout à fait inodore ou avoir une odeur agréable. Aucun des savons dont nous venons de parler ne possède cette réunion de qualités; c'est au parfumeur à la réaliser en les refondant.

Les savons ci-dessus constituent l'élément principal, la base de tous les savons de fantaisie à odeur que font les parfumeurs en les mêlant et refondant.

Nous traiterons de la fabrication de ces savons dans notre second volume : *Chimie des Parfums*.

VIII. — HUILES ET POMMADES.

Selon les vieux écrivains, les mots *onguent*, *pommade*, *oingnement* sont des expressions synonymes pour désigner les graisses médicamenteuses et parfumées. Ainsi nous lisons au livre des *Proverbes*, XXVII, 9 : « Les oingnements et les parfums réjouissent le cœur »; l'*Ecclésiaste*, IX, 8 : « Que ta tête ne manque pas d'oingnement. » « Les fils des prêtres faisaient les oingnements des aromates. » (*Paralipomènes*, IX, 30.) « Ézéchiaz était ravi et leur montra ses trésors, ses aromates et l'oingnement précieux. » (*Isaïe*, XXXIX, 2.)

La coutume d'huiler et de graisser les cheveux est répandue parmi presque toutes les nations civilisées de la terre. Nous avons bien, sous le cuir chevelu, des glandes qui sécrètent une sorte d'huile; mais, sauf quelques cas assez rares, c'est en très petite quantité. Dans ces cas, on dit que les cheveux sont naturellement gras et doux. En général, les cheveux deviennent durs et secs faute de sécrétion huileuse naturelle; de là est né comme instinctivement l'usage d'employer une huile artificielle, usage consacré par son ancienneté et sanctionné comme une nécessité par les élégantes de nos salons comme par les beautés africaines des régions équatoriales. M. du Chaillu dit, en parlant de l'huile de Njavi dont se servent les naturels de Goumbi :

« Ils mêlent l'huile de Njavi avec une poudre odoriférante appelée *yembo* et en font une sorte de pommade qu'ils mettent en grande quantité sur leur laine, c'est-à-dire leur chevelure. Ils trouvent que cette pommade répand une odeur agréable, mais je ne partage pas leur opinion. »

L'huile dans les cheveux, outre qu'elle les rend doux et brillants, a l'avantage inappréciable de les rendre « inhabitables », considération trop souvent négligée dans les écoles et dans les autres institutions du même genre.

Le nom de *pommade* vient du mot latin *pomum* (pomme), parce que, dans l'origine, on la faisait en mettant macérer les pommes très mûres dans la graisse.

Piquez une pomme avec des clous de girofle ou quelque aromate du même genre, exposez-la à l'air pendant plusieurs jours, faites-la ensuite macérer dans de l'axonge clarifiée et fondue ou tout autre corps gras, et vous aurez une graisse parfumée. Répétez cette opération plusieurs fois avec la même graisse, vous obtiendrez la véritable « pommade ».

Voici une recette publiée il y a plus d'un siècle :

Prenez : graisse de chevreau, une orange coupée en tranches, des pommes de reinette, un verre d'eau de rose, un demi-verre de vin blanc ; faites bouillir, passez et enfin parfumez avec de l'huile d'amandes douces.

L'auteur, le docteur Quincy, fait observer que, dans cette recette, la pomme ne signifie absolument rien, et, comme plusieurs auteurs de nos jours, il est d'avis que le lecteur en sait autant que l'écrivain sur cette question. Il pense donc que le poids et la quantité des ingrédients mentionnés dans sa recette sont également insignifiants.

Les parfumeurs, soit qu'ils en aient fait l'expérience ou qu'ils se contentent de l'avis du docteur Quincy, fabriquent aujourd'hui leurs pommades sans pommes. Leur préparation se compose simplement de saindoux ou de graisse de bœuf, d'un mélange de cire, de spermaceti et d'huile, de toutes ces substances réunies ou de quelques-unes d'entre elles seulement, qu'ils parfument en y ajoutant une certaine quantité d'essence, selon le nom qu'ils veulent donner à leur produit.

Le point essentiel dans la fabrication de la pommade est, quelle que soit la graisse qu'on emploie, que cette graisse soit *parfaitement inodore*.

Voici comment on obtient un saindoux sans odeur :

Prenez, par exemple, 14 kilogrammes de panne *parfaitement fraîche*, mettez-les dans un vase bien vernissé, qui puisse supporter la chaleur d'un bain d'eau salée bouillante, ou, si l'on emploie la vapeur, une légère pression; lorsque la panne est fondue, ajoutez-y 30 grammes d'alun en poudre et 60 de sel de table; entretenez la chaleur jusqu'à ce que vous voyiez s'élever une écume composée en grande partie de caillots de protéine (albumine), de pellicules, etc., et qu'il faut écumer. Lorsque la graisse liquide paraît ne plus contenir de corps étrangers, laissez-la refroidir.

Il faut alors laver la panne ou axonge. On procède à ce lavage par petites portions à la fois. On la fait ensuite refondre en ayant soin d'élever assez la chaleur pour faire évaporer toute l'eau qui pourrait être restée. Quand la graisse est refroidie, l'opération est terminée.

Cette opération est pénible sans doute et prend beaucoup de temps, mais la graisse qui n'est pas ainsi purifiée est complètement impropre aux usages de la parfumerie; en effet, une mauvaise graisse coûte plus en parfums pour couvrir sa mauvaise odeur que la dépense nécessaire pour clarifier. De plus, si la panne employée a le goût de la bête, il est presque impossible de lui donner aucune odeur délicate et, si on la parfume fortement en ajoutant beaucoup d'essence, la graisse ne se conserve pas davantage et devient bientôt rance. De toutes manières, donc, employer, dans la fabrication des pommades, des graisses qui ne soient pas *parfaitement inodores*, est une très fausse économie.

Dans la Provence, qui produit les fleurs et où les belles pommades se font par *enfleurage* ou par macération, la clarification des graisses nécessaires à ce commerce est un objet assez important pour entraîner une grande activité dans les usines au moment où elle y est effectuée.

On purifie la graisse de bœuf ou de mouton à peu près de la même manière que la panne. Mais la consistance plus ferme de ces graisses exige pour les laver un mécanisme d'une force plus grande que celle que peut fournir un travail manuel. On emploie pour l'épurement un rouleau de pierre se promenant sur une ardoise circulaire. Ce rouleau reçoit son mouvement d'un axe qui passe au centre de l'ardoise ou plutôt de la table de pierre sur laquelle est placée la graisse ; cette table étant plus élevée au centre qu'à la circonférence, le courant d'eau s'écoule après avoir lavé le corps gras. Le reste de l'opération se fait de la même manière que pour le saindoux. Ces graisses sont employées dans la parfumerie sous le nom général de *corps* ; ainsi nous avons des pommades de *corps* durs (graisses de bœuf ou de mouton — suif) et des pommades de corps mous (panne). Pour tirer des *extraits* des pommades faites par enfleurage ou macération, tels qu'extraits de violette, de jasmin, etc., les pommades de corps mous sont préférables, parce qu'ils abandonnent plus facilement leur parfum. Mais lorsqu'on veut employer des pommades parfumées pour fabriquer des cosmétiques pour la chevelure, les pommades de corps durs doivent être mélangées aux autres en proportions déterminées afin d'obtenir une consistance moyenne, suivant la température du moment et aussi suivant les contrées auxquelles les marchandises sont destinées.

IX. — COLD-CREAM.

Galien, célèbre médecin de Pergame, en Asie, qui se distingua à Athènes, à Alexandrie et à Rome, il y a environ dix-sept cents ans, est l'inventeur de cet onguent particulier, mélange de graisse et d'eau, connu aujourd'hui dans la parfumerie sous le nom de *cold-cream*, et dans la pharmacie sous celui de *cérat de Galien* (*ceratum Galeni*).

Cependant la recette actuelle pour faire le cold-cream diffère complètement de la formule qui se trouve dans les ouvrages de Galien, quant à l'odeur et à la quantité, quoique les éléments principaux soient les mêmes, à savoir de la graisse et de l'eau. Il y a dans le commerce de la parfumerie européenne diverses espèces de cold-creams qu'on distingue par leur odeur, tels que cold-cream au camphre, à l'amande, à la violette, à la rose, etc. (1).

(1) Nous en donnerons la formule dans notre second volume : *Chimie des Parfums*.

II

Parfums d'origine végétale. — Parfums d'origine animale.

Les produits odorants employés pour la fabrication des parfums sont les uns d'origine naturelle, les autres fabriqués par des méthodes purement chimiques. En ce qui concerne ces derniers, nous renverrons nos lecteurs à la *Chimie des Parfums*, p. 190, ou, pour plus de détails, à l'ouvrage consacré spécialement à cette question par M. Charabot (1). Nous ne nous occuperons ici que des matières premières naturelles au point de vue de leur origine. Ces matières premières proviennent généralement du règne végétal ; quelques-unes cependant sont des produits de l'économie animale. Nous aurons donc à étudier successivement : 1° les parfums d'origine végétale ; 2° les parfums d'origine animale.

I

PARFUMS D'ORIGINE VÉGÉTALE

1. — GÉNÉRALITÉS SUR LES ESSENCES ET LES PARFUMS.

Parmi les substances aromatiques extraites des végétaux, il en est qui sont spécialement utilisées dans la

(1) Charabot, *Les Parfums artificiels* (Encyclopédie de Chimie industrielle, 1900).

parfumerie pour l'obtention des extraits d'odeur, des savons, des poudres, des dentifrices, etc., d'autres qui trouvent des applications dans la distillerie, dans la confiserie, et dans un grand nombre d'autres industries. De divers points du globe arrivent des produits destinés à la parfumerie, mais ce n'est guère que dans le sud-est de la France que l'industrie applique à l'extraction de toute une gamme de parfums des procédés variés et perfectionnés. Grasse est le centre de cette élégante industrie. C'est une ville admirablement disposée à l'abri des montagnes et orientée vers le littoral méditerranéen. Toutes les plantes y fleurissent, répandant les plus exquis parfums et trouvant des conditions exceptionnellement favorables à leur culture : altitude et position, nature du sol, température constamment douce, toutes conditions dont l'ensemble contribue à assurer à Grasse et à ses environs le monopole des odeurs suaves. Des fleurs s'y succèdent pendant toute l'année sans aucune interruption de quelque importance. D'ailleurs, lorsque les récoltes florales de la région ne nécessitent pas l'emploi de tous les appareils industriels, l'outillage est utilisé pour le traitement de végétaux exotiques : racines d'iris, feuilles de patchouly, vétiver, bois de santal, etc.

Tandis que sont employés à Grasse, pour l'extraction des parfums des fleurs et des plantes odoriférantes, les procédés les plus perfectionnés (1), de divers pays arrivent sur tous les marchés des huiles essentielles obtenues par le procédé de la distillation.

Nous donnerons sur les plantes qui, soit en France, soit à l'étranger, fournissent des produits odorants, les

(1) Voy. Piesse, *Chimie des Parfums*.

divers renseignements de nature à intéresser les industriels qui en tirent parti.

Les propriétés odorantes de certains organes végétaux, les fleurs en particulier, sont dues à la présence dans les cellules d'huiles volatiles, insolubles ou, plutôt, peu solubles dans l'eau, mais solubles dans l'alcool, la benzine, l'éther, l'éther de pétrole, etc. Ces substances sont connues sous le nom d'*essences* ou *huiles essentielles*. Des procédés variés et très perfectionnés, dont on trouvera la description dans la *Chimie des Parfums*, permettent d'extraire les matières odorantes sous différentes formes : par expression ou par distillation, on les obtient sous forme d'huiles essentielles; l'enfleurage, la macération fournissent des huiles et des graisses parfumées, ces dernières connues sous le nom de *pommades*; la méthode des dissolvants volatils donne des produits exquis, d'une puissance considérable : les essences solides, les essences liquides et les essences absolues (1).

Les huiles essentielles sont généralement des mélanges complexes de corps jouant au point de vue de l'odeur des rôles d'une inégale importance. Certains possèdent des propriétés particulières qui les ont fait ranger dans un même groupe : ce sont les *composés terpéniques*. D'autres appartiennent aux groupes de corps que l'on est habitué à étudier en chimie organique. Ces divers principes constitutifs des huiles essentielles sont étudiés d'une façon substantielle dans notre *Chimie des Parfums*. En ce qui concerne les méthodes de travail qui sont applicables à ces corps, M. Charabot en a fait une étude détaillée à laquelle nous renver-

(1) Voy. Roure-Bertrand fils, *Bull. scient. et ind.*, 1re série, nos 2, 4, 5, 6 et 8; et J. Dupont, *Conférences de la Société chimique de Paris*, 1902.

rons nos lecteurs désireux d'approfondir cette question (1).

2. — LES PLANTES A PARFUMS.

Les plantes à parfums ont été, durant ces dernières années, l'objet d'une série de recherches méthodiquement poursuivies dans le but de faire connaître les conditions physiologiques qui président, chez elles, à la production et à l'évolution des produits odorants. Cette question présente au point de vue scientifique pur un intérêt de premier plan ; elle intéresse aussi les applications, et peut contribuer à la prospérité industrielle et agricole du sud-est de la France, tout en dévoilant quelques-uns des mystérieux phénomènes de la vie végétale.

Ces recherches, dont les résultats constituent tout un chapitre entièrement nouveau de la chimie végétale, ont été poursuivies par M. Charabot et ses collaborateurs. Elles ont trait à la formation des essences dans les organes verts, à leur distribution et à leur circulation chez la plante, à leur évolution au fur et à mesure que se déroule la vie végétale.

Formation des essences dans les organes verts. — MM. Charabot et Hébert (2) se sont demandé si des corps odorants désignés sous le nom de *composés terpéniques* prennent naissance dans les parties vertes ou bien s'ils ne se forment que plus tard dans d'autres organes par suite de l'évolution chimique des substances qui, elles seulement, auraient été dans ce cas produites par les organes chlorophylliens. Pour cela ils ont adopté

(1) Charabot, *Bulletin des Sciences pharmacologiques*, mars 1903, t. VII, p. 77-99.

(2) Charabot et Hébert, *Comptes rendus de l'Académie des Sciences*, t. CXXXVIII, p. 380.

la méthode de travail que voici : un lot de plantes a été divisé en deux parties, l'une réservée à des sujets devant servir de témoins, l'autre renfermant des plantes auxquelles ils ont sans cesse enlevé les inflorescences au fur et à mesure de leur formation. Si l'huile essentielle se forme dans les organes verts, les feuilles et tiges de la plante privée systématiquement des inflorescences en renfermeront une quantité plus grande que les parties correspondantes de la plante témoin. C'est en effet ce qu'a montré l'expérience. MM. Charabot et Hébert ont été ainsi amenés à penser que les organes verts fournissent des composés terpéniques aux inflorescences. Pour corroborer cette conclusion et préciser davantage le rôle des organes verts dans la formation des matières odorantes, ils ont cultivé des plantes à l'ombre et des sujets témoins à la lumière. Les premières renfermaient des quantités absolues et des proportions relatives d'essence notablement moindres que les dernières. Cet ensemble de faits a montré que non seulement les organes verts constituent le siège important de la formation des composés terpéniques, mais encore que cette formation est en relation directe avec la fonction essentielle accomplie par ces organes, dont le principal est la feuille.

En étudiant la distribution de quelques substances organiques dans le géranium, MM. Charabot et Laloue (1) ont d'ailleurs constaté que l'huile essentielle se trouve entièrement localisée dans la feuille. Le fait que l'huile essentielle ne traverse pas la tige du géranium explique parfaitement que les fleurs de cette plante ne sont pas odorantes.

Distribution et circulation des essences chez les

(1) Charabot et Laloue, *Comptes rendus de l'Académie des Sciences*, t. CXXXVI, p. 1467.

plantes. — Cette question a été étudiée par MM. Charabot et Laloue (1). Chez le géranium, l'huile essentielle s'est trouvée entièrement localisée dans la feuille. En étudiant le mandarinier et l'oranger, MM. Charabot et Laloue ont observé que la feuille est constamment plus riche en huile essentielle que la tige, mais la différence s'atténue légèrement au fur et à mesure de la végétation. De l'essence se forme pendant toute la durée du développement de l'organe végétal, mais c'est surtout alors que celui-ci est jeune que cette formation est le plus active. Dans la fleur, au contraire, une proportion de composés odorants plus notable est observée lors de son complet développement.

MM. Charabot et Laloue étudient les variations subies par la composition des essences dans les divers organes au fur et à mesure de la végétation et tirent de leur étude des conclusions intéressantes. Parmi ces conclusions, nous retiendrons celle qui a permis de mettre en lumière le mécanisme de la circulation des huiles essentielles. C'est la suivante : la composition de l'essence de feuilles correspond à un produit plus soluble que la composition de l'essence de tiges, et la différence, faible au début de la végétation, va en s'accentuant constamment. Cette différence est due notamment à une éthérification des alcools particulièrement active chez la tige, et aussi à la déshydratation de ces alcools pour former des terpènes. Le mécanisme de la circulation des essences ressort de cette observation. Une partie de l'huile essentielle est dissoute par l'eau qui circule chez la plante. Les transformations chimiques subies par les

(1) Charabot et Laloue, *Comptes rendus de l'Académie des Sciences*, t. CXXXVI, p. 1467; t. CXXXVII, p. 996; t. CXXXVIII.

composés odorants étant telles que l'essence contenue dans la tige devient moins soluble que celle contenue dans la feuille, il en résulte que le nombre de molécules de ces composés en solution dans la tige devient inférieur, et cela de plus en plus, au nombre de molécules de ces mêmes composés dissous dans la feuille. En d'autres termes, la pression osmotique tend à diminuer constamment dans la tige, si bien qu'une certaine quantité d'essence quitte la feuille pour se rendre dans la tige, où elle est appelée par les lois de la diffusion. Et alors, les substances plus solubles nouvellement arrivées dans la tige chassent de la solution (si celle-ci était saturée) une partie des substances moins solubles. En résumé, on est conduit à admettre qu'une partie des composés odorants se transportent de la feuille vers la tige, c'est-à-dire du point où ces composés se forment le plus activement vers un point où leur solubilité devient moindre.

Évolution des composés odorants. — Les composés odorants sont, chez la plante, en voie de continuelles transformations et leur marche évolutive est en relation directe avec les fonctions successives accomplies par les organes qui en sont le siège. L'étude de ces transformations et des conditions physiologiques qui les règlent a été l'objet de longues et minutieuses recherches de la part de M. Charabot (1) et de MM. Charabot et Hébert (2), recherches dont la *Revue générale des Sciences* (3) a donné un résumé substantiel. C'est notamment de ce résumé que nous

(1) CHARABOT, *Annales de Chimie et de Physique*, 7e série, t. XXI, p. 207-292.

(2) CHARABOT et HÉBERT, *Annales de Chimie et de Physique*, 8e série, t. I, p. 362-433.

(3) CHARABOT, *Revue générale des Sciences*, t. XIV, p. 663-671.

allons nous inspirer pour indiquer à grands traits l'état actuel de nos connaissances sur cette intéressante question.

Lorsqu'on étudie la composition des huiles essentielles, on est fréquemment frappé de la coexistence de substances ayant le même squelette moléculaire, présentant entre elles les caractères d'une parenté immédiate : c'est ainsi qu'un alcool est souvent accompagné de ses éthers composés, de ses produits d'oxydation, aldéhydes ou cétones, voire même hydrocarbures qui en dérivent par simple élimination des éléments de l'eau.

En suivant, dans les diverses parties d'un végétal, et au fur et à mesure de son développement, les variations subies par ces substances, on devait donc arriver à établir l'ordre dans lequel elles se succèdent, la nature des réactions qui les modifient, les liens qui existent entre ces métamorphoses et les principales fonctions physiologiques de la plante, en un mot faire connaître ce que l'on pourrait appeler les *tendances chimiques* d'un organe.

L'ensemble des résultats fournis par une première série de recherches a permis à M. Charabot de conclure que les métamorphoses des composés terpéniques s'effectuent en deux phases différentes, correspondant à deux fonctions physiologiques bien distinctes : la première est celle de l'élaboration des alcools terpéniques et de leur transformation, par élimination des éléments de l'eau, soit en éthers composés, soit à la fois — lorsqu'il s'agit d'alcools se déshydratant facilement — en éthers et en hydrocarbures (terpènes). Ces modifications, dues à des phénomènes de déshydratation portant et sur le système alcool-acide et sur l'alcool lui-même, ont pour siège les organes chlorophylliens. La deuxième phase est celle de la transformation, par voie d'oxydation, des alcools en aldéhydes ou en cétones correspondantes. On observe ces métamorphoses notamment dans les organes comme la fleur, où l'énergie respiratoire s'exerce avec le plus d'activité.

La nature des réactions chimiques successives qui, au sein de la plante, modifient les composés terpéniques étant connue, MM. Charabot et Hébert ont voulu pousser plus loin l'étude de ces phénomènes en essayant d'en mettre en lumière le mécanisme. Ils ont démontré tout d'abord que l'éthérification chez les plantes s'opère par l'action directe des acides sur les alcools préalablement formés et que ce phénomène est favorisé par un agent particulier (probablement une diastase à action réversible) jouant le rôle de déshydratant.

Ces phénomènes de déshydratation qui, d'une manière générale, président à l'union des radicaux organiques avec formation de molécules complexes, sont caractéristiques des milieux assimilateurs. Il était donc logique d'étudier le rôle de la fonction chlorophyllienne dans les phénomènes particuliers dont les auteurs ont voulu mettre en lumière le mécanisme. Les nombreuses et délicates recherches que M. Charabot a effectuées dans cet ordre d'idées ont conduit à cette conclusion que les influences capables de modifier les plantes de façon à les adapter à une fonction chlorophyllienne plus intense favorisent en même temps l'éthérification des alcools terpéniques. Ce résultat devait ouvrir une voie nouvelle. Dans la plante on trouve, en même temps que les éthers formés, un excès des substances réagissantes, alcool terpénique et acides. Conformément aux idées de M. Berthelot sur l'éthérification, la réaction

Alcool + Acide = Éther + Eau

doit donc être limitée par la réaction inverse, et l'état d'équilibre dépendre de la proportion d'eau contenue dans le milieu considéré. Il y avait donc lieu de se demander si ce n'est pas par son action favorable à l'élimination mécanique de l'eau que l'énergie chlorophyllienne contribue à accentuer les phénomènes de déshydratation, et en particulier ceux qui ont pour effet la transformation des alcools en éthers.

Dans le but d'éclaircir ce point, MM. Charabot et Hébert ont soumis la plante à des influences capables d'affecter à la fois les phénomènes chimiques et les phénomènes physiologiques. En particulier, l'arrivée de l'eau par les racines et son départ par les organes chlorophylliens sont en relation avec la composition minérale des milieux au contact desquels vivent les racines.

D'autre part, cette composition est elle-même en relation avec les échanges gazeux entre la plante et l'atmosphère qui accompagnent la formation et l'évolution de la matière végétale. Il en résulte que, en modifiant la nature chimique du milieu ambiant, on devait modifier à la fois et la marche des phénomènes chimiques et celle des phénomènes physiologiques, de façon à constater les liens qui unissent les uns aux autres. Telles sont les considérations qui ont conduit MM. Charabot et Hébert à étudier l'influence sur la plante de divers sels minéraux. Ils ont observé ainsi, en multipliant leurs expériences, que les sels minéraux ajoutés au sol accélèrent d'une façon plus ou moins sensible la diminution de la proportion d'eau chez la plante et, d'une manière générale, y favorisent l'éthérification. L'examen des résultats a montré au surplus qu'il existe une relation entre l'intensité du phénomène de l'éthérification et la diminution de la proportion d'eau chez la plante : à un état d'hydratation moindre correspond non seulement une éthérification plus active de l'alcool, mais encore une éthérification plus active de l'acide. C'est donc bien des phénomènes, absorption et transpiration, susceptibles de régler les proportions d'eau contenues chez la plante, qu'il y a lieu de faire dépendre le phénomène de l'éthérification des alcools.

Cela démontre, en particulier, que c'est en se montrant favorable à l'élimination mécanique de l'eau que la fonction chlorophyllienne active l'éthérification. Mais il n'est pas nécessaire que la transpiration devienne plus intense pour que la formation des éthers se trouve exagérée ; elle peut l'être également si l'absorption de l'eau par les racines se trouve réduite ; c'est ce qui a lieu lorsqu'on soumet la plante à l'influence du chlorure de sodium, qui réduit l'absorption sans modifier sensiblement la transpiration.

En résumé, les travaux de M. Charabot et de ses collaborateurs font connaître les organes dans lesquels se forment les composés terpéniques, les lois qui président à la distribution, à la circulation de ces corps, enfin la nature des métamorphoses chimiques qu'ils subissent et les circonstances physiologiques dans lesquelles s'effectuent ces transformations.

3. — DESCRIPTION DES PLANTES A PARFUMS.

Les matières odorantes naturelles ou artificielles, leurs procédés d'extraction ou de fabrication, les méthodes d'analyse et de travail qui leur sont applicables sont l'objet d'une étude spéciale dans notre ouvrage *la Chimie des parfums*. Nous nous occuperons ici de toutes les questions ayant trait à l'origine des parfums naturels. Cette étude étant purement descriptive, nous adopterons l'ordre alphabétique.

Absinthe.

Artemisia absinthium L.

On en extrait l'huile essentielle (1) par distillation. L'absinthe pousse spontanément dans les Alpes françaises, qui produisent la première qualité d'essence. On la récolte aussi en Corse, en Algérie, en Espagne. L'Amérique en fournit une certaine quantité, mais la qualité américaine est très inférieure à l'absinthe française. L'absinthe est une plante de la famille des Composées.

Acore.

Acorus calamus L.

L'acore est une plante vivace de la famille des Aroïdées, originaire de l'Inde et habitant le bord des marais européens. Sa tige souterraine fournit l'essence (2). Les Indous emploient l'acore comme diurétique, emménagogue, aphrodisiaque.

Ajowan.

Ptychotis ajowan D. C.

Plante de la famille des Ombellifères, cultivée dans les Indes et le Deccan. Ses graines donnent une essence servant à l'extraction du thymol (3).

(1) Voy. *Chimie des Parfums*, p. 144.
(2) Voy. *Chimie des Parfums*, p. 172.
(3) *Chimie des Parfums*, p. 154.

Amandes amères.

Amygdalus communis L.

L'*Amygdalus communis* L. est un arbre de la famille des Rosacées cultivé en Europe, en Asie et en Afrique. Il pousse aussi en Californie.

Les amandes employées pour l'extraction de l'essence (1), après qu'on en a retiré l'huile grasse, proviennent le plus souvent des noyaux d'abricots et des noyaux de pêches. La matière première est originaire de Syrie, de Macédoine, du Maroc, d'où elle est expédiée à Marseille.

L'huile essentielle d'amande entre dans le savon, le cold-cream et dans plusieurs autres préparations du domaine des parfumeurs, qu'on trouvera dans cet ouvrage sous leurs noms respectifs (2).

Fig. 4. — Amandier amer (*Amygdalus communis*, var. *Amara*).

En employant cette essence, il faut se garder d'oublier que c'est un poison très actif ; on doit donc faire grande attention quand on en met dans les cosmétiques, autrement il pourrait en résulter de véritables dangers.

[L'essence d'amandes amères, étant plus lourde que l'eau, se rassemble à la partie inférieure du récipient ; ainsi obtenue, c'est-à-dire à l'état brut sous lequel on en fait usage en parfumerie, elle renferme

(1) *Chimie des Parfums*, p. 132.

(2) Voy. aussi Piesse, *Chimie des Parfums et fabrication des essences*, 1903.

des proportions variables d'acide cyanhydrique (prussique) et elle constitue un poison violent ; purifiée, elle est encore très vénéneuse, mais beaucoup moins. La purification s'opère d'abord par des lavages à l'eau distillée, puis par une distillation ménagée au contact de la potasse et du perchlorure de fer.]

Ambrette.

Hibiscus abelmochus L.

La substance odorante connue dans la parfumerie sous le nom de *graine d'ambrette* est due à la plante appelée *Hibiscus abelmochus* (Malvacées) ; *Kab el misk* est le nom arabe dont celui d'*abelmochus* n'est, au dire de Burnett, que la corruption. Diverses autres espèces se font remarquer par une odeur semblable ; John Savory en a fait connaître une, le *Sumbul*. On sait très peu de chose en Angleterre sur les détails de la toilette chinoise ; mais nous savons par des renseignements dignes de foi que d'une de ces espèces, *Hibiscus rosa sinensis*, « les Chinois font une teinture noire pour leurs cheveux et leurs sourcils, et un cirage pour leurs souliers ! » Les graines d'ambrette pulvérisées rap-

Fig. 5. — Ketmie (*Hibiscus abelmochus*).

pellent certainement l'odeur du musc, mais c'est peu de chose au total; cependant on peut s'en servir à faire des sachets bon marché, pour varier. Lorsque la poudre était à la mode, les parfumeurs mêlaient à l'amidon, qui en faisait la base, de l'ambrette pulvérisée. Après avoir laissé les deux substances ensemble pendant quelques heures, on passait l'amidon, que l'on mettait ensuite en paquets pour la vente.

Fig. 6. — Graine d'ambrette.

Fig. 7. — Section transversale du fruit.

L'ambrette est originaire de l'Inde ; la plante qui la produit a été acclimatée en Égypte et aux Antilles ; les graines sont d'un gris rougeâtre, sous-réniformes, à test crustacé, ombiliquées au fond de l'échancrure; leur surface est très légèrement rayée ; les plus estimées viennent de la Martinique (1).

Elles fournissent une huile essentielle solide (2).

Aneth.

Anethum graveolens L.

L'aneth est une plante annuelle de la famille des Ombellifères, à tiges finement striées. Ses fleurs sont jaunes, son fruit est ovoïde.

Elle est originaire des régions méditerranéennes et de la Russie méridionale. Elle est très cultivée dans l'Inde.

On demande parfois aux parfumeurs de l'huile d'aneth ;

(1) Voy. CAUVET, *Histoire naturelle médicale*, 3e édition; — et *Matière médicale*, 1887.

(2) *Chimie des Parfums*, p. 172.

cependant cet article rentre plutôt dans la spécialité du pharmacien, car on l'emploie plus pour ses qualités médicinales que pour son odeur, qui, soit dit en passant,

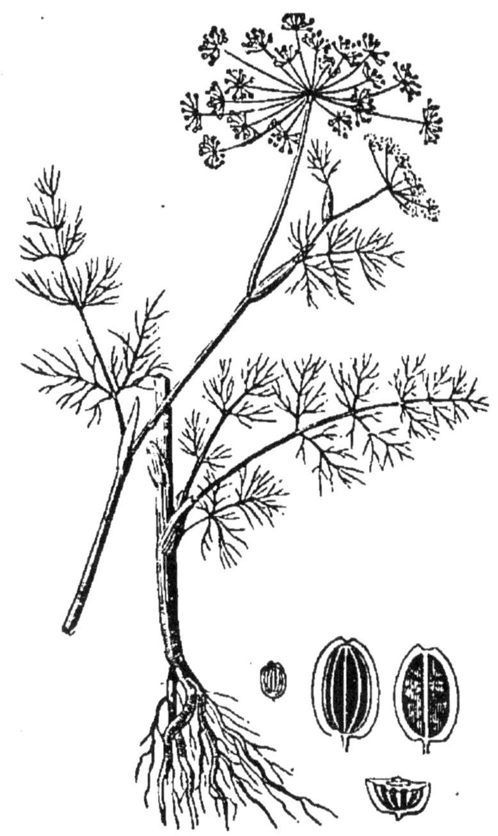

Fig. 8. — Aneth (*Anethum graveolens*).

est assez agréable et rappelle le carvi. Elle est plutôt employée dans la fabrication des liqueurs de table.

On fait l'huile d'aneth en soumettant à la distillation le fruit (fig. 8) écrasé dans l'eau. L'huile flotte à la surface du mélange, dont on la sépare à la manière ordinaire (1).

(1) Voy. *Chimie des Parfums*, p. 142.

Angélique.

Angelica archangelica L.

L'angélique (famille des Ombellifères) est cultivée notamment en France (Alpes-Maritimes, Pyrénées, Auvergne, Dauphiné), en Thuringe, en Saxe, en Belgique, en Suède et en Norvège.

Les semences, les feuilles et les tiges fournissent de l'essence, mais ce sont les racines qui sont surtout exploitées industriellement (1).

[[La racine d'angélique nous arrive principalement de la Thuringe. Elle est formée par une racine centrale ayant environ 2 à 3 centimètres de long sur 1 à 2 de large, marquée à sa surface d'un nombre considérable de cercles rapprochés; elle se divise en un grand nombre de ramifications latérales, de 1 à 5 millimètres de diamètre, plus ou moins longues, souvent tressées ensemble et présentant une couleur brunâtre.

L'angélique a une odeur musquée et aromatique caractéristique. On en tire l'essence par distillation à la vapeur d'eau.]]

Anis.

Pimpinella anisum L.

L'anis est une plante annuelle que les Anciens retiraient surtout de la Crète et de l'Égypte.

C'est un des plus vieux médicaments usités. Il a été mentionné par Pline. Charlemagne en ordonna la culture en France, dans les domaines impériaux. Il constituait une des épices dont la compagnie des épiciers de Londres avait le pesage et la surveillance depuis l'année 1453.

(1) *Chimie des Parfums*, p. 167.

Le principe odorant (1) s'obtient par la distillation des fruits de la plante appelée *Pimpinella anisum* (Ombellifères) (fig. 9) ; c'est l'huile d'anis du commerce.

Fig. 9. — Rameau d'anis ; anis en fleur ; fleur d'anis ; fruit d'anis ; section transversale du fruit d'anis.

Les semences d'anis sont fournies notamment par la Russie, la France, les Pays-Bas, l'Espagne, l'Allemagne. La Russie en produit tous les ans pour près de 500000 roubles.

Anis étoilé.

(Voy. BADIANE).

(1) Voy. *Chimie des Parfums*, p. 160.

Armoise.

Artemisia vulgaris L.

L'armoise croît spontanément sur les talus. Elle est très répandue et fournit une huile essentielle notamment par distillation de ses racines. Cette essence n'a pas de bien grandes applications.

Arnica.

Arnica montana L.

Les fleurs de l'*Arnica montana* L. donnent une huile essentielle d'un intérêt industriel des plus restreints.

Asaret.

Asarum europæum L.

C'est une plante herbacée de la famille des Aristolochiacées, qui croît dans les Alpes, les Pyrénées, les Vosges. Elle jouit d'une grande réputation comme succédané de l'ipéca. Les rhizomes de cette plante se récoltent au printemps ou à l'automne et exhalent une odeur analogue à celle du nard celtique, grâce à la présence d'une essence qu'on obtient par distillation.

Aspic.

Lavandula spica D. C.

L'aspic est une Labiée, très voisine de la lavande, qui pousse dans les mêmes régions montagneuses du midi de la France, mais à une altitude moindre (500-600 mètres). Les essences fournies par les départements des Alpes-Maritimes et du Var sont bien supérieures à celles que fournit le Gard. La distillation s'effectue en septembre. L'essence d'aspic présente une véritable analogie d'odeur avec l'essence de lavande, mais elle est notablement moins fine que celle-ci ; le prix en est d'ailleurs moins élevé (1).

Aunée.

Inula helenium L.

On distille les racines de cette plante qui appartient à la famille des Composées.

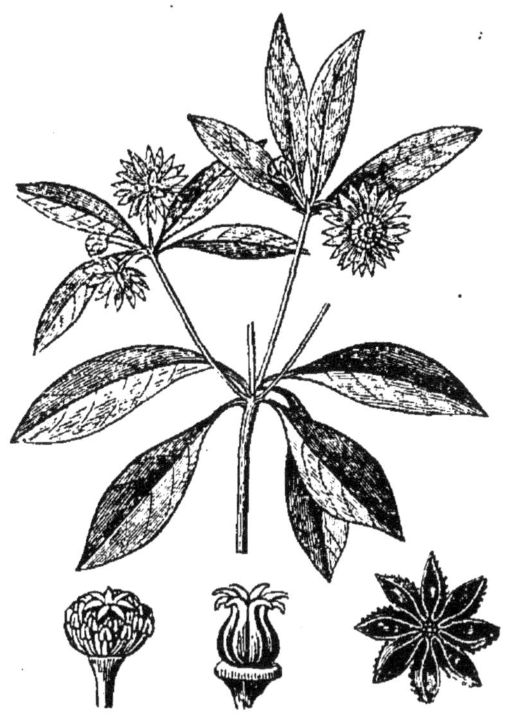

Fig. 10. — Badiane (*Illicium anisatum*).

Badiane.

Illicium anisatum L.

On désigne sous ce nom les fruits d'un arbrisseau toujours vert que l'on trouve dans la Floride ; on en con-

(1) *Chimie des Parfums*, p. 113.

naît deux espèces : l'*Illicium floribundum* et l'*Illicium parviflorum* ; mais c'est surtout l'*Illicium anisatum* (Magnoliacées) de Chine que l'on emploie. Ces fruits sont formés par la réunion de 6 à 12 capsules disposées en étoiles; elles sont dures, épaisses, ligneuses, brunâtres renfermant chacune une graine ovale rougeâtre, lisse, fragile, contenant elle-même une amande blanche et huileuse.

On extrait par distillation de ces fruits avec l'eau une essence ayant les propriétés et la composition de l'essence d'anis vert (1).

L'anis étoilé provient de la frontière tonkinoise de la province de Kwang-Si et du district de Po-Sé. Les arbres, jadis sauvages, sont aujourd'hui cultivés sur le penchant des collines. C'est au bout de dix ans qu'ils produisent des fruits susceptibles d'être exploités. La récolte a lieu en août et septembre et la distillation s'effectue d'une façon primitive, se prolongeant pendant trois jours (2).

Basilic.

Ocymum basilicum L.

C'est une plante annuelle, appartenant à la famille des Labiées, plante répandant une odeur fort agréable et très répandue dans le midi de la France. Elle fleurit en août et c'est à ce moment-là, d'ailleurs, qu'on la soumet à la distillation pour en extraire l'essence (3). L'essence de basilic, très suave, est produite à Grasse, par quantités d'ailleurs assez limitées. Il en vient aussi

(1) Voy. *Chimie des Parfums*, p. 161.

(2) CHARABOT, DUPONT et PILLET, *Les huiles essentielles*, Paris, p. 612.

(3) *Chimie des Parfums*, p. 162.

d'Algérie et de la Réunion, mais les qualités de ces dernières sont sensiblement inférieures à celle de l'essence de basilic de Grasse.

Baume du Canada.

Pinus balsamea L.

Il est produit par une Conifère de l'Amérique du Nord et récolté notamment dans les montagnes de la province de Québec. Plusieurs espèces autres que le *Pinus balsamea* fournissent aussi ce baume. La récolte est effectuée par des colonies de nomades qui procèdent par incision.

Baume du Pérou.

Myroxylum peruiferum L. (Légumineuses).

A le voir, il ressemble à la mélasse ordinaire ; à le sentir, il rappelle la vanille, quoique l'odeur en soit moins généralement goûtée ; sa couleur brune ne permet guère de le faire entrer dans les préparations de parfumerie à base d'alcool ; mais, ajouté au savon, il lui communique son parfum et en même temps il le fait mousser. Comme il passe aussi pour avoir une action médicinale favorable à la peau, le savon qui en contient est, dit-on, bon pour la santé et, par conséquent, utile en hiver pour les gerçures, etc. Les proportions sont : baume du Pérou, 900 grammes ; savon figé, 25 kilogrammes, fondus ensemble.

Nous empruntons au docteur Dorat, de l'État de San-Salvador, dans l'Amérique centrale, quelques détails intéressants sur la production de ce baume.

« L'arbre est beau et assez touffu par le bas ; les branches vont diminuant vers le sommet ; il atteint une hauteur d'environ 16 mètres. Les fleurs, qui sont très odorantes, paraissent dans la dernière partie du mois de septembre et au commencement d'octobre, à l'extrémité des branches, généralement deux à deux, nombreuses sur chaque rameau, blanches et inégales ; le calice, d'un vert pâle tirant sur le bleu, est poissé par le baume qui s'en échappe ; les feuilles sont d'un vert foncé et brillant. Le fruit a la forme d'une amande ; il est ailé et contient un noyau blanc avec beaucoup de baume.

« On tire quelquefois des fleurs un baume d'une qualité supérieure, mais il est très rare et ne se trouve jamais dans le commerce. L'arbre produit à cinq ans et vit très longtemps. Il préfère un sol pauvre et sec, mais on ne le trouve jamais à une altitude de plus de 325 mètres. L'odeur se sent à une distance de plus de 100 mètres. L'arbre ayant atteint l'âge convenable, cinq ou six ans, la *cosèche* ou récolte commence avec le temps sec, dans les premiers jours de novembre. On bat l'écorce jusqu'à une certaine hauteur sur quatre côtés, avec le dos d'une cognée ou d'un autre outil du même genre, jusqu'à ce qu'elle se sépare de la partie ligneuse, mais sans la blesser ni la déchirer. Ceci demande beaucoup de soins. Dans cette opération on laisse, sans les toucher, quatre bandes intermédiaires d'écorce, de manière à ne pas détruire la vitalité de l'arbre.

« On fait alors plusieurs fentes ou incisions dans les parties de l'écorce qui ont été battues avec une *machite* tranchante, et l'on applique le feu aux ouvertures. Le baume qui coule s'enflamme ; on le laisse brûler pendant quelque temps, puis on l'éteint.

« On laisse l'arbre dans cet état pendant quinze jours,

en l'observant soigneusement; au bout de ce temps, le baume commence à couler abondamment; on le reçoit sur des chiffons de coton bourrés dans les fentes. Quand ces chiffons sont saturés, on les presse et on les met dans des pots de terre avec de l'eau bouillante sur laquelle le baume flotte bientôt comme de l'huile. On l'écume de temps en temps et on le met dans des jarres propres, tandis que l'on continue à mettre dans les pots de nouveaux chiffons imbibés. L'extraction de l'arbre se fait pendant quatre jours seulement par semaine, c'est-à-dire quatre cosèches par mois pour chaque arbre, et le produit moyen est de 1kg,5 à 2kg,5 par semaine. Aussitôt que l'exsudation commence à se ralentir, on fait de nouvelles incisions à l'écorce, on applique de nouveau le feu, et au bout de quinze jours de repos l'extraction recommence. La récolte continue de cette manière jusqu'aux premières pluies d'avril ou de mai, époque à laquelle tout travail (*trabajo*) cesse.

« Ainsi préparé, le baume est d'un brun très foncé, sale et de la consistance de la mélasse; on le nettoie et on le clarifie sur place en le faisant reposer et bouillir de nouveau; la lie monte à la surface et on l'écume. Cette lie se vend pour faire une teinture d'une qualité inférieure que les Indiens emploient comme médicament.

« Le baume, en cet état, se vend sur la côte au prix moyen de 3 à 4 réaux (1) la livre. Quelquefois on le clarifie de nouveau, et alors il se vend un prix plus élevé comme raffiné (*refinado*). Quand il vient d'être nettoyé, il est d'une couleur d'ambre qui prend une teinte plus foncée à mesure qu'il refroidit, puis au

(1) Le réal vaut 27 centimes : ce serait donc de 81 centimes à 1 fr. 08.

bout de quelques semaines il devient brun foncé.

« Un bon arbre, bien traité, peut produire pendant trente ans; au bout de ce temps on le laisse reposer pendant cinq ou six ans, ou, comme le disent les Indiens, reprendre des forces. Après ce repos, il peut produire encore pendant plusieurs années.

« On sait, par une bulle papale conservée dans les archives de Tzalco, que le baume noir (*balzamo negro*) était si fort estimé qu'en 1562 Pie IV, et Pie V en 1571, autorisèrent le clergé à se servir de ce baume précieux dans la consécration du saint chrême (*sagrada crisma*), et déclarèrent que c'était un sacrilège de blesser ou de détruire les arbres qui le produisaient. Des copies de ces bulles, à ce qu'on m'assure, existent encore dans les archives de Guatemala.

« Le baume importé en Angleterre comme baume du Pérou vient du département de Sonsonate, dans la république de San-Salvador; les arbres desquels on le tire s'étendent le long des côtes de ce département pendant des lieues entières.

« Dans le district de Cuisnagua on compte 3574 arbres, qui donnent environ 300 kilogrammes de baume par année. Si l'extraction était soignée convenablement, chaque arbre fournirait de 1 kilogramme à 1^{kg},5, ce qui élèverait la quantité que pourrait produire ce district à un chiffre total de 5000 kilogrammes. Quand la saison a été plus pluvieuse que de coutume, le produit est beaucoup moindre; mais, afin de parer à cet inconvénient, les Indiens chauffent le corps de l'arbre; par malheur, ce moyen, qui fait couler la gomme plus librement, entraîne invariablement la mort du sujet.

« Si l'on ne met un terme à ce mode d'extraction, l'arbre aura bientôt disparu de la côte. Ce fait a été porté à la connaissance du gouvernement, qui étudie la question.

« Les Indiens employés à recueillir le baume disent que les arbres bien abrités produisent plus que les autres, mais que ceux qui ont été plantés à la main sont ceux qui produisent le plus. C'est un fait que l'expérience a démontré spécialement à Calcutta, où l'on extrait chaque année une grande quantité de baume d'arbres qui ont été plantés de cette manière. Pendant les mois de décembre et de janvier, la gomme coule spontanément. Cette variété est appelée *calcauzate*; elle est d'une couleur orangée; elle pèse moins que l'autre et exhale une odeur forte, volatile et pénétrante.

« L'exportation du baume de San-Salvador, en 1855, a été de 11 402 kilogrammes estimés 107 000 francs. Sur la côte de Chiquimulilla, dans le Guatemala, il y a plusieurs arbres de l'espèce qui fournit le baume; mais jusqu'à présent les habitants n'ont pas encore pensé à en recueillir la gomme et à l'apporter sur le marché. La partie de la côte de l'État de San-Salvador qui s'étend d'Acajutta à Libertad est emphatiquement appelée « Côte du Baume », parce que c'est là seulement qu'on recueille l'article connu dans le commerce sous le nom de *baume du Pérou*.

« Ce district particulier est situé entre les deux ports, à une distance de 12 à 15 kilomètres de chacun d'eux. Le sol qui s'étend dans la direction de la mer, sur le versant d'une chaîne latérale de montagnes peu élevées, est, à l'exception de quelques parties qui touchent à l'Océan, si complètement encombré de broussailles et de branches tombées des hauteurs principales, il est couvert de forêts si épaisses qu'il est presque impossible de le traverser à cheval. Aussi est-il très rarement visité, et il y a très peu d'habitants de Sonsonate ou de San-Salvador qui y aient jamais mis les pieds. Dans ce canton sont situés cinq ou six villages uniquement habités par des Indiens, qui n'entretiennent de rapports avec les autres villes que ceux qui sont strictement nécessaires à leur commerce particulier. Le baume est leur principale richesse ; ils en portent sur le marché chaque année 8 000 à 10 000 kilogrammes. Il se vend par petites quantités à la fois à des marchands qui l'achètent pour l'exporter. Les arbres qui le fournissent sont très nombreux dans cette contrée privilégiée, et probablement ne réussissent que là, car il est rare d'en rencontrer un dans d'autres parties de la côte dont le sol et le climat semblent identiques. Après la récolte, le baume du Pérou est renfermé dans des calebasses pour le livrer au commerce. Pendant longtemps on a supposé à tort que ce baume était une production de l'Amérique méridionale; en effet, dans les premiers temps de la domination espagnole, et par suite des règlements de commerce auxquels étaient alors soumis les produits de cette côte, il était ordinairement expédié par les marchands de la côte à Callao et de là transporté en Espagne. Les Espagnols le crurent originaire du pays d'où ils le recevaient, et lui donnèrent le nom de « baume du Pérou ». Le véritable lieu de provenance n'était connu que de quelques négociants (1). »

La méthode des dissolvants volatils a été récemment appliquée à l'extraction des principes odorants de ce baume. A l'aide d'un perfectionnement spécial apporté à cette méthode, on a pu en extraire une essence absolue, directement employable (2).

Baume de Tolu.

Toluifera balsamum Mill.

On l'obtient dans l'Amérique du Sud en faisant des

(1) *The Technologist.*
(2) ROURE-BERTRAND fils, *Bull. scient. et ind.*, n° 5, p. 45.

incisions à un arbre de la famille des Légumineuses, le *Toluifera balsamum.*

Son emploi est fréquent dans les compositions; il donne aux extraits un liant tout spécial qui le rend très précieux. On en peut retirer une exquise essence absolue.

Bay.

Myrcia acris D. C.

C'est un arbre de la famille des Myrtacées originaire des Antilles et de l'Amérique continentale voisine. Ses feuilles renferment une huile essentielle, mais elles ne répandent leur odeur agréable que si on les froisse. Leur saveur est épicée. L'huile essentielle est employée pour combattre les migraines et aussi pour vaporiser dans les pièces occupées par des convalescents (1).

Benjoin.

Styrax benzoin.

Voici une substance très utile aux parfumeurs. Elle découle du *Styrax benzoin* (fig. 11), de la famille des Styracinées, par des incisions que l'on fait à l'arbre; en séchant, elle prend la consistance d'une gomme (résine). On la tire principalement de Bornéo, de Java, de Sumatra et de Siam. La meilleure espèce vient de ce dernier pays; on l'appelle communément *amygdaloïde*, parce qu'elle est semée de petites taches blanches qui ressemblent à des amandes cassées, ou, mieux, *benjoin-vanille*, à cause de son odeur qui ressemble à celle de la vanille. Soumises à l'action de la chaleur, les

(1) *Chimie des Parfums*, p. 157.

petites taches blanches se transforment en une vapeur qui se condense aisément sur le papier, et que l'on nomme *fleur de benjoin*.

« Le meilleur benjoin se récolte dans le royaume de Siam, au moyen d'incisions pratiquées dans l'arbre arrivé à l'âge de cinq ou six ans. D'abord la résine est blanche et transparente. Chaque arbre en donne environ $1^{kg},5$ par an pendant six ans. Cette résine fait dans le royaume de Siam l'objet d'un commerce d'exportation. Les expéditions de Singapour s'élevèrent en 1852 à 1 282 *piculs* et à 168 en 1853. Java importe en un an du benjoin pour une valeur de 176 182 florins (373 505 francs) ; les différentes sortes obtiennent des prix proportionnés à leur bonté ; la plus belle qualité varie de 18 à 20 livres sterling (250 à 500 francs) par *picul* de 65 kilogrammes. Le benjoin est l'encens de l'extrême Orient ; il a longtemps servi comme tel dans l'Église catholique, dans les temples indiens, mahométans et bouddhistes, et probablement dans le culte des Israélites ; les Chinois riches parfument leurs maisons de son doux arome (1). »

Fig. 11. — *Styrax benzoin*.

Bergamote.

Citrus bergamia.

Ce parfum, très utile, s'obtient par l'expression de l'écorce du fruit du *Citrus bergamia* (Aurantiacées).

(1) P. L. Simonds, Esq. (Lu à la Société des Arts).

L'essence de bergamote (1) a une odeur douce et agréable, trop connue pour qu'il soit nécessaire de la décrire. Elle a une teinte jaune verdâtre et elle est produite par la côte méridionale de la Calabre.

La bergamote mêlée aux autres huiles essentielles ajoute beaucoup à leur richesse. Elle leur communique

Fig. 12. — Bergamote.

une douceur que ne leur donne aucune autre substance; on se sert beaucoup de ces mélanges pour les savons les plus parfumés. Mêlée à l'alcool dans la proportion d'environ 50 grammes de bergamote par litre, elle donne ce qu'on appelle « extrait de bergamote », et sous cette forme elle se vend pour le mouchoir. Elle

(1) *Chimie des Parfums*, p. 109.

entre d'ailleurs dans un grand nombre d'exquises compositions où elle apporte son incomparable fraîcheur.

Le nom de cette variété de citron provient de la ville de Bergame en Lombardie, où, paraît-il, l'essence s'est d'abord vendue. L'essence de bergamote de première qualité est obtenue par le procédé de l'écuelle, mais on en obtient une qualité inférieure par distillation des fruits avortés et tombés avant leur maturation.

Bétel.

Piper betle L.

Le bétel, de la famille des Pipéracées, croît dans l'Inde et dans les îles de la Sonde. Il se cultive dans toute l'Asie et dans l'Amérique tropicale. Ses feuilles, mélangées avec un peu de chaux et de noix d'arec, forment un masticatoire très apprécié chez les Orientaux. Les femmes elles-mêmes en font usage en Cochinchine et dans la Malaisie. L'huile essentielle qui en est extraite (1) est employée en médecine pour combattre la rache, les croûtes teigneuses, les catarrhes, la diphtérie.

Bois de rose femelle.

Ocotea caudata Mez. ?

Le bois de rose femelle, appelé quelquefois encore *linaloé de la Guyane*, fournit une essence exquise (2) notablement plus fine et plus recherchée que l'essence de linaloé du Mexique (Voy. *Linaloé*). Le bois était jadis fréquemment distillé en France ; aujourd'hui une usine importante a été créée à Cayenne pour l'exploitation de cet article. Nous empruntons au *Bulletin scientifique et*

(1) *Chimie des Parfums*, p. 157.
(2) *Chimie des Parfums*, p. 108.

industriel de MM. Roure-Bertrand fils (1) les détails que voici sur la production du bois de rose femelle :

« Les forêts impénétrables de la Guyane commencent presque aux portes de Cayenne, mais l'approvisionnement en bois de rose n'en est pas moins laborieux pour cela. Les routes, en effet, n'existent pas à proprement parler, dans cette colonie, et c'est en remontant le cours des rivières que les indigènes vont à la recherche du bois de rose. D'ailleurs, les arbres qui fournissent ce bois ne se trouvent pas groupés dans les forêts ; ils croissent isolément et on les rencontre disséminés au milieu des essences les plus variées. Les indigènes ont naturellement commencé à couper les arbres les plus rapprochés des rivières, mais peu à peu ils ont dû remonter celles-ci, en s'éloignant de plus en plus et en agrandissant constamment le cercle de leurs recherches. Obligés de se frayer un chemin à la hache, de débiter l'arbre par charges ne pesant pas plus de 30 kilogrammes, de transporter ces charges à dos jusqu'à la rivière, on conçoit aisément que ces indigènes en arrivant à Cayenne, voulussent obtenir une juste rémunération de leurs labeurs incontestablement pénibles. Malheureusement pour eux, la plupart du temps le bois de rose ne trouvait preneur qu'à des prix notoirement insuffisants ; si bien que, au moment de notre installation à Cayenne, les arrivages ne se faisaient plus que d'une façon tout à fait irrégulière. C'est à peine si, de temps à autre, un prospecteur malheureux, descendant des placers, apportait quelques tonnes de bois récoltées en suivant le cours de la rivière. Dans ces conditions, on pouvait considérer cette petite industrie locale comme destinée à disparaître. Nous

(1) *Bulletin scientifique et industriel*, n° 9, p. 43.

avons dû insister vivement pour arriver à décider les anciens forestiers à reprendre leurs recherches ; ils s'y sont décidés successivement et comme à regret. Mais, lorsqu'ils ont pu se rendre compte que le bois de rose trouverait désormais un écoulement régulier et serait payé un prix suffisamment rémunérateur, ils ont repris avec empressement leurs investigations à travers les forêts et ils apportent maintenant à Cayenne les quantités de bois que nous leur demandons. Nous avons payé le bois de rose à raison de 120 francs la tonne en moyenne, mais les frais de distillation sont fort élevés, comme d'ailleurs ceux qui résultent de l'amortissement nécessairement rapide d'un matériel coûteux. Dans ces conditions, les bénéfices que pourraient laisser prévoir des calculs établis sur des bases superficielles se trouvent singulièrement diminués lorsqu'on arrive en présence de la réalité. »

Cajeput.

Melaleuca viridiflora.

Plusieurs espèces de *Melaleuca*, et en particulier le *Melaleuca viridiflora*, fournissent une essence connue sous le nom d'*essence de cajeput* (1). Cet arbre croît en abondance à la Nouvelle-Calédonie. Chétif et assez rare en certains points de l'île, il est au contraire robuste et très répandu en d'autres points au nord-ouest et notamment dans la région de Gomen. Son odeur est forte et aromatique. Les Néo-Calédoniens le considèrent comme très salutaire et affirment que les feuilles, en tombant dans l'eau des marais, en font disparaître les propriétés malfaisantes; aussi ont-ils la précaution, avant de boire une eau suspecte, d'y faire

(1) *Chimie des Parfums*, p. 166.

infuser des feuilles de *Melaleuca*. Cet arbre porte encore le nom de *niaouli*.

Camomille.

Anthemis nobilis L.

Les sommités fleuries de la camomille romaine, plante de la famille des Composées, bien connue d'ailleurs, fournissent une huile essentielle bleue (1), douée d'une odeur agréable, mais d'un emploi assez limité.

Camphrier.

Laurus camphora.

Le camphre est produit par plusieurs plantes, notamment par le *Dryobalanops camphora* (Diptérocarpées), le camphrier de Sumatra et du Japon. Cependant l'espèce qu'on rencontre le plus souvent dans le commerce est extraite du *Laurus camphora* (Laurinées) (fig. 13 et 14) ou laurier-camphre de l'île de Formose, d'où il est porté à Canton, qui en approvisionne les marchés de l'univers. Le camphre existe à l'état naturel dans l'intérieur de l'arbre; en fendant le bois, on le trouve par masses de 30 à 40 cen-

Fig. 13. — Laurier camphrier (*Laurus camphora*).

(1) *Chimie des Parfums*, p. 170.

timètres de long entre l'écorce et le tronc, et dans la moelle. Il y a des hommes appelés « *nyrcappoors* » ou *voyants de camphre*, qui prétendent posséder le talent de distinguer les arbres les meilleurs à abattre. Cependant, sur leurs indications on en abat beaucoup où l'on ne trouve aucune veine de camphre. Toutes les parties du *Laurus camphora* contiennent du camphre, que l'on en

Fig. 14. — Rameau du laurier camphrier (*Laurus camphora*).

extrait en hachant les branches et en les faisant bouillir dans l'eau. Le camphre monte à la surface et se solidifie lorsque l'eau refroidit; quelquefois on couvre la chaudière où se fait l'opération, avec un chapiteau de terre revêtu de paille de riz ; lorsque l'eau bout, le camphre se dégage avec la vapeur et s'attache à la paille. On l'en détache ensuite et on l'enveloppe pour l'exporter; il constitue alors le camphre brut.

Le camphre du commerce est raffiné. A une certaine époque, Venise et la Hollande avaient le monopole de ce raffinage : on le fait aujourd'hui dans toutes les grandes villes d'Europe. Le procédé est simple et consiste à mêler le camphre brut avec un peu de chaux. On soumet le mélange à l'action d'une chaleur suffisante pour le sublimer ; il se condense promptement et prend la forme du récipient. Le camphre a la réputation d'être essentiellement prophylactique, et, pour cette raison, beaucoup de personnes en portent sur elles dans les temps d'épidémies (1).

Cananga.

Cananga odorata.

Par distillation des fleurs d'un arbre de Java, des Indes et de la Réunion, le *Cananga odorata* (fig. 15), on obtient une essence (2) analogue à l'essence d'ylang-ylang de Manille (Voy. *Ylang-ylang*), mais d'une qualité très inférieure à celle de cette dernière.

Le *Bulletin scientifique et industriel* de MM. Roure-Bertrand fils (n° 5, p. 36) donne sur le cananga les intéressants renseignements qui suivent :

« C'est la province de Bantam qui produit l'essence de cananga ; la distillation y est pratiquée par des indigènes qui vendent ensuite l'essence en bouteilles.

« Arbre d'un port assez imposant, couvert de fleurs abondantes et jolies, le cananga garnit, dans les environs de Batavia, les allées des jardins et les « Kampongs ».

« D'après les renseignements recueillis sur place, le cananga ne pousserait qu'avec une extrême lenteur ; aussi ne rencontre-t-on pas, à proprement parler,

(1) Voy. *Chimie des Parfums*, p. 163.
(2) *Chimie des Parfums*, p. 117.

de plantation importante et régulière de cet arbre.

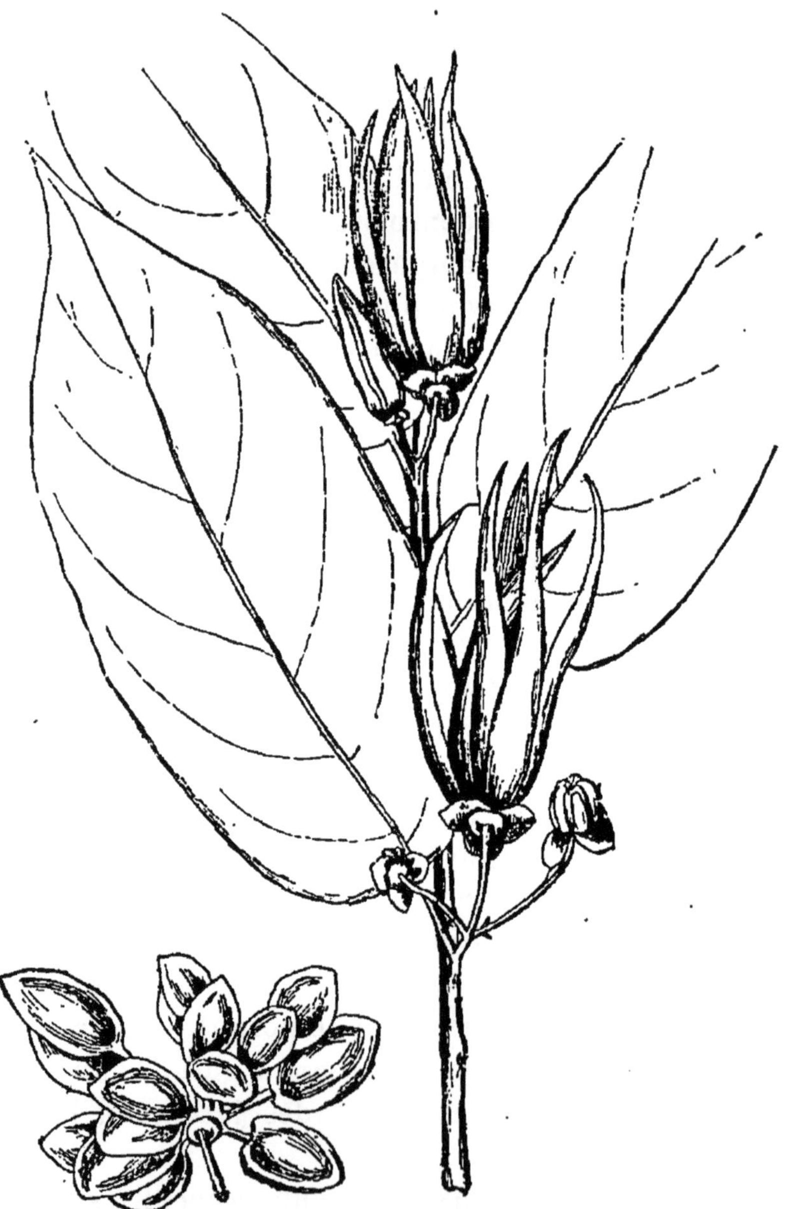

Fig. 15. — Fleurs et fruits du *Cananga odorata* (ylang-ylang).

« A Bangkok, comme à Batavia, le cananga orne les jardins, où il est assez répandu. On a prétendu à

Bangkok, contrairement au renseignement recueilli à Java, que les arbres de cananga poussent avec une certaine rapidité, ce qui, étant donnés les caractères de ces arbres, paraît d'ailleurs assez invraisemblable. »

Cannelle de Ceylan.

Cinnamomum zeylanicum.

On obtient la bonne essence de cannelle (1) par distillation de l'écorce du *Cinnamomum zeylanicum.*

On récolte la cannelle lorsque l'arbre est âgé d'au moins cinq ans. On l'exploite jusqu'à trente ans et l'on fait deux récoltes par an. On coupe les branches, on détache avec un couteau l'épiderme qui les recouvre. On fend longitudinalement l'écorce et on la sépare du bois. On insère les plus petits tubes dans les plus grands et on les fait sécher au soleil. L'odeur aromatique et suave de la cannelle est connue. Il en est de même de sa saveur, sucrée et piquante. La cannelle de Chine présente une odeur et un goût moins agréables. (Guibourt et Moquin-Tandon.)

M. James Paton écrit :

« La première mention que fait l'histoire du com-
« merce des épices nous donne une très caractéristique
« impression du trafic des premiers âges. Lorsque les
« fils de Jacob eurent accompli le forfait prémédité
« contre leur frère Joseph, à l'horizon apparut une
« caravane d'Ismaélites venant de Gilcad et chargés d'é-
« pices, d'essences et de myrrhe qu'ils allaient vendre
« en Égypte. Ainsi, dix-sept cents ans avant l'ère chré-
« tienne, nous voyons que les Arabes s'occupaient du
« commerce des épices, dont leur pays était le principal
« entrepôt, et qu'ils continuèrent leur trafic jusqu'au

(1) *Chimie des Parfums*, p. 136.

« seizième siècle, où fut découvert le passage du cap de « Bonne-Espérance. A cette époque l'Égypte était le « centre de la civilisation, de la philosophie et du luxe, « et la myrrhe, l'acacia et autres substances odorifé- « rantes, nous dit Hérodote, étaient employés pour les « embaumements et cérémonies religieuses.

« La partie méridionale de l'Arabie appelée *Saba* ou « *Sheba* était particulièrement bien située pour com- « mander le grand commerce des épices. En effet, « placée sur la grande route est-ouest de la contrée, « elle commandait la route des caravanes par la vallée « de l'Euphrate jusqu'aux côtes de la Méditerranée, près « de la *Regio Cinamomifera* ou Cap des Aromates, « promontoire nord-est de l'Afrique duquel, et non « de l'Inde, provenait la majeure partie des épices alors « employées. Les Sabéens possédaient toute l'adresse et « l'habileté nécessaires pour ce commerce et l'audace « ne leur faisait point défaut. Ils avaient soin d'entou- « rer du plus grand mystère la provenance réelle de « leurs productions, rapportant que la cannelle était « recueillie dans les nids du phœnix, qu'on la trouvait « à l'endroit où naquit Bacchus, dans des marais de feu « gardés par des serpents ailés, et que de terribles « chauves-souris arrachaient les yeux de ceux qui ten- « taient de la récolter. Tous ces contes ridicules ser- « vaient à entretenir le prix élevé de leurs marchan- « dises, en même temps qu'ils éloignaient les crédules « acheteurs de toute idée d'entreprendre pour leur « propre compte des expéditions aussi dangereuses.

« La richesse et la gloire de l'Arabie acquises dans « le commerce des épices étaient un sujet d'émerveille- « ment pour les écrivains de l'époque, qui nous ont « retracé la grandeur de ses cités et la magnificence de « ses palais.

« Milton, dans une de ses superbes descriptions, fait « allusion à ses parfums :

« De l'Orient le vent nous apporte les douces senteurs des épices de Saba, des côtes parfumées de « l'Arabie Heureuse. »

Voici, en outre, les documents que publient MM. Roure-Bertrand fils (1) sur la cannelle de Ceylan :

« Un grand industriel de Ceylan a fait des essais de distillation des « chips » (copeaux et déchets d'écorce). D'après cet industriel, l'essence de cannelle exportée de Ceylan est toujours falsifiée par addition d'essence de feuilles qui est de qualité inférieure et se reconnaît à sa teneur élevée en eugénol et à sa pauvreté en aldéhyde cinnamique.

« Le *Cinnamomum zeylanicum* est un arbuste de 2 mètres environ de hauteur qui pousse dans les terrains siliceux, comme d'ailleurs la citronnelle. Le fruit ressemble au gland du chêne, les jeunes feuilles sont d'un jaune clair et légèrement teintées de rouge.

« La fraude que nous avons indiquée, fréquemment pratiquée par les indigènes, a eu pour conséquence de réduire considérablement l'exportation de l'essence de cannelle. »

Cannelle de Chine.

Cinnamomum cassia Blume.

L'essence de cannelle de Chine (2) est le produit de la distillation d'une Laurinée, le *Cinnamomum cassia*. Les principaux districts de production sont le Kwang-Tung et le Kwang-Si. C'est dans le voisinage des cours d'eau que sont installés les rudimentaires appareils

(1) Roure-Bertrand fils, *Bull. scient. et ind.*, n° 4, p. 19.
(2) *Chimie des Parfums*, p. 135.

distillatoires employés pour l'extraction de l'essence de cannelle de Chine. Cette essence est souvent fraudée, d'une façon même grossière.

Cardamome.

Elettaria cardamomum.

Cette plante, originaire de Ceylan, fournit par la distillation de ses graines une essence douée d'une odeur agréable (1).

Carvi.

Carum carvi L.

[[Le carvi est une plante de la famille des Ombellifères, annuelle ou bisannuelle, assez semblable à la carotte, et croissant dans les prairies et les terrains humides. On la rencontre dans le nord et le centre de l'Europe. On la cultive en Irlande. On la trouve en Scandinavie, en Finlande, en Russie et en Sibérie. Elle croît à l'état sauvage dans la Grande-Bretagne.

Les fruits de carvi étaient connus des Arabes, qui les nommaient *Karawya*. Leur saveur est agréable et épicée.]]

L'essence est extraite par la distillation des fruits du *Carum carvi* (Ombellifères). Son odeur est très agréable et si connue qu'elle n'a pas besoin d'être analysée (2).

(1) *Chimie des Parfums*, p. 166.
(2) *Chimie des Parfums*, p. 142.

Cassie.

Acacia farnesiana.

Les fleurs employées en parfumerie pour l'extraction des essences au moyen des dissolvants volatils et aussi par macération sont celles de l'*Acacia farnesiana.*

Fig. 16. — *Acacia farnesiana* (têtes de fleurs, grandeur naturelle).

On fait aussi usage à Grasse des fleurs de l'*Acacia cavenia*, mais pour obtenir un produit de qualité secondaire. Les produits à la cassie ont une odeur à la fois originale et voisine de celle de la violette. Ils entrent d'ailleurs dans les extraits à base de cette fleur. Voici comment s'expriment MM. Roure-Bertrand fils (1) au sujet de la cassie :

« Les fleurs de cassie, jaunes et très odorantes, disposées en capitules globuleux, sont produites par l'arbuste connu en Provence depuis un temps immémorial sous le nom de *cassier*. Cet arbuste n'est autre chose que l'*Acacia farnesiana*.

« Il y a bien peu de propriétés rurales dans les environs de Grasse qui ne possèdent un ou plusieurs pieds de cassiers souvent vénérables par leur âge et attestant l'affection des Provençaux d'antan pour la fleur de cassie.

« Lorsque l'altitude devient sensible, c'est en espalier, contre les maisons, que cet arbuste doit vivre. Il est en effet très sensible au froid et ses branches sont si cassantes qu'il doit se trouver tout à fait à l'abri du vent. Les premières cultures de cassier ont été faites à Cannes, puis à Vallauris, à Mougins et au Cannet où cet arbre trouve le terrain silicieux qui est particulièrement favorable à son développement.

« On l'obtient par semis. Au bout de trois ans, il commence à fournir des fleurs et chaque pied en pleine production donne 500 grammes de fleurs. Tous les ans, on le taille à 1 mètre de hauteur et on le butte pendant l'hiver à 30-35 centimètres. La culture du cassier demande des binages et des engrais de ferme, màis pas d'arrosages.

« La récolte de la cassie commence dans les derniers jours de septembre et dure généralement jusqu'à la fin du mois de novembre. Un coup de vent, une pluie trop violente, quelques matinées trop fraîches peuvent toutefois arrêter la floraison bien avant cette époque. Par

(1) Roure-Bertrand fils, *Bull. scient. et ind.*, n° 3, p. 17.

contre, les boutons peuvent continuer à s'épanouir pendant le mois de décembre lorsque les circonstances atmosphériques demeurent favorables. D'ailleurs, les fleurs d'octobre sont les plus parfumées et leur qualité devient moins bonne quand l'automne s'avance.

« La cueillette a lieu généralement deux fois par semaine; les arbres sont trop cassants et trop frêles pour que l'on puisse monter dessus; de plus, les épines dont ils sont revêtus en rendent l'ascension fort désagréable. On se sert alors d'échelles doubles que l'on transporte d'une position à une autre jusqu'à ce que l'on ait dépouillé le petit arbre de ses fleurs. »

La récolte utilisée tous les ans dans les usines de Grasse s'élève à 35 000 kilogrammes, alors que la production ne dépassait pas 4000 kilogrammes il y a cinquante ans.

Cédrat.

Citrus medica.

Le cédratier est le seul arbre de la famille des Citronniers qui fût connu de l'ancienne Rome. Il paraît avoir été cultivé en Palestine au temps de Joseph. Ses fruits pèsent souvent plusieurs livres. Il se vend souvent pour être confit.

Le parfum qu'on en retire est extrait de l'écorce du *Citrus medica cedra* Gall. par expression; son excellente odeur de citron est très appréciée. On l'emploie principalement dans la fabrication des parfums ou extraits pour le mouchoir. En faisant dissoudre 30 grammes de cette huile essentielle de cédrat dans 50 centilitres d'alcool, on obtient ce qu'on appelle l'extrait du cédrat; quelques parfumeurs y ajoutent 15 grammes de bergamote.

Cèdre.

Juniperus virginiana (Conifères).

Ce bois est fameux depuis Salomon qui l'employa à la construction du Temple. A la distillation, le bois de cèdre donne une huile essentielle extrêmement odorante qui constitue un produit d'adultération des autres essences, tout en trouvant son emploi dans la savonnerie.

Le cèdre employé pour l'extraction de l'essence est le cèdre de Virginie ou d'Amérique, *Juniperus virginiana*. Le véritable cèdre du Liban, *Cedrus Libani*, *Larix cedrus*, qui donne son nom au parfum qu'on met dans les mouchoirs, fournit une huile et une odeur très insignifiantes auprès de celles que produit le végétal américain. Mais les cèdres du Liban sont si connus que les parfumeurs ne pourraient remplacer le nom du parfum qu'ils fabriquent par celui de *bois rouge de l'Ouest*, par exemple, quoique l'odeur de celui-ci soit bien supérieure.

Vitruve, architecte du siècle d'Auguste, nous apprend qu'on enduisait les feuilles de papyrus, pour les préserver des attaques des insectes, avec une huile ou résine extraite du cèdre et qu'on appelait *cedria* ; Pline dit que les Égyptiens s'en servaient concurremment avec d'autres aromates pour embaumer leurs momies.

La teinture du cèdre a l'odeur agréable de ce bois; on l'en peut aisément tirer en faisant macérer les bois dans l'alcool.

Elle forme une excellente teinture pour gencives, et est la base de la célèbre *eau de Botot*.

Céleri.

Apium graveolens L.

Les semences de cette Ombellifère fournissent une huile essentielle qui constitue un excellent produit aromatique.

Cerfeuil.

Chærophyllum sativum.

Par distillation des graines de cerfeuil, on obtient une essence douée d'une odeur agréable et renfermant des proportions notables d'estragol.

Champaca.

Michelia champaca L.

Les fleurs du *Michelia champaca* (fig. 17) et celles du *Michelia longifolia* L. de la famille des Magnoliacées donnent une exquise huile essentielle (1). Malheureusement, la production en est restreinte et ce produit ne se trouve pour ainsi dire pas dans le commerce. Voici ce que nous lisons au sujet du champaca dans le *Bulletin scientifique et industriel* de MM. Roure-Bertrand fils (n° 5, p. 38) :

« Les fleurs fraîches de *Michelia champaca* L. fournissent une essence d'une odeur très suave, ayant une certaine analogie avec l'essence d'ylang et avec les produits au jasmin. Le champaca est un arbre qui orne les jardins des indigènes à Java et aux Philippines. »

Citron.

Citrus limonum Risso.

Par expression des zestes du citron on obtient une essence (2) très employée en distillerie et en parfumerie, en raison de sa saveur et de son odeur fraîche. Les pays de production sont la Sicile et la Calabre. En Sicile,

(1) *Chimie des Parfums*, p. 172.
(2) *Chimie des Parfums*, p. 138.

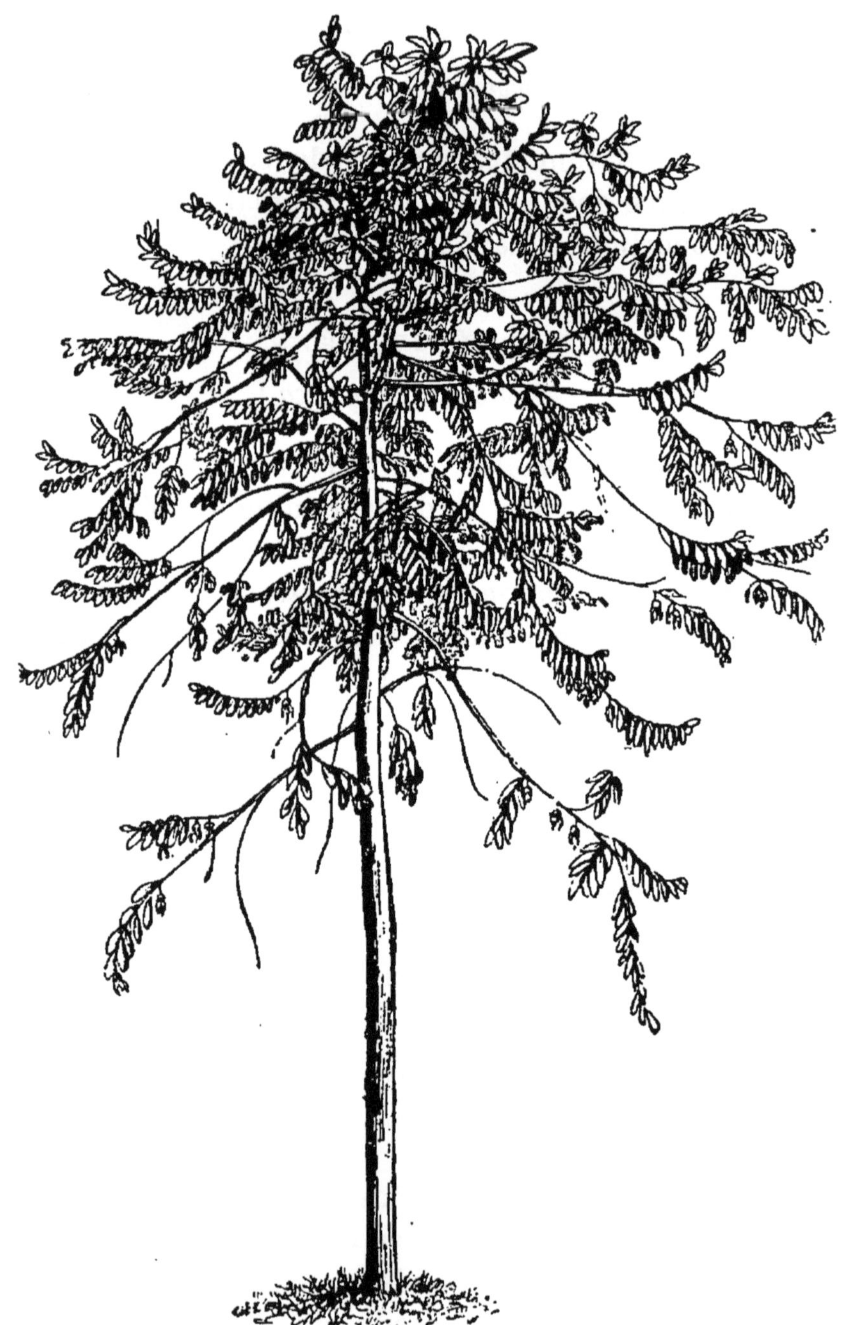

Fig. 17. — Champaca (*Michelia champaca*) faux ylang.

on fabrique l'essence de citron, dans les provinces de Messine, de Catane, de Syracuse, de Palerme.

L'essence de citron est très altérable et doit être conservée dans des flacons bien remplis et à l'abri de la lumière.

Citronnelle.

Andropogon nardus L.

L'essence de citronnelle (1) s'obtient, dans l'île de Ceylan, par distillation d'une Graminée, l'*Andropogon nardus*. La citronnelle ne doit pas être confondue, comme on le fait souvent, soit avec le lemon grass qui est l'*Andropogon schœnanthus*, soit avec la mélisse.

La citronnelle est décrite de la façon suivante dans le *Bulletin scientifique et industriel* de MM. Roure-Bertrand fils (n° 4, p. 20):

« L'essence de citronnelle s'obtient par distillation de l'*Andropogon nardus* L. Il en existe deux espèces : l'une, originaire de Ceylan, est extraite de la plante appelée *Lana batu*, elle renferme 28 p. 100 de citronnellal, 33 p. 100 de géraniol et 8 p. 100 de méthyleugénol ; l'autre, originaire de Java, est extraite de la plante appelée *Maha pangiri* ; elle se distingue de la précédente par sa richesse plus grande en citronnellal et par sa faible teneur en méthyleugénol.

« A Ceylan, la citronnelle est distillée par les propriétaires indigènes eux-mêmes, qui vendent ensuite l'essence souvent falsifiée. Pour les achats, on adopte généralement comme critérium de pureté la solubilité dans l'alcool.

« Notre envoyé a pu visiter une plantation de citronnelle située à environ 4 kilomètres de Galle. L'herbe de

(1) *Chimie des Parfums*, p. 126.

citronnelle arrive à hauteur d'homme et forme des buissons épais distants les uns des autres de 1m,50 à 2 mètres. Elle pousse abondamment dans des terrains maigres et secs. La principale coupe est effectuée en juillet et août et la plante est distillée dans des appareils assez perfectionnés.

« Une même plantation alimente la distillation pendant dix ans environ ; après quoi il devient nécessaire de la renouveler. Avec deux coupes, le rendement d'un acre de terrain (40 ares 467) est à peu près de 28 bouteilles de 22 onces (17kg,500).

« L'essence de citronnelle est logée dans des fûts en fer de 7-10 cwt (350-500 kilos) ; on avait adopté pendant un certain temps à Galle des bidons en fer-blanc carrés qui n'ont point donné satisfaction.

« La citronnelle de *Penang* ne paraît pas sensiblement différente de celle de Ceylan, encore que ses feuilles soient plus larges ; on rencontre d'ailleurs à Penang deux variétés : l'une à feuilles étroites, l'autre à feuilles larges ; et c'est à cette dernière qu'est accordée la préférence. A Penang, comme dans l'île de Ceylan, les plantations de citronnelle sont faites sur les collines dans des terrains secs.

« On affirme, dans le pays, que des plantes importées de Ceylan dans les « straits » n'ont pas tardé à se modifier pour devenir identiques à celles de Penang.

« La durée de production d'une même plantation est de quatre ans environ, pendant lesquels on peut faire jusqu'à quatre coupes par an.

« Les producteurs indigènes se chargent eux-mêmes, sur place, des soins de la distillation qui se fait au moyen de la vapeur directe. Une fois distillée, l'herbe de citronnelle est séchée et utilisée comme combustible. »

Coriandre.

Coriandrum sativum L.

En distillant les graines du *Coriandrum sativum* L. (famille des Ombellifères) on obtient une essence (1) douée d'une odeur agréable et assez caractéristique. Cette plante est cultivée en France, en Russie, en Angleterre, en Allemagne, en Hollande, au Maroc, en Italie, aux Indes orientales.

La Russie en produit des quantités assez considérables; ainsi, en 1896, on y a récolté 150000 kilogrammes de graines. La culture s'est étendue jusqu'en Hongrie.

Costus.

Aplotaxis auriculata D. C.

Le costus croît sur l'Himalaya à des altitudes élevées. On en récolte la racine aux mois de septembre et d'octobre. Cette racine a été traitée en France en vue de l'extraction de ses principes odorants.

Cubèbe.

Piper cubeba L.

On utilise ses fruits pour l'extraction d'une huile essentielle.

Cumin.

Cuminum cyminum L.

L'essence de cumin (2) s'obtient par distillation des fruits d'une Ombellifère, le *Cuminum cyminum* L. Elle

(1) *Chimie des Parfums*, p. 109.
(2) *Chimie des Parfums*, p. 137.

est très employée en distillerie. Les graines de cumin arrivent notamment de Syrie, de Malte, du Maroc et des Indes orientales et sont souvent distillées en France ou en Allemagne.

Élémi.

On extrait une huile essentielle (1) de la résine fournie par un certain nombre d'arbres de la famille des Burséracées. La résine d'élémi arrive notamment de Luçon (Philippines).

Encens.

Boswelia carterii.

Comme l'élémi, l'encens est produit par diverses Burséracées, notamment par le *Boswelia carterii.* C'est une résine donnant une essence par distillation (2). Elle vient du sud-est de l'Arabie et du pays des Somalis.

Estragon.

Artemisia dracunculus L.

L'huile essentielle (3) fournie par cette Composée présente en chimie un grand intérêt historique en ce sens qu'elle servit à Laurent de base pour une série de travaux mémorables. Elle est employée pour aromatiser les conserves, les vinaigres, les moutardes, etc. On l'obtient par la distillation de l'*Artemisia dracunculus* au moment de la floraison.

(1) *Chimie des Parfums*, p. 169.
(2) *Chimie des Parfums*, p. 186.
(3) *Chimie des Parfums*, p. 162.

Eucalyptus.

Eucalyptus globulus Labillardière, etc.

On distille un nombre considérable d'espèces d'Eucalyptus. Celle qui fournit l'essence la plus répandue dans le commerce est l'*Eucalyptus globulus* (1) dont la distillation s'effectue à Grasse, en Algérie, en Californie, en Australie. Ce sont les feuilles qui sont exploitées.

L'eucalyptus absorbe des quantités considérables d'eau ; aussi se développe-t-il très rapidement et possède-t-il la propriété d'assainir les pays marécageux.

Beaucoup d'autres variétés d'eucalyptus produisent des essences commerciales.

L'*Eucalyptus citriodora* Hook fournit une huile essentielle (2) renfermant du citronnellal. Il est originaire du Queensland.

D'autres variétés produisent du citral. Il faudrait consacrer toute une monographie à l'étude de l'eucalyptus pour pouvoir donner une idée de l'état de nos connaissances sur cette question.

Fenouil.

Fœniculum vulgare et dulce (Ombellifères).

[[C'est une Ombellifère qui atteint de 90 centimètres à 1^{m},20 de hauteur. Elle paraît indigène des pays bordant la Méditerranée, s'étendant dans l'Abyssinie et la Perse. On la trouve dans l'Europe occidentale, aux îles Britanniques dans le voisinage de la mer, et dans quelques parties de la Russie. On la cultive en France près de Nîmes, et surtout dans l'Inde et la Chine. Ses

(1) *Chimie des Parfums*, p. 165.
(2) *Chimie des Parfums*, p. 136.

fruits vus en masse ont une couleur verdâtre. Leur odeur est aromatique et leur saveur agréable.]]

L'huile de fenouil (1), mêlée à d'autres huiles aromatiques, peut servir à parfumer le savon et à l'extraction de l'anéthol. On l'obtient par la distillation.

Galanga.

Alpinia galanga Sw.

Les rhizomes de l'*Alpinia galanga* (Zingibéracées) de l'île de Haïnan donnent une essence à odeur d'eucalyptol.

Gayac.

Par distillation du bois d'un arbre originaire de l'Amérique du Sud et appartenant à une espèce non encore déterminée, on obtient une essence (2) douée d'une odeur agréable, rosée, d'un emploi avantageux en savonnerie.

Genêt.

La fleur de genêt vient de recevoir d'intéressantes applications dans l'industrie des parfums, et nous empruntons aux auteurs de cette innovation la description des produits qu'elle fournit (3) :

« Tout le monde connaît le genêt, cet arbuste qui se revêt au printemps de fleurs d'un beau jaune d'or à l'arome puissant. Quelques-unes de nos montagnes en sont couvertes et l'odeur qui se dégage au moment de

(1) *Chimie des Parfums*, p. 145.

(2) *Chimie des Parfums*, p. 157.

(3) Roure-Bertrand fils, *Bull. scient. et ind.*, n° 6, p. 36, et n° 8, p. 50.

la floraison est si violente que, quelque habitude que l'on ait des parfums, on s'en trouve souvent incommodé. Les essais que nous poursuivons depuis un certain temps nous ont donné d'excellents résultats. Nous pouvons donc dire que, dès à présent, une nouvelle note a été ajoutée à la gamme des parfums industriels tirés uniquement des fleurs. En peu d'années, le mimosa, l'œillet, le narcisse, la jacinthe, maintenant le genêt, sont venus ajouter leurs parfums bien spéciaux à celui des anciennes fleurs cultivées à Grasse depuis un temps immémorial.

« Dès leur apparition, les nouveaux produits aux fleurs de genêt ont suscité partout le plus vif intérêt. Il n'en saurait être autrement si l'on considère que ce parfum unit à l'arome le plus exquis de la fleur une ténacité qui mérite d'être comparée à celle des parfums les plus violents. Si l'on verse une goutte d'essence liquide de genêt sur une feuille de papier, on s'aperçoit que le parfum se développe peu à peu, pour acquérir ensuite une grande intensité ; et l'on n'est pas peu surpris de retrouver, au bout de plusieurs semaines, l'odeur toujours fine et persistante de la fleur. Nous sommes convaincus plus que jamais que le genêt est appelé à rendre les plus grands services et que les produits extraits de cette fleur ne vont pas tarder à passer dans l'usage courant au même titre que ceux fournis par le jasmin et la rose. »

Géranium.

Pelargonium odoratissimum.

Les feuilles de cette plante donnent à la distillation une huile ayant une odeur de rose agréable et qui rend de réels et importants services dans l'industrie de la savonnerie. Le parfum du géranium donne, en effet, dans le savon, d'excellents rendements.

Plusieurs variétés de l'ordre des Géraniacées produisent des feuilles à essence, mais, quoique ces plantes aient été importées déjà en Europe, du cap de Bonne-

Fig. 18. — Géranium.

Espérance, en 1690, ce ne fut guère avant 1847 que le *Pelargonium* fut cultivé dans le but d'en extraire son essence, connue dans le commerce sous le nom d'*essence de feuille de rose géranium*. Le premier, M. Demarson (de Paris) entreprit cette culture. La reproduction du *Pelargonium* au moyen de boutures est trop connue pour qu'il soit utile d'en donner ici une description. Le géranium est principalement cultivé dans le midi de la France, en Algérie et à la Réunion;

l'Espagne en produit aussi. L'essence de géranium (1) est falsifiée avec l'essence de *lemon grass* (*Andropogon citratus*). Aujourd'hui que la culture du géranium a pris une grande extension, on peut aisément s'approvisionner.

La question du géranium a été l'objet d'intéressants comptes rendus de la part de MM. Roure-Bertrand fils (2) à qui nous empruntons les renseignements ci-dessous :

« Le géranium de Grasse, ainsi nommé pour le distinguer du géranium de provenances différentes, est récolté dans toutes les parties basses de l'arrondissement du même nom.

« C'est aux environs immédiats de Grasse que la plante de géranium a commencé à être cultivée pour la distillation. Nous n'avons pas trouvé l'époque précise à laquelle remonte l'origine de cette plante, mais nous pensons qu'elle doit être placée au commencement du XIXe siècle.

« Au milieu du siècle qui vient de s'écouler, la culture du géranium était encore cantonnée autour du village de Pégomas, au commencement du delta formé par les alluvions d'un petit cours d'eau, la Siagne, qui se jette dans le golfe de la Napoule, connu du monde entier.

« C'est de Grasse que partirent, vers la même époque, les premières boutures de géranium à destination d'Algérie, où des plantations furent entreprises par Mercurin d'abord, et ensuite par d'autres colons originaires de Grasse.

« Aujourd'hui, la culture s'est étendue dans toute la campagne des environs de Grasse ; elle s'est développée principalement dans les riches terrains d'alluvion cités

(1) *Chimie des Parfums*, p. 118.

(2) Roure-Bertrand fils, *Bull. scient. et ind.*, n° 3, p. 16

plus haut, ainsi que dans ceux qui avoisinent l'embouchure du Loup, autour du village de Villeneuve-Loubet.

« Les quantités récoltées à Grasse, sans pouvoir entrer en parallèle avec celles produites par l'Algérie ou Bourbon, sont loin d'être négligeables.

« La qualité de l'essence de géranium de Grasse est appréciée par tous ceux qu'intéresse la question des essences. Nulle autre ne peut donner une odeur plus suave et plus forte, plus voisine en un mot de celle de l'essence de rose. Malheureusement, son prix élevé en limite l'emploi à la préparation des produits les plus fins.

« Le climat de Grasse, plus froid que celui de l'Algérie, est une des causes de cette excellente qualité et malheureusement aussi la cause du prix élevé de l'essence. En effet, en Algérie, une plantation de géranium dure cinq ou six ans et donne trois coupes par an ; chez nous, elle est à renouveler chaque année, car le géranium gèle tous les hivers et, de plus, une seule coupe par an est possible ; elle a lieu en octobre.

« Il convient toutefois d'ajouter que la différence de qualité entre l'essence de Grasse et les essences d'origines différentes compense largement le prix élevé du premier produit.

« Le prix moyen des plantes de géranium est de 65 francs la tonne et il faut généralement un peu plus de 1000 kilogrammes de ces plantes pour obtenir 1 kilogramme d'essence ».

Girofle.

Caryophyllus aromaticus L.

[[Le *Caryophyllus* est un bel arbre qui reste toujours vert, et atteint une hauteur de 9 à 12 mètres. Il est couvert de nombreuses fleurs qui, au moment de la floraison, ne tardent pas à tomber.

On le rencontre dans les îles Pemba et Zanzibar.

Les clous de girofle sont connus depuis fort longtemps des Chinois.

Pendant près d'un siècle les Portugais possédèrent en grande partie le commerce des clous de girofle. En 1605, ce furent les Hollandais qui accaparèrent ce commerce.

Fig. 19. — Giroflier (*Caryophyllus aromaticus*).

Les bourgeons à fleurs du giroflier sont blancs quand ils sont jeunes; ils ne tardent pas à verdir, puis à devenir d'un rouge brillant. C'est alors qu'on les récolte en les cueillant un par un, puis on les expose au soleil. Ils acquièrent ainsi la coloration brune foncée qu'ils possèdent dans le commerce.]]

Toutes les parties du giroflier contiennent une grande quantité d'huile aromatique; mais elle est surtout odorante et abondante dans les boutons non développés, qui sont les clous du commerce. Il y a plus de deux mille ans que ces épices sont apportées sur les marchés d'Europe. La plante est originaire des Moluques et des autres îles des mers de la Chine. La récolte moyenne par année, dit Burnett, est de $1^{kg},5$ par arbre; mais on a vu un bel arbre en fournir 60 kilogrammes dans une seule saison ; et comme 10000 clous ne pèsent qu'un kilogramme, il a dû y avoir 600 000 fleurs sur ce seul arbre !

On extrait l'essence de girofle (1) par distillation, qui se fait sur une grande échelle en France et en Angleterre. Peu d'huiles essentielles sont plus employées dans la parfumerie. On la trouvera dans les diverses recettes données pour les bouquets; elle forme un des éléments principaux de quelques-uns des extraits les plus répandus pour le mouchoir, tels que rondeletia, le bouquet des Gardes, etc. On en extrait l'eugénol servant à préparer la vanilline et l'œillet artificiel (2).

Giroflée.

Cheiranthus cheiri L. (Crucifères).

Toute suave que soit l'odeur de cette fleur, elle n'est pourtant pas employée dans la parfumerie, quoique, sans doute, elle le pût être, et même très avantageusement, si la plante était cultivée à cet effet.

Héliotrope.

On ne retire pas le parfum de la fleur d'héliotrope, mais le parfumeur prépare des compositions qui en possèdent l'odeur en faisant usage notamment de l'héliotropine obtenue artificiellement. Nous indiquons une formule permettant d'obtenir une semblable composition dans notre ouvrage *la Chimie des Parfums*, p. 225.

Houblon.

Humulus lupulus L.

Par distillation des cônes fleuris de houblon on obtient une essence aromatique.

(1) *Chimie des Parfums*, p. 155.
(2) Voy. CHARABOT, *Les parfums artificiels.*

Hysope.

Hysopus officinalis L.

L'hysope est une Labiée qui pousse dans le midi de la France et en Espagne.

Elle fournit à la distillation une huile essentielle employée quelquefois en France dans les parfumeries communes, mais plus particulièrement par les distillateurs-liquoristes.

Impératoire.

Imperatoria ostrutium L.

C'est une Ombellifère dont les racines fournissent une essence douée d'une odeur agréable.

Iris.

Iris florentina L.

Ce sont les racines d'iris qui fournissent l'huile essentielle (1) obtenue par distillation et le résinoïde d'iris extrait à l'aide d'un dissolvant volatil.

L'iris est cultivé en Toscane. La récolte des racines se fait tous les trois ans ; les plants sont retirés de terre au printemps, avant la reprise de la végétation pour l'année suivante ; les tiges sont coupées comme le montre la gravure, et chaque racine détachée au point A indiqué par la flèche. La tête est alors replantée, et croît avec une nouvelle vigueur. Dans l'espace de trois années il pousse de nombreuses racines. L'iris se plaît dans les terrains marécageux et pierreux, c'est-à-dire dans les terres pauvres, et ne requiert aucun engrais.

Les racines sont mises à sécher en plein air ; chacune est alors coupée avec un couteau ; ayant la forme

(1) *Chimie des Parfums*, p. 207.

qu'on leur voit dans l'industrie, elles sont en même temps assorties en différentes qualités et quelques-unes sont exposées aux vapeurs de soufre, afin de

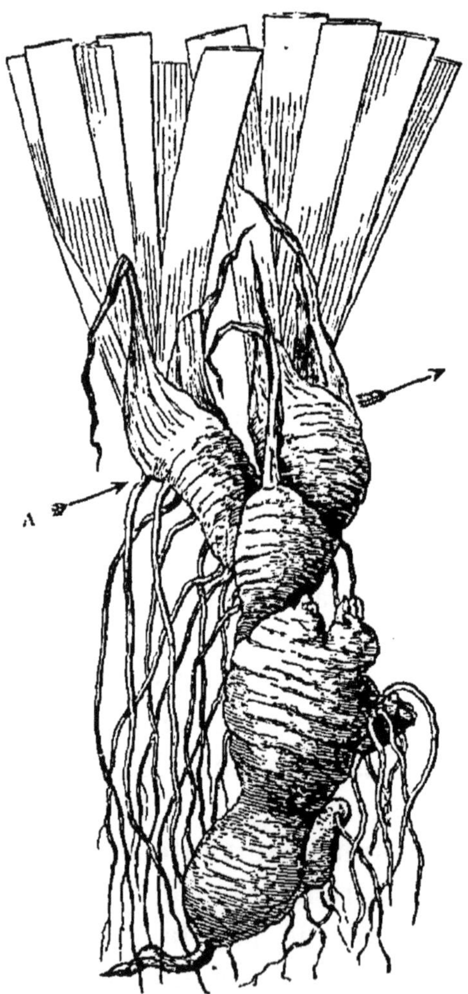

Fig. 20. — Iris Orris Root.

les blanchir, cela au grand détriment de leur parfum. Ainsi blanchie, la racine d'iris se vend aux fabricants de chapelets tournés. Chaque paysan possède plusieurs de ces chapelets, et il en est en outre exporté aux pays voisins.

L'*Iris florentina* porte de grandes fleurs blanches. Il est originaire de la Macédoine et des bords sud-est de la mer Noire; on le trouve dans les environs de Lucques et de Florence.

Le bulbe (rhizome) desséché de l'*Iris florentina* (Iridées) est charnu; coloré à l'extérieur en brun jaunâtre, il est blanc et succulent à l'intérieur. Il a une odeur très agréable qui, dit-on, faute de comparaison meilleure, ressemble à celle de la violette. La comparaison cependant fait grand tort au délicieux parfum de cette modeste fleur. Malgré cela, l'odeur de la racine d'iris est bonne et mérite bien le rang qu'elle occupe dans le catalogue des substances odorantes. On emploie beaucoup de racine d'iris pulvérisée dans la composition des sachets, des poudres dentifrices.

Voici une formule pour faire la teinture ou, pour me servir de l'expression des parfumeurs, l'extrait d'iris :

EXTRAIT D'IRIS.

Prenez : Racine d'iris concassée.......... 3kg,175
Alcool........................ 4lit,54

Quand ces deux ingrédients ont reposé ensemble pendant environ un mois, l'extrait est bon à filtrer. Cette opération demande beaucoup de temps, et, pour ne pas avoir de déchet, il faut mettre le reste de l'iris sous la presse. Cet extrait entre dans la composition des bouquets les plus en vogue, tels que celui du *Jockey-Club* et autres; mais on ne le vend jamais seul, parce que l'odeur, quoique agréable, n'est pas assez bonne pour fixer par elle-même la faveur publique; cependant, combinée avec d'autres, elle a une grande valeur; elle entre dans les compositions à la violette.

L'essence d'iris renferme, en même temps que le principe odorant de la plante, des acides gras plus ou moins insolubles dans l'alcool rendant son emploi incommode et occasionnant souvent au bout d'un certain temps l'apparition d'un précipité floconneux dans les extraits. Pour obvier à cet inconvénient, le procédé permettant d'obtenir les essences absolues a été appliqué au traitement de l'iris. On a pu obtenir ainsi une *essence absolue d'iris* (1) qui se trouve sous la forme d'un liquide jaunâtre possédant, au plus haut degré, toutes les qualités de finesse et de puissance désirables. L'avantage de ce précieux produit est de se dissoudre immédiatement et entièrement dans l'alcool, sans jamais abandonner, dans la suite, le moindre dépôt.

Jasmin.

Jasminum grandiflorum L.

Cette fleur est une de celles que le parfumeur estime le plus. L'odeur en est délicate, douce et si particulière qu'on ne peut ni la comparer ni l'imiter.

La plante est le *yasmyn* des Arabes, d'où lui vient le nom qu'elle porte chez nous.

Le jasmin est cultivé sur les troncs de jasmin sauvage greffés à l'âge de deux ans avec le jasmin espagnol; il donne une fleur d'une odeur pénétrante. Il demande un sol humide ou disposé de telle sorte qu'il puisse être aisément arrosé; il doit être aussi très largement taillé chaque année. La floraison se prolonge de juillet à la fin d'octobre, mais les fleurs d'août et septembre sont les plus odoriférantes. On plante généralement huit mille pieds par 40 ares de terrain, et ils ne sont en pleine production qu'après la seconde année de greffage; mais, lorsqu'ils sont arrivés à maturité, chaque millier de

(1) Roure-Bertrand fils, *Bull. scient. et ind.*, n° 4, p. 35.

plantes fournit environ 30 kilogrammes de fleurs par an.

On les plante en rangées, en les soutenant à l'aide de

Fig. 21. — Jasmin *grandiflorum*.

tuteurs horizontaux. Chaque année, au mois d'août, les champs de jasmin sont livrés aux femmes et aux enfants qui, un léger panier à la main, procèdent activement à la cueillette des fleurs.

La culture du jasmin est très étendue à Grasse dans de superbes jardins qui environnent cette ville pittoresque.

Voici comment Alphonse Karr raconte une vente de jasmin à Nice :

« L'autre jour j'ai vu deux cultivateurs dans un jardin; l'un achetait 4 000 pieds de jasmin d'Espagne. Je n'assistais pas aux débats, mais ils avaient dû être chauds et animés. Lorsque j'arrivai, le marché était conclu. Le prix ordinaire du jasmin d'Espagne est de 3 à 5 francs les 100 pieds. Ceux-ci étaient magnifiques et couverts de larges fleurs blanches et de boutons violets ; l'acheteur prit une bêche et les déracina. Je le crus fou. En France, les jasmins déplantés au mois d'août, quand ils sont en pleines fleurs, seraient regardés comme perdus et bons à mettre en fagots pour allumer le feu. Mais mon homme emporta ses jasmins chez lui, les mit en terre, leur donna quelques arrosoirs d'eau et les laissa tranquilles. Trois jours après, j'allai les voir; ils étaient dans un état superbe et n'avaient pas cessé de se couvrir de fleurs. »

Dans l'usine du parfumeur, on extrait l'odeur du jasmin par l'enfleurage et aussi à l'aide des dissolvants volatils. On étend un mélange de saindoux clarifié et de graisse de bœuf sur un châssis en verre sur lequel on éparpille les fleurs nouvellement cueillies, qu'on y laisse un jour environ. On répète l'opération avec des fleurs fraîches pendant tout le temps de la floraison, qui dure au moins six semaines. Le corps gras absorbe l'odeur. Enfin on enlève la pommade de dessus le verre, on la fait fondre à une température aussi peu élevée que possible et l'on filtre. Il faut au moins 3 kilogrammes de fleurs pour parfumer 1 kilogramme de graisse.

On prépare presque de la même manière des huiles

parfumées. On trempe d'abord dans l'huile d'olive des morceaux de molleton de coton que l'on couvre ensuite à plusieurs reprises de fleurs de jasmin, puis enfin on serre les morceaux de molleton sous une presse.

L'extrait de jasmin entre dans la composition de la plupart des parfums les plus recherchés pour le mouchoir. Il se vend souvent pur pour le mouchoir; habile-

Fig. 22. — Récolte du jasmin.

ment mélangé avec d'autres parfums convenablement choisis, il plaît infailliblement au consommateur le plus difficile.

En Turquie, on cultive le jasmin dans un autre but; en ménageant un seul axe sur chaque pied, on obtient les belles tiges droites qui servent à fabriquer des tuyaux de pipe.

La récolte des fleurs de jasmin est assurément une des plus importantes parmi celles intéressant l'industrie de Grasse (1). Elle est évaluée à 5 ou 600 000 kilogrammes,

(1) Roure-Bertrand fils, *Bull. scient. et ind.*, n° 2, p. 22, et n° 5, p. 39.

chiffre considérable, si l'on pense qu'il faut 8000 à 8500 fleurs pour atteindre un kilo, si l'on pense aussi à l'intensité du parfum de cette fleur.

Dès le 15 juillet, lorsque les chaleurs sont précoces, les plantations donnent des fleurs et livrent tous les matins, jusqu'aux premiers jours d'octobre, leur récolte parfumée. Les cueillettes les plus fortes ont lieu généralement du 10 août au 10 septembre, et l'on estime que vers le 25 août la quantité de fleurs reçue par les usines de Grasse représente environ la moitié de la quantité totale à recevoir (1).

Jonquille.

Narcissus jonquilla.

Cette fleur, qui apparaît au mois de mars et au mois d'avril, fournit de délicieux produits. Malheureusement les récoltes sont souvent insuffisantes pour couvrir tous les besoins. La jonquille se paye à Grasse jusqu'à 5 à 6 francs le kilogramme.

Laurier.

Laurus nobilis.

L'huile de laurier odorant, appelée aussi *huile essentielle de laurier*, est une substance très odorante qu'on obtient par la distillation des feuilles du laurier, *Laurus nobilis* (Laurinées). Quoique très agréable, elle est peu employée.

Laurier-cerise.

Prunus laurocerasus.

Des feuilles du *Prunus laurocerasus*, ou laurier-cerise, de la famille des Rosacées, on obtient par la dis-

(1) *Chimie des Parfums*, p. 207.

tillation une huile et une eau parfumées, d'une odeur très agréable, mais peu caractéristique. Cependant on en fait peu de cas dans le commerce : comme cette odeur ressemble à celle de l'huile d'amandes amères, qui est plus économique, les parfumeurs, s'ils en emploient, ne le font que rarement.

Lavande.

Lavandula vera.

L'essence de lavande (1) est originaire des Alpes ou de l'Angleterre.

En France, la lavande pousse spontanément sur les montagnes des Alpes-Maritimes (2), des Basses-Alpes, de la Drôme, du Vaucluse, du Gard, de l'Hérault, et même dans l'Isère à des altitudes atteignant 2000 mètres. C'est là, d'ailleurs, qu'on rencontre les produits les plus recherchés. Elle fleurit en août et septembre, et c'est à ce moment-là que des distillateurs ambulants vont installer, en plein air, leurs alambics et opérer la distillation de la lavande à feu nu.

L'essence est ensuite vendue par lots aux industriels de Grasse. Les maisons les plus importantes de cette ville ont d'ailleurs installé pour leur compte divers postes de distillation dans les montagnes des Alpes et du Dauphiné.

Le midi de la France produit tous les ans plus de 60000 kilogrammes d'essence de lavande.

En Angleterre, à Mitcham, la lavande donne une essence d'une odeur différente de celle de l'essence française.

La plante est cultivée, tandis qu'en France elle croît spontanément.

Le terrain pour une plantation de lavande ne doit

(1) *Chimie des Parfums*, p. 227.
(2) Sauvaigo, *Les cultures sur le littoral de la Méditerranée.*

être ni entouré de haies élevées ni dans le voisinage immédiat des arbres, qui, en entretenant l'humidité autour de la plante, exposent les fleurs aux atteintes des gelées de printemps; il doit être, au contraire, exposé au soleil le plus possible.

Tous les quatre ans, les vieux plants de lavande sont arrachés et la culture du terrain échangée contre celle de pommes de terre ou tout autre produit qu'il appartient au propriétaire de décider.

Dans quelques terres, comme à Mitcham, dans le comté de Surrey, la lavande peut être cultivée six années de suite, à condition d'arracher soigneusement les vieilles plantes et d'y planter des jeunes (fig. 23); les gelées peuvent aussi tuer des rangées entières de plantes qui doivent alors être remplacées. A la fin d'août ou au commencement de septembre, la lavande est prête à être distillée; elle est alors fauchée et étendue sur des nattes qui peuvent en contenir en moyenne 50 kilogrammes, et portée au distilloir.

En octobre on sépare des vieux pieds un grand nombre de boutures que l'on pique sur des couches préalablement préparées; on les laisse là pendant douze mois, en ayant soin, pendant tout ce temps, de les tondre. Lorsqu'elles ont un an, on les transplante, par un beau temps, en rangs séparés l'un de l'autre de $1^{m},20$, avec un intervalle de 1 mètre entre chaque plante. Il ne faut pas les laisser fleurir, mais, au contraire, il faut continuer à les tondre afin de leur donner de la force, ce qu'on fait encore en mettant de temps en temps du fumier court à la racine. Si l'on ne peut s'en procurer en suffisante quantité, on le remplacera par le phosphate de chaux, qui donne à la plante une vigueur et une apparence remarquables et lui fait produire de plus belles fleurs.

Fig. 23. — Culture de la lavande à Mitcham (Comté de Surrey) près Londres.

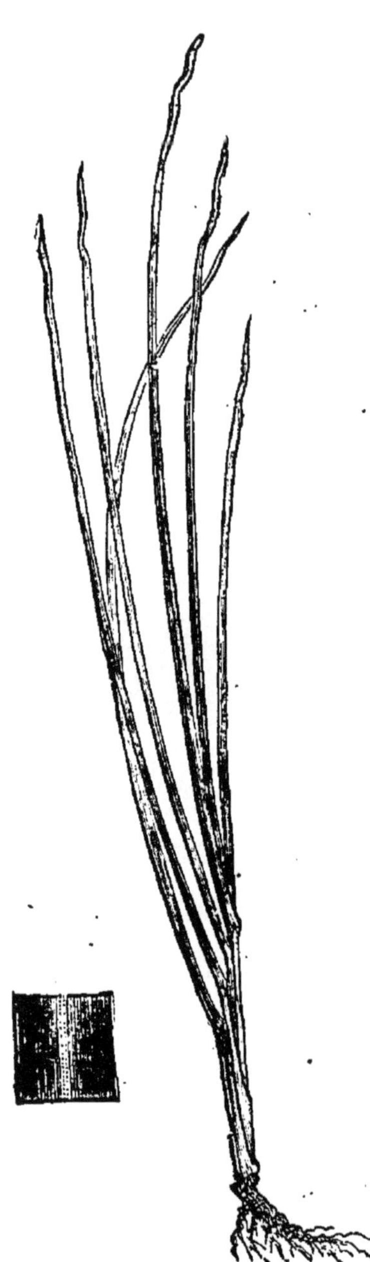

Fig. 24. — Lemon grass.

Le nombre de pieds de lavande par hectare de terre peut être d'environ 8860, c'est-à-dire s'ils sont plantés à 90 centimètres de distance l'un de l'autre, avec un intervalle de 1m,20 entre les lignes. Un hectare peut donner environ 17 à 20 litres d'essence; mais cela dépend de l'âge des plantes; quand elles ont environ quatre ans, elles rendent davantage.

Lemon grass.

Andropogon citratus D. C.

L'essence de lemon grass (1) est fabriquée dans les Indes à Tinnevelly où le gouvernement voit avec satisfaction s'effectuer la coupe de cette plante; en effet, les herbes sèches de lemon grass sont, pendant l'été, des causes de propagation des incendies dans les forêts.

Le lemon grass (fig. 24) appartient à la famille des Graminées et pousse également à Penang, où elle atteint une hauteur (50 centimè-

(1) *Chimie des Parfums*, p. 139.

tres environ) moins grande que l'herbe de citronnelle. On rencontre, à Penang, deux variétés de lemon grass et l'on y fait quatre coupes par an (1).

Linaloé.

Bursera Delpechiana Poiss. (?).

Le bois de linaloé du Mexique fournit une essence qui n'est pas dénuée d'intérêt, mais qui est très notablement inférieure à l'essence de bois de rose de la Guyane. Ce bois vient du sud de Mexico où une certaine quantité est distillée et le reste expédié en Europe pour l'extraction de l'essence (2).

Macis.

Myristica moschata tomentosa (Myristicées).

Le macis vient du muscadier. Les muscades sont enfermées dans quatre enveloppes différentes : la première est un brou épais comme celui de nos noix, mais plus gros; sous ce brou se trouve une enveloppe mince rougeâtre qui est le macis du commerce; le macis entoure la coquille et s'ouvre comme un filet à mesure que le fruit ou plutôt la graine grossit; la coquille est dure, mince et sans odeur; vient ensuite une pellicule verdâtre sans usage dans le commerce, mais qui est en réalité l'enveloppe de la graine ou muscade. L'odeur du macis ne ressemble à celle de la muscade qu'en ce qu'elle est aromatique; on ne peut d'ailleurs les confondre. L'essence de macis, comme celle de muscade, s'obtient aisément par la distillation. Le muscadier, comme l'oranger, donne différentes odeurs suivant

(1) Roure-Bertrand fils, *Bull. scient. et ind.*, n° 4, p. 21.
(2) *Chimie des Parfums*, p. 108.

qu'on s'adresse à telle ou telle partie du végétal. Ainsi nous trouvons l'essence de macis et l'essence de muscade sur le même végétal, à quelques millimètres de distance l'une de l'autre. On emploie le macis pulvérisé pour faire un fond dans la fabrication des poudres parfumées pour sachets. L'huile essentielle, à cause de son odeur prononcée, sert à parfumer le savon.

« Le *Myristica moschata* est un arbre atteignant quelques mètres de hauteur, de fort bel aspect, au feuillage luisant et aux fruits assez semblables à la pêche, si ce n'est qu'ils ont une forme plus allongée.

« Il est cultivé à Penang, sur un terrain exempt de mauvaises herbes. Il porte des fleurs et des fruits pendant toute l'année. La cueillette des fruits mûrs s'effectue tous les matins (1). »

Mandarinier.

Citrus madurensis.

Le mandarinier fournit deux essences différentes : l'une extraite de l'écorce des fruits par expression, l'autre retirée par distillation des rameaux. C'est un arbuste élégant présentant une grande analogie avec l'oranger, mais d'une taille moindre que ce dernier. Tout le monde connaît la mandarine, fruit exquis dont l'écorce est si riche en huile essentielle qu'il suffit de la presser légèrement pour l'en faire jaillir.

Le mandarinier pousse admirablement dans le midi de la France, en Algérie, au sud de l'Italie et en Sicile. L'huile essentielle est d'origine italienne.

Quant aux rameaux, ils ne sont distillés que depuis peu de temps. Ils donnent une essence qui, ainsi que

(1) Roure-Bertrand fils, *Bull. scient. et ind.*, n° 5, p. 33.

l'a montré M. Charabot (1), constitue une véritable source naturelle de méthylanthranilate de méthyle.

Marjolaine (Origan).

Origanum majorana L.

L'essence qu'on obtient par la distillation de l'*Origanum majorana* (Labiées), communément appelée *essence d'origan*, est extrêmement puissante; sous ce rapport elle ressemble à toutes les essences extraites des différentes espèces de la même plante. 100 kilogrammes de l'herbe sèche donnent environ 625 grammes d'essence.

[On prépare une essence semblable avec l'origan vulgaire, *Origanum vulgare* L. (Labiées).]

Matico.

Piper angustifolium Ruiz et Pavon.

Les feuilles du *Piper angustifolium*, originaire de l'Amérique du Sud, fournissent une essence aromatique.

Mélisse.

Melissa officinalis L.

Cette Labiée pousse dans le midi de la France et, d'une manière générale, dans toute l'Europe méridionale. Elle fournit une essence d'une odeur très fraîche et très agréable, mais avec un faible rendement; aussi le produit du commerce est-il généralement mélangé.

(1) Charabot, *Comptes rendus de l'Académie des sciences*, t. CXXXV, p. 580.

Menthe crépue.

Mentha viridis L.

Elle pousse dans le midi de la France, en Amérique, en Allemagne et en Russie, et fournit une huile essentielle extraite notamment aux États-Unis.

Menthe poivrée.

Mentha piperita L.

La menthe poivrée, qui fournit l'essence (1) servant de base à tous les dentifrices, est produite par le midi de la France, l'Angleterre (Mitcham), l'Amérique. Le Japon produit aussi des quantités considérables d'essence de menthe ; celle-ci est employée pour l'extraction du menthol et provient de la distillation de la *Mentha arvensis* D. C. var. *piperascens*.

Étudions successivement les produits des diverses origines.

Menthe française. — L'essence de menthe de Grasse est incomparablement plus fine que les produits d'origines différentes. Elle devrait donc être employée exclusivement pour la préparation des dentifrices, des liqueurs et des produits de la confiserie. La culture est localisée dans l'arrondissement de Grasse, la partie Est du département du Var. La récolte se fait en août et la plante est distillée dans les usines de Grasse dans des alambics très perfectionnés.

Il faut environ 400 à 500 kilogrammes de plantes pour obtenir 1 kilogramme d'essence.

(1) *Chimie des Parfums*, p. 127.

M. Charabot (1) a étudié une maladie qui, dans le midi de la France, dévaste fréquemment les champs de menthe poivrée. Cette maladie est occasionnée par une piqûre d'insecte. La plante atteinte, qui porte le nom

Fig. 25. — Menthe blanche.

de « menthe basiliquée », est formée en même temps de tiges normales et d'autres tiges terminées, non pas par des fleurs, mais par des groupements massifs et volumineux de feuilles avortées. La piqûre d'insecte

(1) Charabot, *Bull. Soc. chim.*, 3e série, t. XIX, p. 117. Voy. aussi Roure-Bertrand fils, *Bull. scient. et ind.*, nº 8, p. 31.

produit l'atrophie des fonctions de reproduction : les sommités modifiées ne fleurissent pas, elles semblent porter des graines, mais on n'y rencontre, en réalité, que des groupements de feuilles. Il y a là quelque chose d'analogue aux phénomènes de castration que l'on observe dans le règne animal sous l'influence du parasitisme.

Menthe anglaise. — Après celle de Grasse, l'essence de menthe la plus appréciée est l'essence anglaise provenant de Mitcham, où l'on cultive la menthe exclusivement pour l'essence; un acre (1) en donne en moyenne 3 kilogrammes, qui se vendent à raison de 30 francs chacun. On plante les pieds de menthe en lignes serrées, entre lesquelles un espace est réservé pour laisser passer le cultivateur. On coupe généralement la plante vers la fin d'août, on en fait de petits tas comme des tas de foin, qu'on laisse dans les champs pendant quelques jours, avant de les emporter pour la distillation. On prend grand soin d'empêcher les mauvaises herbes de pousser entre les pieds de menthe, de manière à être sûr d'avoir une essence bien pure. Il faut défoncer la terre et changer de sol tous les cinq ans, la récolte de la première année étant généralement la plus abondante et la plus pure.

Environ 6000 kilogrammes d'huile de peppermint sont expédiés annuellement d'Angleterre, et les bénéfices sont en moyenne de 18 p. 100, tous frais compris.

La menthe trouve à Mitcham des conditions de développement favorables, un climat tempéré, un sol sablonneux et humide. Les travaux de drainage ont cependant réduit de beaucoup cette dernière qualité et les peppermints en ont souffert d'autant. On cultive à

(1) Un acre d'Angleterre équivaut à 40 ares 467.

Mitcham deux variétés de menthe, la menthe *blanche* (fig. 25, page 157) et la menthe *noire* (fig. 26). Les fleurs et les feuilles de la menthe noire sont beaucoup plus sombres que la blanche. Il y a également une différence de 15 francs par livre dans la valeur commerciale de chacune des essences, la noire étant de qualité inférieure.

Fig. 26. — Menthe noire.

Il se pose ici une question qui paraîtra très naturelle.

Pourquoi, puisque la noire est inférieure, ne pas cultiver exclusivement la blanche ? Parce que la qualité noire est de beaucoup plus hardie que la blanche, qu'elle supporte beaucoup plus les gelées, les pluies et les intempéries. De plus, la menthe noire produit 1/5 d'essence par acre de plus que la blanche, toutes choses égales. Tout bien considéré, cependant, il ne serait pas pratique de cultiver une seule qualité.

Menthe américaine. — La menthe américaine donne une essence commune. Les États d'Amérique qui en fournissent le plus sont :

1° L'État de Michigan, dont la production atteint

170000 livres américaines. On y cultive surtout la menthe noire ;

2° L'État de New-York, qui produit 40000 livres d'essence ;

3° L'État de l'Indiana, fournissant 30000 livres d'essence.

Menthe du Japon. — La menthe du Japon, différente des précédentes au point de vue botanique, est cultivée notamment dans les provinces suivantes : Uzen, Binga, Bitchiu, Bizen, Shinano, Yameto, Yamashiro, Sanuki, Iyo.

L'essence qu'elle fournit est de qualité tout à fait inférieure, mais c'est la seule qui, en raison de son bas prix, puisse se prêter avantageusement à l'extraction du menthol.

L'Italie produit aussi un peu d'essence de menthe.

Menthe pouliot.

Mentha pulegium L.

Cette Labiée pousse dans le voisinage des vallons. On la rencontre dans le midi de la France, en Espagne, en Algérie. L'essence (1) qu'elle produit est de qualité très inférieure à celle de l'essence de menthe poivrée.

Mimosa.

Mimosa dealbata.

Le mimosa (*Mimosa dealbata*) orne tous les jardins du littoral méditerranéen. Il est cultivé en plein cœur de l'Esterel et vit dans les Alpes-Maritimes partout où il trouve le terrain siliceux si favorable au développe-

(1) *Chimie des Parfums*, p. 127.

ment du cassier. Cette question de terrain prime toutes les autres; en effet, le *Mimosa dealbata* ne vit ailleurs que greffé sur une autre espèce, le *Mimosa melinoxilum*, et encore les résultats sont-ils tout à fait incertains dans ces conditions. MM. Roure-Bertrand fils (1) ont, les premiers, songé à l'emploi industriel de la fleur de mimosa, au parfum à la fois si pénétrant et si doux et dont la précocité (l'arbre commence à fleurir fin janvier, quelques semaines seulement après la cassie) donne l'illusion que le printemps sur la Côte d'Azur succède à l'automne.

Le traitement industriel des fleurs de mimosa nécessite l'emploi d'un matériel assez considérable et présente quelques difficultés en ce sens que les arbres fleurissent tous en même temps et que, au moment même où ils sont entièrement couverts de fleurs, ils peuvent être dépouillés en quelques heures par un coup de vent. En outre, les frais de cueillette et de triage sont assez élevés.

Muscade.

Myristica moschata (Myristicées).

Peu de substances odorantes ont plus d'importance commerciale que celle-ci. « Son histoire, dit Burnett, fournit un exemple de l'extravagance à laquelle l'esprit de monopole a poussé non seulement les particuliers, mais même les États. »

Les principaux lieux de production du muscadier aromatique (fig. 27 et 28) sont les îles Banda, colonisées par les Hollandais il y a environ deux cent cinquante ans. Après avoir soumis les indigènes, ils

(1) Roure-Bertrand fils, *Bull. scient. et ind.*, n° 2, p. 20, et n° 3, p. 19.

essayèrent de s'assurer le commerce exclusif de cette substance odorante. A cet effet, ils encouragèrent la culture du muscadier dans un petit nombre d'îles, et, pour être bien certains de posséder le monopole, ils détruisirent les arbres dans les îles voisines.

On sait qu'ils suivirent la même politique à l'égard du girofle. Les ouragans, les tremblements de terre, qui passèrent sur les autres îles sans y faire de ravages sensibles, détruisirent tous les muscadiers de Banda en 1778. Pendant que les Hollandais possédaient les îles aux épices, la quantité de muscades et de macis exportée de leurs plantations, toutes restreintes qu'elles fussent, était vraiment énorme; la quantité vendue en Europe a été estimée à 125000 kilogrammes, et, dans les Indes orientales, à 62000. Pour le macis, la moyenne a été de 45000 kilogrammes expédiés en Europe et 5000 dans l'Inde.

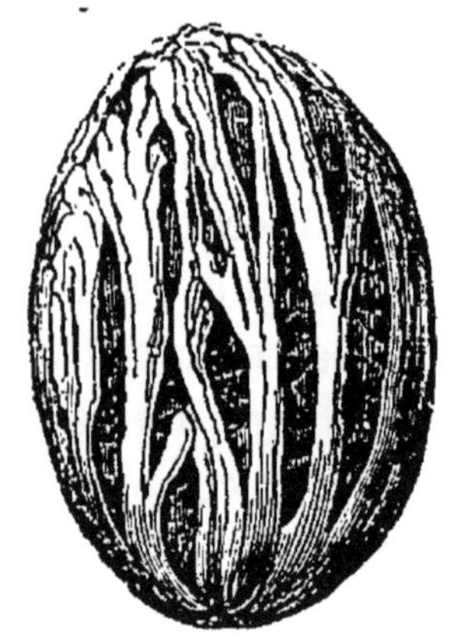

Fig. 27. — Graine de muscadier avec son arille (arillode) ou macis.

Quand les îles aux épices furent prises par les Anglais en 1796, l'importation faite par la Compagnie des Indes orientales en Angleterre, seulement pendant les deux années qui suivirent la conquête, fut, pour les muscades, de 58818 kilogrammes, et, pour le macis, de 129676.

Balfour dit qu'en 1814, lorsque les Moluques étaient sous la domination anglaise, le nombre des muscadiers plantés par eux était estimé à 570000, dont 480000 étaient en rapport. Le produit des muscades aux Moluques a été calculé de 272000 à 317000 kilogrammes par an, dont une moitié passe en Europe; environ un quart de cette quantité est en macis. La consommation annuelle de muscades dans la Grande-Bretagne s'élève, dit-on, à 63 478 kilogrammes. Le muscadier, comme plusieurs autres arbres, donne deux essences différentes : l'*essence de macis* (Voy. art. Macis) et l'*essence de muscade*. L'essence de muscade, dont nous

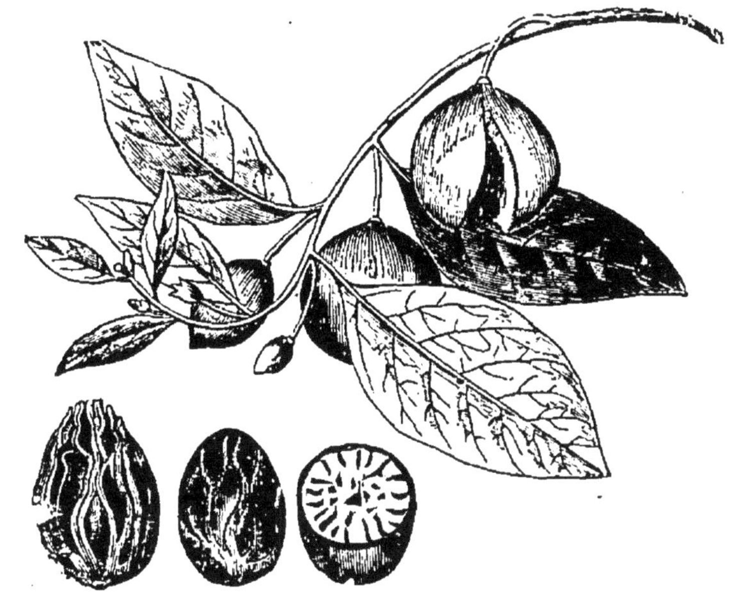

Fig. 28. — Muscadier aromatique (*Myristica aromatica*). — Rameau du muscadier; graine avec l'arillode (macis); amande ou muscade ; coupe transversale de l'amande.

avons à parler ici, est un beau liquide blanc et transparent, ayant l'odeur prononcée du fruit duquel on l'extrait par la distillation. Elle entre dans la composition d'un grand nombre de préparations dont les diverses frangipanes sont des exemples. Comme elle est plus puissante que le girofle, il ne faut pas la prodiguer; mais, quand on l'emploie avec discernement, elle se combine bien avec la lavande, le santal, la bergamote, etc.

Mise sous le pressoir, la muscade donne encore une matière grasse et onctueuse d'une odeur agréable, qui, combinée avec un alcali, produit un savon excellent. Il y a quarante ans, ce savon était vendu par tous les parfumeurs sous le nom de « bandana », ou savon de Banda, nom tout à fait oublié aujourd'hui.

Tout le monde connaît l'odeur de la muscade. La noix pulvérisée s'emploie avec avantage dans la composition des poudres parfumées pour les sachets.

[D'après Cloëz, l'huile essentielle de muscade peut être obtenue par la distillation au contact de l'eau, ou par le sulfure de carbone et distillation; l'huile brute est un produit complexe qui commence à bouillir vers 168°, température qui se maintient longtemps pour s'élever plus tard jusqu'à 210°.

L'huile concrète de muscade obtenue par expression, ou *beurre de muscade*, est préparée sur les lieux de production, c'est-à-dire aux îles Moluques, Banda, et à Cayenne, et se présente sous la forme de pains carrés longs, enveloppés de feuilles de palmier, solides, onctueux, friables, jaune pâle ou jaune marbré de rouge, d'une odeur forte de muscade; il arrive quelquefois qu'on en a retiré l'essence par distillation, ou qu'on y a ajouté des corps gras inodores.]

Myrrhe.

Cette gomme (résine) odorante est connue depuis un temps immémorial; elle est souvent mentionnée dans la Bible. Elle doit son parfum à une huile essentielle; 50 kilogrammes de gomme donnent à la distillation environ 250 grammes d'essence, qui a au plus haut degré tous les caractères de la myrrhe. Persuadé que cette substance était intéressante, j'ai déposé un échantillon d'essence de myrrhe au musée de Kew.

L'arbre qui donne la myrrhe, *Balsamodendron myrrha* (Térébinthacées), pousse en abondance en Abyssinie, sur la côte de la mer Rouge jusqu'au détroit de Bab-el-Mandeb, sur toutes les collines arides de la zone inférieure habitées par les tribus des Danakils ou Adarils. On l'appelle *kurberta*, et il en existe deux variétés : l'une, qui produit la meilleure espèce de gomme (résine), est un petit arbrisseau avec des feuilles d'un vert sombre, recroquevillées et profondément découpées; tandis que l'autre, qui donne une substance plus semblable aux baumes qu'à la myrrhe, atteint à la hauteur d'environ 3 mètres ; les feuilles en sont brillantes et légèrement dentelées. La myrrhe, appelée *hofali*, coule librement de toute blessure faite à l'arbre, sous la forme d'un suc laiteux, d'une âcreté sensible, qui s'évapore ou se transforme chimiquement pendant la formation de la résine. On la recueille en janvier, lorsque les boutons paraissent après les premières pluies, et en mars, quand les graines sont mûres.

La myrrhe exsude de l'écorce de l'arbre désigné sous le nom de *myrrha*, sous forme d'un liquide huileux, blanc jaunâtre, qui se teinte peu à peu et devient rouge.

Elle est constituée par des masses irrégulièrement arrondies de grosseur variable. Les plus grosses ont la taille d'un œuf. Elles sont brunes et opaques, à cassure rugueuse; leur aspect est humide et onctueux. Elle entrait depuis les temps les plus reculés dans la composition des parfums et des onguents, ainsi que dans celle de l'huile sacrée.

Tous ceux qui passent auprès de ces arbustes recueillent dans le creux de leur bouclier toute la résine qu'ils peuvent trouver, et l'échangent pour une poignée de tabac avec le premier marchand d'esclaves qu'ils rencontrent sur la route des caravanes. Les marchands de la côte, avant de revenir d'Abyssinie, envoient aussi dans les forêts qui entourent la rive occidentale de l'Hawash et rapportent des quantités considérables de *hofali* qui se vend à un prix élevé.

Les naturels l'administrent à leurs chevaux quand ils sont fatigués et épuisés.

Les parfumeurs en emploient beaucoup dans la confection des dentifrices, des pastilles, des eaux fumigatoires, des clous fumants, etc.

[La myrrhe est prescrite dans la Bible (1), sous le nom de *mur*, comme une des substances les plus exquises qui doivent composer l'huile sainte; les Grecs la nommaient *myrrha* ou *smyrna*, parce qu'on la supposait produite par les pleurs de la mère d'Adonis après que les dieux compatissants l'eurent changée en arbre, pour la soustraire à la vengeance de son père Cyniras.

Myrte.

Myrtus communis L.

La distillation des feuilles du myrte commun donne une essence très odorante; 50 kilogrammes de ces feuilles produiront environ 155 grammes d'huile volatile.

La vente de cette essence étant très limitée, elle se trouve rarement chez les parfumeurs.

L'essence de myrte vient surtout de Corse et d'Espagne.

Narcisse.

Narcissus odorus.

Dans les premiers jours de mai, le narcisse fleurit en abondance dans les prairies des hautes vallées de l'ar-

(1) *Exode*, chap. XXX, 23.

rondissement de Grasse. Ces fleurs, cueillies dans la journée, voyagent la nuit et, à l'aide de relais bien organisés, arrivent à l'usine à la pointe du jour. Elles sont alors encore toutes fraîches. MM. Roure-Bertrand fils (1), à l'aide des dissolvants volatils, sont parvenus à en extraire la matière odorante sous forme d'essence absolue.

Œillet.

Dianthus caryophyllus.

La culture de l'œillet pour bouquets a pris une très grande extension sur le littoral méditerranéen, en particulier dans le canton d'Antibes. On peut voir là, chez certains spécialistes, des kilomètres de châssis vitrés abritant des plants d'œillets par centaines de mille, parmi lesquels les espèces les plus rares sont largement représentées. Pendant les mois d'hiver, le prix des œillets est très élevé, les fleurs de certaines variétés se vendant, à ce moment-là, jusqu'à 5 francs la douzaine. Les premières chaleurs arrêtent les expéditions au moment même des floraisons abondantes ; les producteurs d'œillets ont alors la ressource de livrer leurs fleurs à Grasse, au prix de 0 fr. 35 ou 0 fr. 40 le kilogramme pour l'extraction du parfum.

Il convient d'ajouter que les qualités offertes dépassent encore les besoins qui, cependant, augmentent chaque année.

Parmi les innombrables variétés d'œillets qui arrivent sur le marché, les unes ont un parfum violent mais peu agréable, d'autres un parfum plus discret mais suave, d'autres encore sont presque dénuées d'odeur. Un choix judicieux entre ces variétés s'impose donc au

(1) Roure-Bertrand fils, *Bull. scient. et ind.*, n° 4, p. 32.

fabricant désireux d'obtenir des résultats satisfaisants.

La récolte des œillets est souvent compromise par une maladie malheureusement assez répandue aux environs d'Antibes. Cette maladie a été l'objet d'intéressantes études de la part de M. Mangin et de MM. Prillieux et Delacroix. D'après M. Mangin (1), les

Fig. 29. — Œillet des fleuristes.

feuilles de la plante dévastée prennent une teinte jaune et flétrissent. Les racines sont saines, mais la base de la tige est en voie de décomposition. Cette maladie est produite par une cryptogame et paraît se transmettre par bouturage. M. Mangin recommande de faire le triage des branches saines pour boutures et

(1) Mangin, *Comptes rendus de l'Académie des sciences*, t. CXXIX, 6 novembre 1899 ; *Comptes rendus de la Soc. de biol.*, t. LII, p. 240.

de les tremper, par leur extrémité coupée ou avivée, soit dans une solution de sulfate de cuivre à 1-2 grammes par litre, soit dans une solution contenant, par litre, 15 grammes de β-naphtol et 45 grammes de savon, cette opération ayant pour but de tuer les spores qui auraient accidentellement envahi les parties saines.

MM. Prillieux et Delacroix (1) pensent que la maladie étudiée par M. Mangin est due à une espèce de champignon, *Fusarium dianthi*.

Plus récemment, M. Delacroix (2) a proposé, pour combattre cette maladie, un traitement prophylactique comprenant : 1° la destruction du reste des œillets malades, avant l'apparition des conidies, par incinération avec écobuage des mottes de terre adhérentes; 2° un assolement au moins triennal pour les terres à œillets ; 3° l'emploi de boutures provenant de régions indemnes du parasite. Lorsque l'assolement est impossible, M. Delacroix propose, comme palliatif, la désinfection du sol au moyen du sulfure de carbone (deux applications à la dose de 240 grammes par mètre carré), du sulfate de fer, ou de l'aldéhyde formique (10 à 12 litres de solution à 1/300 par mètre carré, appliqués en deux ou trois fois).

Il émet l'opinion que la solution de β-naphtol préconisée par M. Mangin est insuffisante. Mais ce dernier savant (3) a fait de nouvelles expériences dont les résultats confirment l'efficacité de sa méthode de traitement. M. Mangin affirme que le parasite de l'œillet ne

(1) Prillieux et Delacroix, *Comptes rendus de l'Académie des sciences*, t. CXXIX, p. 13, nov. 1899.

(2) Delacroix, *Comptes rendus de l'Académie des sciences*, t. CXXXI, p. 961.

(3) Mangin, *Comptes rendus de l'Académie des sciences*, t. CXXXI, p. 1244.

constitue pas une espèce nouvelle ; il s'agit simplement du *Fusarium roseum* Sink (1).

Oliban.

Cette gomme ou résine est employée à la fabrication de l'encens. Elle est surtout intéressante comme étant une des substances odorantes dont il est souvent parlé dans les livres saints.

[[Hérodote rapporte que les Phéniciens l'apportaient aux Grecs, qui, comme on le sait, joignaient aux fumées des victimes sacrifiées celles de substances odoriférantes. Il ajoute que pour le récolter les Arabes faisaient brûler sous les arbres qui le produisaient une gomme appelée *styrax*, « afin d'écarter les innombrables petits serpents volants qui gardaient ces arbres ».

Les Hébreux recevaient sans doute aussi d'Arabie l'encens qu'ils offraient sur leurs autels, et Jérémie dit, au nom de l'Éternel : « Qu'ai-je besoin de l'encens qui vient de Saba, du roseau aromatique d'un pays lointain? Vos holocaustes ne me plaisent pas et vos sacrifices ne me sont pas agréables. »

Tertullien prétend que les premiers chrétiens l'employèrent pour purifier les souterrains où la persécution les forçait de célébrer en secret les mystères de leur foi.]]

On en brûle comme encens dans les églises grecques et romaines, où l'usage de parfumer les autels fait partie des rites religieux.

M. P.-L. Simmonds dit :

(1) ROURE-BERTRAND fils, *Bull. scient. et ind.*, n° 4, p. 33.

« L'oliban du commerce est l'encens des Anciens et le *luban* des Arabes. On l'extrait dans l'Inde de diverses espèces de *Boswellia* : *B. serrata*, *B. thurifera*, *B. glabra*, de la famille des Térébinthacées. Il ne semble pas qu'on ait jamais publié aucune description botanique de l'arbre africain, quoique le capitaine Kempthorne, le major Harris et d'autres voyageurs en fassent mention d'une manière générale. Cet arbre pousse invariablement dans les flancs nus et lisses des rochers de marbre blanc, ou dans les blocs isolés épars dans la plaine, et sans aucune terre. Si l'on fait une profonde incision dans le tronc, la résine en sort avec abondance ; sa couleur et sa consistance sont celles du lait épais ; mais, exposée à l'air, elle durcit. Les jeunes arbres donnent la résine la meilleure et la plus précieuse ; les vieux ne rendent qu'un liquide clair et glutineux, semblable au copal et qui exhale une forte odeur de résine.

« L'oliban était autrefois très renommé comme un remède souverain contre l'inflammation des yeux, et comme un remède efficace dans la phtisie. On en mêlait aussi souvent au vin comme stimulant. Mais, depuis longtemps, on ne l'emploie plus à aucun de ces usages ; il est presque exclusivement réservé pour le service de l'église. Les marchands grecs nous l'envoient, et nous le réembarquons pour le vendre sur le continent.

« Les arbres qui produisent le *luban* ou encens sont de deux espèces, le *luban meyeti* et le *luban bedowi*. Le plus précieux des deux est le *meyeti*, qui sort des rochers nus ; quand il est bien trié et de bonne qualité, il est vendu par les marchands sur la côte, à raison de un dollar et quart (6 fr. 60) par *frasila* de 9 kilogrammes. Le *luban bedowi* de première qualité vaut un dollar (5 fr. 30) par frasila. Dans les deux sortes, on préfère le plus pâle. La taille des arbres varie beaucoup, mais ils n'ont jamais plus de 6 mètres de haut, avec un tronc de 20 à 25 centimètres de diamètre. La forme en est très gracieuse, et, quand ils s'élancent d'un bloc de marbre sur le bord d'un précipice, ils sont d'un effet tout à fait pittoresque.

« Quoique la chaîne du Wursungili et d'autres régions montagneuses fournissent d'inépuisables quantités d'encens, c'est une erreur de supposer que le meilleur vienne de ces districts élevés.

« Le lieutenant Cruttenden, dans son voyage chez les tribus Edoor, dit que « la gomme extraite de l'arbre à « feuilles larges est peu estimée ».

L'oliban est en partie soluble dans l'alcool et soluble dans l'eau; comme la plupart des baumes, il doit probablement son parfum à un corps odorant particulier, associé à l'acide benzoïque qu'il contient.

Pour faire la teinture ou l'extrait d'oliban, mettez 500 grammes de gomme dans 5 litres d'alcool.

[On distingue deux sortes d'encens ou d'oliban : celui de l'Inde et celui d'Afrique; il contient, d'après Braconnot, une petite quantité d'huile volatile, une résine soluble dans l'alcool, une gomme soluble dans l'eau, une résine insoluble dans l'eau et dans l'alcool; il ne renferme pas d'acide benzoïque : c'est donc une véritable résine et non un baume, d'après la définition adoptée.]

Opoponax.

[L'opoponax est une gomme-résine tirée, suivant les uns, d'une plante ombellifère nommée *Heraclum panaces*, suivant d'autres de l'*Opoponax chironium*, que l'on trouve croissant abondamment, à l'état sauvage, en Sicile. On trouve l'opoponax sous deux formes, en lame et en masse. Son odeur rappelle celle de la myrrhe, mais plus suave.]

La résine elle-même a été décrite par Dioscoride, mais il m'a été impossible de rien découvrir quant à la quantité produite et au mode de production. Pelletier l'a analysée et a établi qu'elle contenait environ 3 p. 100 d'essence, d'une odeur remarquablement forte et aromatique, que quelques personnes trouvent nauséabonde et d'autres très agréable. Il en est du reste de même pour le patchouli et le musc, qui ont leurs partisans et leurs détracteurs, sans que ces derniers puissent en détruire l'usage.

Cependant, à part l'eau de Cologne, aucun parfum n'eut autant de succès.

Oranger.

Citrus bigaradia et *Citrus aurantium.*

La parfumerie fait usage de produits extraits des fleurs, des rameaux et de l'écorce des fruits de l'oranger à fruits amers (*Citrus bigaradia*) et de l'oranger à fruits doux (*Citrus aurantium*).

Oranger à fruits amers. — Par distillation de la fleur on obtient l'essence connue sous le nom de *néroli* et servant de base à l'eau de Cologne de bonne qualité ; l'eau de distillation n'est autre chose que l'eau de fleur d'oranger, produit comestible bien connu et justement réputé.

En distillant les rameaux (feuilles et bois), on obtient une essence, le *petit grain*, et l'« eau de brout », les deux de qualité inférieure aux produits correspondants obtenus avec la fleur.

Par expression des zestes des fruits amers, on obtient l'essence de bigarade.

Les fleurs sont aussi traitées par macération et par les dissolvants volatils.

C'est dans les Alpes-Maritimes que l'oranger à fruits amers est cultivé pour la fleur. Cette culture occupe deux zones principales : la première, que l'on pourrait

Fig. 30. — Oranger.

appeler la *zone du littoral*, comprend surtout : Vallauris, Le Cannet et Cannes ; la seconde, qui s'étend au pied des monts, comprend les cantons du Bar et de Vence et une partie du canton de Cagnes. Autrefois la zone du littoral avait une importance bien plus considérable que la zone montagneuse. Cette différence tend à disparaître, et si l'on continue sur le littoral, soit à détruire les jardins d'orangers pour construire des villas, soit à ne pas combattre les maladies cryptogamiques, le temps n'est pas éloigné où la zone de la montagne produira plus de fleurs que la zone du littoral. Déjà dans les cantons du Bar et de Vence, où les plantations sont soigneusement entretenues, on obtient un rendement supérieur et une meilleure qualité de néroli (1).

Les fleurs d'oranger valent en moyenne 0 fr. 60 le kilogramme. La récolte s'élève tous les ans à 2 500 000 kilogrammes de fleurs. Telle usine importante de Grasse en reçoit jusqu'à 35 000 kilogrammes dans une journée.

La floraison de l'oranger commence fin avril et se prolonge jusqu'au début de juin. 1 kilogramme de fleurs ne donne guère plus de 1 gramme d'essence.

Au moment où se fait la taille de l'oranger, les rameaux dont on dépouille l'arbre sont soumis à la distillation et l'on obtient ainsi le petit grain de Grasse qui est de qualité incomparablement supérieure à celui du Paraguay. Le Paraguay fournit en effet du petit grain. Mais, dans ce pays, l'exploitation de l'oranger se pratique d'une façon assez primitive en coupant les arbres au lieu de les tailler.

Oranger à fruits doux. — Le néroli fourni par l'oranger à fruits doux est de qualité inférieure à celui extrait des fleurs de *Citrus bigaradia*. On le distingue sous le nom de *néroli Portugal*. Il est d'ailleurs peu répandu, comme le petit grain fourni par l'oranger à fruits doux. Au contraire, l'essence d'oranges douces, ou essence de Portugal, est l'objet d'un assez important commerce en Calabre.

Patchouli.

Pogostemon patchouli Lindley.

C'est une herbe très commune dans l'Inde et en Chine.

(1) Roure-Bertrand fils, *Bull. scient. et ind.*, n° 2, p. 21 et n° 6, p. 33.

Le patchouli ayant fleuri dans les serres de Vignat-Parelle, à Orléans (Loiret), fut reconnu par Pelletier pour appartenir au genre *Pogostemon*. Il ressemble un peu à la sauge de nos jardins, pour sa taille et sa forme, mais les feuilles sont moins charnues.

[[Le nom de *Pogostemon patchouli*, donné par Pelletier-Sautelet, ne s'applique qu'à une variété de la

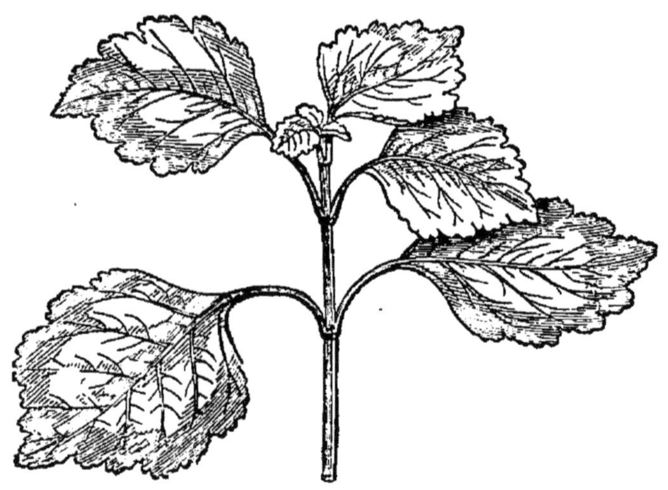

Fig. 31. — Patchouli.

plante, d'un parfum de même nature, mais non au patchouli véritable qui croît dans la province de Wellesly et qui n'a pas de fleurs, ni à la variété de Singapour.]]

Cette plante est donnée par quelques auteurs comme originaire de Silhet, district du Bengale, à 35 lieues de Decca; on signale cependant sa présence à Java, à Ceylan, sur la côte malaise, et l'on peut ajouter en Chine, car son odeur est très sensible dans l'encre de Chine. Le patchouli fut importé en Angleterre vers l'année 1850.

Il serait à désirer que quelques horticulteurs le cultivassent aux colonies, car, si l'on arrivait à produire une essence bon marché, la consommation serait au moins décuplée.

[[Le patchouli subit, à un très haut degré, l'influence du climat et de la culture. Celui qui arrive en France provient surtout de la province de Wellesly : c'est un mélange de feuilles et de tiges ligneuses.]].

Le patchouli doit son odeur à une essence (1) contenue dans les feuilles et dans la tige, et qu'on extrait facilement par la distillation. Son odeur est très puissante.

Fig. 32. — Patchouli (*Pogostemon patchouli*).

Quoique peu de parfums aient autant de vogue, quand on le sent à l'état pur il est loin d'être agréable, à cause d'une certaine odeur de moisi ou d'humidité analogue à celle du lycopodium.

L'origine de l'usage du patchouli comme parfum en Europe est curieuse. Il y a quelques années les vrais châles de l'Inde se vendaient à des prix extravagants ; les acheteurs les reconnaissaient à l'odeur : ils étaient parfumés avec du patchouli. Les fabricants français, au bout de quelque temps, étaient parvenus à imiter le travail indien, mais ils ne pouvaient donner à leurs tissus l'odeur particulière à ceux de l'Inde.

A la fin ils découvrirent le secret, et commencèrent à importer la plante pour parfumer les articles par eux fabriqués, et firent ainsi passer des châles faits en Europe pour de véritables châles de l'Inde. Les parfumeurs se

(1) *Chimie des Parfums*, p. 130.

sont depuis emparés du patchouli et en ont répandu l'usage. On s'en sert beaucoup aujourd'hui pour parfumer les tiroirs dans lesquels on met du linge; à cet effet, il convient de réduire les feuilles en une poudre que l'on met dans des petits sacs de mousseline recouverts de soie, comme on faisait les sachets de lavande, autrefois à la mode. Dans cet état, le patchouli est très bon pour préserver les habits des mites. Plusieurs compositions renfermant du patchouli seront données dans notre second volume, pour faire les bouquets.

Ajoutons, à ces documents sur le patchouli, les suivants empruntés au *Bulletin scientifique et industriel* de MM. Roure-Bertrand fils (n° 5, p. 34) :

L'essence de patchouli s'obtient par distillation des feuilles sèches, dont les principales provenances sont : Penang, la province de Wellesly, Johore et la petite île de Cucob, près de Singapour. La distillation des feuilles de patchouli s'effectue généralement en Europe. Cependant, une certaine quantité d'essence est préparée sur place par des Européens et par des Chinois. On rencontre deux variétés de patchouli : la variété de Penang et celle de Java, cette dernière donnant des feuilles plus allongées.

Les achats de feuilles de patchouli sont fort délicats à faire. Ces feuilles sont en effet fréquemment mélangées à d'autres feuilles qui en réduisent considérablement la valeur. Les Chinois emploient, pour cette pratique frauduleuse, soit les feuilles d'*Urena lobata*, soit celles d'*Hyptis suaveolens*. L'*Urena lobata* est une plante sauvage presque inodore, que les Malais désignent sous le nom de « down poo poolate ». Quant à l'*Hyptis suaveolens*, elle vit également à l'état sauvage, possède une odeur forte analogue à celle de la menthe pouliot et se nomme « selasih hutan ».

Persil.

Apium petroselinum L.

Les semences de cette Ombellifère donnent par distillation une essence (1) composée en majeure partie d'apiol, principe pour l'extraction duquel elle est employée.

Piment.

Myrtus pimenta L.

Les fruits du *Myrtus pimenta*, de la famille des Myr-

Fig. 33. — Piment (*Myrtus pimenta*).

tacées, donnent une essence (2) assez intéressante. Ce produit est originaire de la Jamaïque.

(1) *Chimie des Parfums*, p. 164.
(2) *Chimie des Parfums*, p. 156.

On donne, en France, le nom de *piment* à des substances bien différentes ; nous citerons :

1° Le piment de la Jamaïque, que nous venons de signaler, *Myrtus pimenta* L. (Myrtacées) (fig. 33) ;

2° Piment Tabago, ou piment de Tabasco, plus gros que le précédent, attribué au *Myrtus acris* ;

3° Piment couronné, ou poivre de Thevet, *Myrtus pimentiodes* Ness d'Es., *Myraia pimentoides* D. C. ;

4° Le piment royal, *Myrica Gale* (Myricées) ;

5° Le piment des jardins, *Capsicum annum*, de la famille des Solanées, et le piment de Cayenne, *C. frutescens*, de la même famille. C'est des deux premiers qu'il est ici question.

Le principe odorant s'obtient en distillant avec de l'eau le fruit desséché de l'*Eugenia pimenta* ou *Myrtus pimenta* (Myrtacées) avant qu'il soit complètement mûr. Il se vend ainsi comme huile essentielle ; il n'est guère employé dans la parfumerie, et, quand on l'emploie, ce n'est que mêlé à d'autres substances aromatiques pour parfumer le savon. Il est pourtant très agréable et a beaucoup d'analogie avec le principe odorant des clous de girofle ; il mérite certainement plus d'attention qu'on ne lui en a accordé jusqu'ici.

Reine des Prés.

Spiræa ulmaria.

On peut tirer par la distillation du *Spiræa ulmaria* (Rosacées, Spiréacées) une essence agréable, mais qui n'est pas employée par les parfumeurs.

Réséda.

Reseda odorata L.

Le réséda croît avec vigueur dans le midi de la France et sa fleur répand un parfum très agréable que l'on capte à Grasse à l'aide des dissolvants volatils. L'extraction du parfum du réséda a lieu en juin.

La fleur de réséda semble maintenant, plus que par le passé, appeler sur elle l'attention du public compétent. Depuis quelque temps, en effet, les produits au réséda sont l'objet d'un emploi suivi.

Romarin.

Rosmarinus officinalis (Labiées).

[[C'est un arbuste toujours vert, atteignant de 90 centimètres à 1m,20. Il abonde sur les collines de la Méditerranée, et semble rechercher le voisinage de la mer. Il était connu des Anciens, qui lui attribuaient de nombreuses vertus.

C'est en 1330 que Raymond Lulle en isola pour la première fois l'huile essentielle.]]

Par la distillation du *Rosmarinus officinalis*, on obtient une essence limpide (1) ayant l'odeur caractéristique de la plante, qui est plus aromatique qu'agréable. 50 kilogrammes d'herbes fraîches donnent environ 1 kilogramme d'essence. On s'en sert dans la parfumerie, surtout combinée avec d'autres essences, pour parfumer le savon. Elle entre dans la composition de l'eau de Cologne commune.

Le romarin croît notamment dans les montagnes peu élevées du Var et des Bouches-du-Rhône. L'essence est obtenue sur place par des distillateurs ambulants qui se transportent de vallée en vallée. L'essence française de romarin est incomparablement plus fine que celles produites par la Dalmatie et l'Espagne.

(1) *Chimie des Parfums*, p. 148.

Rose.

Rosa damascena et *R. centifolia.*

Lorsque Néron honorait de sa présence la table de quelque Romain illustre, il ne devait pas seulement y avoir des fleurs : l'amphitryon s'imposait des frais énormes pour faire, suivant la coutume royale, jaillir de l'eau de rose de toutes ses fontaines. En même temps que le liquide embaumé s'élançait en jets liquides, le sol, les coussins sur lesquels s'étendaient les convives étaient jonchés de feuilles de roses ; ils avaient des couronnes de roses sur la tête, des guirlandes de roses autour du cou. La *couleur rose* envahissait le dîner lui-même, et un gâteau rose provoquait l'appétit des invités. Pour favoriser la digestion, il y avait un vin de roses qu'Héliogabale n'avait pas seulement la simplicité de boire, mais dans lequel il avait la folie de se baigner. Il alla même plus loin : il fit remplir les bains publics de vin de rose d'absinthe. Après avoir respiré, porté, bu et mangé, après s'être étendu, promené et endormi sur des roses, il n'est pas étonnant qu'un malheureux tombât malade. Son médecin lui palpait le foie et lui administrait immédiatement une potion de rose. Quel que fût son mal, il fallait que, d'une manière ou d'une autre, la rose entrât dans le remède qui devait lui rendre la santé. Si le malade mourait, comme cela était naturel, alors, de lui, plus que d'aucun autre, on pouvait dire avec vérité qu'il était mort d'une rose *dans une maladie aromatique*. Le docteur Capellini rapporte l'histoire d'une dame qui s'imaginait ne pouvoir supporter l'odeur d'une rose, et qui s'évanouit un jour à la vue d'une de ces fleurs, qui, au bout du compte, se trouva être une fleur artificielle (1).

(1) *Heures de loisir : Mémoire sur l'influence des odeurs.*

Cette reine des jardins ne perd pas son diadème dans le monde des parfums. *L'essence de rose* s'obtient par la simple distillation des roses avec de l'eau. L'essence de rose du commerce est extraite de la *Rosa centifolia provincialis*.

Il y a des rosières très étendues à Andrinople, dans la Turquie d'Europe; à Brousse, et à Uslack, dans la Turquie d'Asie; on en trouve également à Ghazepore, dans l'Inde.

En Turquie, les roses sont particulièrement cultivées par les chrétiens qui habitent les régions inférieures des Balkans, entre Selimno et Carloya jusqu'à Philippopoli, en Bulgarie, à environ trois cent trente-deux myriamètres de Constantinople. Nous empruntons au très intéressant travail de M. Blondel les renseignements suivants (1) :

« Le centre le plus important de la production de l'essence de rose est aujourd'hui dans la région des Balkans, dans la partie autrefois connue sous le nom de *Roumélie orientale*, pendant la domination turque, aujourd'hui réunie à la Bulgarie danubienne. Le territoire voué à la culture des rosiers se compose de cent cinquante villages environ, situés dans les deux vallées de la Toundja et de la Ltrema, deux affluents de la Maritza. Ces deux vallées, dirigées de l'ouest à l'est, sont comprises entre la chaîne des grands Balkans au nord et la ligne parallèle de leur contrefort, la Ltredna-Gora (montagne du milieu), au sud. Les deux points extrêmes de la région consacrée à cette culture sont Koprivchtizta à l'ouest et Tivarditza à l'est. La vallée de la Ltrema est comprise dans le district de Karlova (ancien canton turc de Giopça); celle de la Toundja est située dans

(1) R. Blondel, *Les produits odorants des rosiers*, 1889.

les districts de Kézanlik et de Nova-Zagora (en turc Teni-Laara).

« Karlova et surtout Kézanlik sont les centres principaux du commerce de l'essence de rose. Celle-ci est fabriquée dans les villages mêmes qui produisent la plante. Ces villages couvrent les deux pentes qui bordent la vallée ; mais ce sont ceux qui occupent le versant sud des grands Balkans qui donnent la meilleure essence, en raison de leur exposition au midi, beaucoup plus favorable à la culture des rosiers. Le versant sud de la Ltredna-Gora, en dehors des deux vallées précitées, porte d'assez nombreux villages qui se livrent également à la culture des rosiers, dans les districts bulgares de Novo-Lelo (ancien district turc de Kojim-Tepe), Brezovo (Karadscho-Dagh), Tchirpan, Slarazagora (Eskir-Saara). Enfin, beaucoup plus au sud, au pied des Rhodopes (Despoto-Dagh), entre ces montagnes et la Maritza, s'est créé récemment un petit centre d'exploitation, encore sans grande importance, à Bradzivico (district de Pechtéra, département de Bazardjik). Mais la région qui donne la meilleure qualité d'essence est la zone montagneuse qui entoure Kézanlik, non seulement en raison de la bonne exposition et des qualités spéciales du sol, mais grâce à cette circonstance précieuse que l'eau et le bois s'y trouvent en abondance à l'époque de la récolte, ces deux facteurs étant indispensables pour toute bonne distillation.

« La région de Kézanlik est située à 400 mètres d'altitude environ au-dessus du niveau de la mer. Le climat y est tempéré, mais les brusques variations de la température y sont fréquentes. Les limites ordinaires des oscillations thermométriques sont 40° en été et — 20° en hiver. Le terrain est sablonneux et laisse aisément filtrer l'eau. Partout où la pente est insuffisante et où l'argile se montre à une trop faible profondeur sous la couche de sable, partout, en un mot, où les eaux s'accumulent, les rosiers dépérissent, soit que la gelée, soit que les champignons s'attaquent à leurs racines.

« Les plantations de rosiers forment de vastes champs couvrant une étendue immense du pays et morcelés en une infinité de parcelles appartenant aux paysans eux-mêmes. Il n'y a point de grande culture à proprement parler. Les commerçants importants de la ville ne sont qu'entrepositaires, souvent aussi distillateurs : tout au plus possèdent-ils 1 ou 2 hectares pour leur culture particulière.

« Ces cultures ont un aspect uniforme. Les rosiers y forment de longs buissons de 100 ou 200 mètres d'étendue, sans interruption, atteignant au moins la hauteur d'un homme, et laissant entre eux des allées de $1^{m},50$ à 2 mètres de large. Ces allées étaient autrefois beaucoup plus étroites et permettaient simplement le passage d'un homme pour la récolte et les soins de culture. Dans les nouvelles plantations, on a adopté la disposition espacée, afin de pouvoir faire faire le labourage des allées par des charrues à bœufs, l'économie de main-d'œuvre qui en résulte étant supérieure à la perte de terrain productif.

« Les roses cultivées en Bulgarie sont de deux sortes, la rouge et la blanche, ainsi que les nomment les paysans. En réalité, la rouge seule fait l'objet de la grande culture. La rose blanche, plus vigoureuse, n'est cultivée que sur les bords des plantations, à la tête de chaque rangée de rosiers, et sur les rangées limitrophes, tant pour marquer la séparation des champs que pour protéger ceux-ci contre les déprédations des passants, en n'offrant à la portée de ces derniers que des fleurs sans valeur aucune. Les cultivateurs honnêtes ne récoltent pas cette rose blanche, qui fleurit d'ailleurs quinze jours après l'autre, et ne donne qu'une essence de mauvaise qualité, fort peu odorante. Mais si elle est pauvre en principes volatils et parfumés, elle est riche en stéaroptène, et les commerçants peu scrupuleux mêlent quelquefois cette fleur à celles des roses rouges dans l'alambic, afin d'obtenir un produit plus riche en stéaroptène se congelant à une température plus élevée, et pouvant supporter, sans la révéler, l'adjonction d'une plus forte dose d'essence de géranium. Mais ce ne sont point là les circonstances normales, et la véritable rose à essence de Kézanlik est la rose rouge, le *Rosa damascena* : la fleur employée par les distillateurs est donc la même que notre ancienne rose de Puteaux, aujourd'hui à peu près disparue, mais dont les parfumeurs de la région de Paris retirèrent si longtemps leur eau de rose. »

Voici un résumé de la production de l'essence en Roumélie avant la guerre turco-russe de 1877-78 :

	kil.	gr.
Kézanlik	833	280
Guenpsa	361	920
Karaja-Bogh	184	320
Tchirpan	77	760
Koyoun-Tépé	56	640
Pazardzick	52	800
Yeni-Zaaghra	51	840
Zaaghra	47	1040
	1661	5600

« Cette estimation est basée sur la production moyenne de dix années ; mais, en 1866, cette production atteignit 2880 kilogrammes et tomba, en 1872, à 810 kilogrammes. Quant à la valeur commerciale de l'essence, elle peut être estimée, lorsqu'elle est pure, de 34 francs à 38 francs l'once (30 grammes). L'exploitation des roses et autres fleurs peut, j'en suis convaincu, être fructueuse à Fiji (Queensland) et à Swan River, et je recommande aux propriétaires de méditer ces quelques chiffres.

« M. Blunt, vice-consul anglais à Andrianopolis, dans son rapport au *Foreign-Office*, parle des champs de roses comme couvrant un espace de 5 à 6000 hectares et constituant une source de richesses pour le pays. »

La récolte des roses se fait de fin avril au commencement de juin ; et, au lever du soleil, les vastes plaines sont remplies de jeunes garçons et jeunes filles bulgares occupés à cueillir les roses et animant la scène de leurs chants et de leurs danses.

Si le temps est froid au printemps et qu'il y ait de fréquentes rosées et quelques averses, la récolte est d'autant plus abondante.

La culture de la rose occasionne peu de trouble ou de dépenses.

La terre est bon marché et modérément imposée. Dans une saison favorable, un *donum* (40 pieds carrés environ) bien cultivé produit 1000 *okes* de pétales (soit 1500 kilogrammes) évalués 1500 piastres. Les dépenses montent environ à 540 piastres, — soins donnés à la terre, 55 piastres, — impôt, 150, — récolte, 75, — distillation, 260, — soit un bénéfice net de 960 piastres ou 215 francs.

Une récolte moyenne donne, en général, 125 francs par donum, tous frais payés. L'huile est extraite par les procédés ordinaires de distillation et est expédiée à Constantinople et à Smyrne, d'où elle est dirigée sur les marchés étrangers.

Rien n'est plus simple ou plus primitif que l'exploitation des roses. Le sol est d'abord sommairement fumé, — on emploie pour cela les résidus de plantes après la distillation, — il est alors labouré à l'aide de bœufs ; de jeunes plants de roses sont ensuite placés en rangées, à deux pieds les uns des autres, chaque rangée séparée des autres par un espace de cinq pieds. Les racines, avant d'être plantées, sont coupées en deux ou trois parties ; en hiver, on couvre les pieds de terre que l'on émiette au printemps, et la nature fait le reste. La seconde année, apparaît une quantité considérable de fleurs, mais ce n'est qu'à la quatrième année qu'elles sont en plein développement. Une plantation bien organisée peut durer de six à huit ans, mais, pour cela, la terre doit être bien drainée. On emploie environ 7000 plants pour couvrir un espace de 40 ares, ce qui produit, en moyenne, 3000 kilogrammes de roses d'une valeur de 10 à 15 centimes par livre, soit 700 à 1000 francs.

« En Provence, la culture des roses fait aujourd'hui l'objet d'une industrie des plus florissantes et l'essence qu'on y prépare est d'une qualité certainement supérieure à celle des Balkans.

« L'espèce cultivée est le *R. centifolia* : sa floraison a lieu en avril-mai. On cultive également dans la région une rose-thé jaune, dite *rose-safrano*, douée d'une odeur très faible, qui fleurit en automne et en hiver, et que l'on envoie à Paris comme plante d'ornement. Cette fleur est distillée quelquefois ; mais elle donne une eau de rose de qualité très inférieure et une essence plus inférieure encore, qu'on ne mêle à la véritable essence du *R. centifolia* que dans les mauvaises années ; son odeur spéciale suffit d'ailleurs pour la trahir.

« Cette culture est développée surtout à Grasse et dans ses environs. Les roses sont cultivées, comme en

Bulgarie, dans des champs dont les paysans sont propriétaires; les fabricants d'essence sont établis dans la ville et ne possèdent pas de plantations; ils achètent les fleurs aux paysans, par l'intermédiaire de commissionnaires, et se font apporter les roses, des champs à la fabrique, par chariots.

« Les rosiers forment, dans ces champs, de petites haies de $0^m,75$ de hauteur, séparées par des allées de 1 mètre à $1^m,25$ de large. Ces cultures sont, en général, très soignées. La floraison et la récolte débutent en fin avril, soit une vingtaine de jours avant les roses de Bulgarie ; elle dure de vingt jours à un mois. La cueillette commence dès l'aube ; elle est faite par des hommes et des femmes que l'on paie à raison de 45 centimes du kilogramme de roses apporté ; ce prix varie beaucoup avec les années et a pu s'élever jusqu'à 1 fr. 75. » (R. Blondel.)

On cultive les roses destinées à l'extraction de l'essence de la même manière que les roses ordinaires. Ajoutons, au sujet de la distillation, qu'il faut mettre dans une chaudière parties égales de roses et d'eau, faire bouillir et ensuite extraire l'essence de l'alambic ; ôter ensuite les roses de la chaudière, faire bouillir une seconde fois l'extrait sorti de l'alambic : c'est ce second produit qui donne l'essence de rose.

Pour 12 kilogrammes de roses, on met dans une chaudière à alambic de 48 à 60 kilogrammes d'eau, qu'on fait bien bouillir ; on adapte à l'orifice de l'alambic une bouteille pouvant contenir environ 8 kilogrammes; quand elle est pleine, on la retire et l'on en met une autre à la place, et, quand celle-ci est pleine à son tour, on en met une troisième; de cette manière, on obtient environ 25 kilogrammes d'essence en trois bouteilles, de première, de seconde et de troisième eau; on vide ensuite la chaudière et on la nettoïe bien. Après cela, on verse dedans le contenu de la première bouteille tirée et on le fait bouillir. L'alambic donnera alors l'essence de rose flottant sur l'eau; il n'y aura plus qu'à la séparer. On continue de la même manière avec la seconde et la troisième bouteille. L'essence extraite de la première bouteille est meilleure que celle de la seconde, et celle-ci que celle de la troisième.

On cueillera les roses au point du jour, autrement le rendement est moins considérable.

L'odeur de l'essence varie légèrement, suivant qu'elle vient de différents districts; quelques localités fournissent une essence qui se solidifie plus promptement que d'autres; aussi, n'est-ce pas un indice certain de pureté, quoique beaucoup de personnes aient cette opinion.

L'essence obtenue par la distillation de la rose de Provence, à Grasse, a un bouquet caractéristique.

« L'essence de rose de Cachemire est regardée comme la première de toutes, ce qui n'a rien de surprenant, puisque, suivant Heugel, la fleur est dans ce pays d'une beauté et d'un parfum supérieurs. On laisse couler une grande quantité d'eau de rose deux fois distillée dans un vase ouvert, placé la nuit dans un courant d'eau fraîche, et le matin on trouve l'huile flottant à la surface en petites taches, que l'on enlève avec soin au moyen d'une feuille de glaïeul; quand elle est froide, elle est d'un vert foncé; sa consistance est celle d'une résine; elle ne fond même pas à la température d'eau bouillante. Il faut 250 à 300 kilogrammes de feuilles pour donner 25 à 30 grammes de cette essence. »

Tandis qu'en Bulgarie la rose n'est traitée que par distillation pour l'extraction de l'essence, à Grasse on en retire le parfum : 1° par distillation (préparation d'une essence de qualité incomparablement supérieure à celle de Bulgarie, et de l'eau de rose) ; 2° par macération (pommades et huiles parfumées) ; 3° par les dissolvants volatils (essences solides, liquides et absolues).

La récolte de la rose a lieu à Grasse en mai et durant la première quinzaine de juin ; elle s'élève à 1 500 000 kilogrammes par an.

Les produits à la rose sont d'un emploi constant dans la parfumerie fine.

—

Rue.

Ruta gravcolens L.

L'odeur de la rue est excessivement pénétrante et se répand très loin ; c'est pour cette raison qu'elle a été depuis un temps immémorial considérée comme très prophylactique. Tous ceux qui visitent Newgate remarqueront les brins de rue placés sur la barre de la cour criminelle centrale. Cet usage remonte à l'époque où la cellule d'un prisonnier n'était en quelque sorte que l'antre infect d'un animal carnassier. La fièvre des prisons était alors le résultat naturel d'une incarcération à Newgate. Pour préserver l'honorable juge du mal qu'auraient pu lui communiquer les prisonniers amenés à sa barre, on prit l'habitude de distribuer dans l'auditoire des brins de rue ; cet usage s'est maintenu jusqu'à nous. Mais heureusement, grâce aux améliorations introduites dans le régime des prisons, les propriétés hygiéniques de la rue ne sont plus nécessaires, et la présence de cette plante dans la salle n'est plus qu'un témoignage historique qui mériterait d'être signalé par un Macaulay ou un Knight.

La rue donne son principe odorant par la distillation (1) ; elle n'est pas employée dans la parfumerie.

On distille la rue notamment en Algérie.

Santal.

Santalum album L.

Voici une des vieilles connaissances des amateurs de parfums; c'est dans le bois que réside l'odeur. Dans les cérémonies religieuses des brahmines indous et chinois, on brûle du bois de santal comme l'encens, en quantité presque incroyable. Le santal était très abondant autrefois en Chine ; mais les offrandes continuelles faites aux nombreuses images de Bouddha ont presque détruit cette plante dans le Céleste Empire.

Fig. 34. — Santal (*Santalum album*).

Le *Santalum album* L. (fig. 34) est un arbre de la famille des Santalacées, qui croît notamment dans les Indes orientales et la Malaisie. Le bois fournit une essence (2), très employée dans l'industrie de la parfumerie et des produits pharmaceutiques. MM. Roure-Bertrand fils (3) ont publié sur le santal une étude très documentée que nous allons résumer ici.

(1) *Chimie des Parfums*, p. 141.

(2) *Chimie des Parfums*, p. 130.

(3) Roure-Bertrand fils, *Bull. scient. et ind.*, n° 4, p. 23.

Le santal est généralement considéré comme un arbre parasite ; M. Ricketts dit n'avoir jamais observé qu'il fût attaché aux racines d'autres arbres, mais il convient de remarquer qu'il ne se développe que dans le voisinage d'autres arbres ou d'arbustes. C'est dans les haies ou les forêts peu épaisses et voisines des terres cultivées qu'il se développe le plus facilement. M. Bidie regarde le santal comme un arbre parasite pour la raison que nous venons d'indiquer; M. Lushington, qui a étudié la question, ne paraît pas considérer ce fait comme certain, tout en signalant que, chez les arbres jeunes, on trouve des nodosités et des racines extrêmement fines qui paraissent s'attacher aux racines d'autres arbres. Le rôle des nodosités en question n'est nullement établi.

M. Hutschius a remarqué chez le santal, tantôt des feuilles d'un vert foncé, tantôt des feuilles claires. Ce fait est confirmé par M. Lushington, qui se demande s'il n'existerait pas deux variétés de santal : les deux arbres en question fleurissent en effet à des époques différentes. Les indigènes sont cependant unanimes à croire qu'il n'existe qu'une seule variété de santal. Le santal croît, avons-nous dit, dans les Indes orientales. Les provinces productrices sont : Mysore, qui fournit annuellement 1852 tonnes de bois ; Coorg, 102 tonnes ; Coimbatore (nord), 27 tonnes; Nilgirès, 21 tonnes; Salem, 18 tonnes et demie ; le nord d'Arcot, 6 tonnes un quart.

En réalité, il n'y a guère, dans le sud des Indes orientales, de collines ou de plateaux d'une altitude de 1500 à 4000 pieds, modérément pluvieux, qui n'aient produit jadis du santal et qui ne soient susceptibles d'en produire encore.

Le santal croît dans un terrain argileux rouge, à

2000 ou 3000 pieds d'altitude. Il est entouré de broussailles. La richesse du bois en essence dépend de l'altitude et c'est à 2000 ou 3500 pieds que le bois atteint sa plus grande valeur.

Les arbres, d'après l'*Indian Forester* de Coorg, fleuriraient de février à avril et la fructification aurait lieu de mars à mai. M. Lushington signale des périodes de floraison et de fructification plus tardives. Chez les arbres à feuilles foncées, la floraison commence le 15 février. MM. Roure-Bertrand fils ont pu vérifier en octobre 1900, à Bangalore, l'exactitude des observations de M. Lushington : les arbres étaient, en effet, couverts de boutons, et portaient, en même temps que des fruits verts, quelques fruits mûrs.

Le santal est susceptible d'exploitation lorsqu'il atteint environ cinquante ans d'âge. Pour que le bois odorant soit formé, il faut que la circonférence de l'arbre varie environ entre $0^{m},60$ et 1 mètre. On admet généralement que la circonférence du tronc augmente de 20 centimètres en dix ans. Les coupes se font tous les dix ans et les sujets enlevés doivent avoir de quarante à cinquante ans d'âge.

Les chèvres et les bœufs sont friands de feuilles de jeune santal. Les arbres naissants seraient par conséquent détruits, s'ils n'étaient protégés par les broussailles. Mais les daims et les lièvres exercent l'action destructive que ne peuvent produire les bestiaux. Les incendies contribuent aussi dans une assez grande mesure à limiter l'extension du santal.

La reproduction naturelle s'effectue au moyen des fruits, fort nombreux malgré les oiseaux et particulièrement les corneilles qui en détruisent une quantité notable. MM. Roure-Bertrand fils, d'accord sur ce point avec M. Cherry et avec M. Lushington, ont constaté que plusieurs troncs sont susceptibles de s'élever sur la même racine.

Des essais de plantation de santal ont été faits à Mysore, mais ils n'ont pas donné de résultats satisfaisants. Il est infiniment plus avantageux de semer et surtout de piquer les fruits.

Il est bon de tailler à 45 centimètres de hauteur les buissons voisins du jeune plant qui, trop élevés, contribueraient à le pourrir, tout en étant nécessaires à son développement, puisque le santal est un arbre parasite.

Le bois de santal est réuni dans des dépôts connus sous le nom de « Kothis », tel celui de Shimoga dont l'importance est très grande ; et la vente s'effectue aux enchères. De grandes quantités de bois de santal originaire de Mysore sont distillées, en particulier dans le midi de la France.

Sarriette.

Satureia hortensis L. et *Satureia montana* L.

On distingue la sarriette des jardins et la sarriette des montagnes. Toutes deux fournissent des huiles essentielles aromatiques, mais sans applications bien définies dans l'industrie de la parfumerie.

Sassafras.

Laurus sassafras L.

L'essence de sassafras (1) est extraite de l'écorce des racines ou des racines elles-mêmes du *Laurus sassafras* L. (famille des Laurinées). Les feuilles renferment aussi une essence, mais celle-ci ne se trouve point dans le commerce.

(1) *Chimie des Parfums*, p. 163.

Le sassafras est répandu dans l'Amérique septentrionale et au nord du Mexique.

Sauge.

Salvia officinalis L.

L'essence de sauge (1) provient principalement de l'Italie. Le midi de la France et l'Espagne en produisent aussi. Elle est obtenue par distillation d'une plante de la famille des Labiées, plante très aromatique employée dans l'art culinaire.

Serpolet.

Thymus serpyllum.

C'est une espèce particulière de thym. Il ne diffère du *Thymus vulgaris* que par ses nombreux rameaux couchés sur le sol, redressés au sommet, et munis de branches ascendantes simples ou rameuses, par ses fleurs plus volumineuses. Les feuilles de cette plante sont ovales ou oblongues, aiguës au sommet, ordinairement cilicées sur les bords, qui sont repliés en dessous.

Dans la fleur du serpolet, on remarque que la gorge du calice est munie d'un anneau de poils blancs et serrés.

Le serpolet croît dans les endroits secs et sablonneux, et il y couvre souvent de grandes surfaces.

On le rencontre abondamment dans les Alpes. Il fleurit entre le mois de juin et le mois d'octobre.

La plante entière présente un aspect grisâtre, dû à la présence de poils blancs très courts. Elle exhale, lorsqu'on la froisse, une odeur très vive, et possède une saveur aromatique très prononcée.

(1) *Chimie des Parfums*, p. 145.

Pour en retirer l'huile essentielle (1), on emploie la plante entière.]]

Spika-nard ou nard indien.

Nardostachys jatamensi (Valérianées).

Cette plante odoriférante appartient à l'ordre des Valérianes, et, quoique l'odeur en paraisse généralement

Fig. 35. — Spika-nard (*Nardostachys jatamensi*). Plante fleurie et racine.

désagréable pour les narines européennes, elle semble si délicieuse aux Orientaux que les parfums les plus estimés en Asie se composent de valériane et de spika-

(1) *Chimie des Parfums*, p. 153.

nard. Il est souvent question de ce parfum dans l'Écriture sainte : « Pendant que le roi est assis à sa table, mon spika-nard exhale ses parfums (1). » « Une femme entra qui portait un vase d'albâtre plein d'un parfum de nard d'épi de très grand prix (2). » Il est néanmoins presque inconnu aux parfumeurs anglais et français.

[Le nard celtique, *Valeriana celtica*, croît sur les montagnes de la Suisse et du Tyrol ; dans le commerce, il est sous forme de paquets ronds et plats mélangés de mousse et de terre sablonneuse ; sa saveur est amère, son odeur ressemble à celle de la valériane.

Une autre espèce de nard indien, ou nard du Gange, de Dioscoride, est attribué au *Nardostachys grandiflora* D. C., *Fedia grandiflora* Wall. Enfin, le faux nard du Dauphiné est le bulbe de la *Victoriale longue* de Clestius, *Allium anguinum* du Mathiole de Bauhin.]

Styrax.

Styrax officinale (Styracinées).

Les prêtres et les parfumeurs ont de grandes obligations à cette famille de plantes, appelées par les botanistes *Styracées*. Des diverses espèces on tire des quantités considérables de baumes et de résines odoriférantes, qui s'emploient comme encens dans les églises et pour parfumer les habitations particulières. Il y a dans le commerce plusieurs sortes de *Styrax*. La sorte qui est dure et rouge est connue sous le nom d'*encens des Juifs* ; le *Styrax calamite* tire son nom du mot latin *calamus* (roseau), à cause de la forme sous laquelle il se présentait autrefois sur les marchés. Cependant le vrai styrax, celui dont nous nous occupons, est un

(1) *Cantique de Salomon*, I, 12.
(2) MARC, XIV, 3.

baume odorant qui coule d'incisions faites à un arbrisseau très commun dans l'Asie Mineure.

Extraction du styrax liquide. — Aux mois de juin et de juillet, on enlève l'écorce extérieure d'un côté de

Fig. 36. — Styrax (*Styrax officinale*).

l'arbre, et, suivant le lieutenant Campbell, on le met en paquets, que l'on garde pour faire des fumigations. On gratte alors l'écorce intérieure avec un couteau semi-circulaire ou à lame de faucille, et on la jette dans des trous jusqu'à ce qu'on en ait ramassé une quantité suffisante. On l'introduit dans de forts sacs de crin et on les soumet à la pression d'une presse à levier de bois. Après l'avoir retirée de la presse, on jette de l'eau bouillante sur les sacs, qu'on presse ensuite une seconde fois ; après quoi la plus grande partie de la résine est extraite.

Une autre version un peu différente est la suivante : On fait bouillir l'écorce intérieure sur un feu vif dans l'eau, la partie résineuse monte à la surface et on l'enlève avec une écumoire. L'écorce bouillie est ensuite mise dans des sacs de crin et pressée ; en même temps on verse de l'eau bouillante pour faciliter l'extraction de la résine, ou, comme on l'appelle, *yagh*, c'est-à-dire *huile*.

Le docteur Mac Craith dit que ceux qui récoltent le styrax sont principalement des Turcomans nomades appelés *yuruks*. Ils sont armés d'un racloir triangulaire en fer, avec lequel ils raclent, en même temps que le jus de l'arbre, une certaine quantité d'écorce qu'ils ramassent dans des poches de cuir suspendues à leurs ceinturons; quand ils en ont une quantité suffisante, il la font bouillir dans un grand vase de cuivre, puis la résine liquide est tirée à part et mise dans des barils. Le résidu des écorces est mis dans des sacs de crin et pressé sous une forte presse, et la résine qu'on en extrait s'ajoute à la masse générale.

Le produit obtenu par les procédés ci-dessus décrits est une résine grise, opaque, semi-fluide, bien connue sous le nom de *styrax liquide*.

L'écorce dont on a extrait le *styrax liquide* est ensuite retirée des sacs et exposée au soleil pour sécher; après quoi on l'expédie dans les îles grecques et turques et dans plusieurs villes de Turquie, où elle est très estimée pour les fumigations, quoique depuis la disparition de la peste la consommation en ait beaucoup diminué.

Campbell fait monter la quantité de *styrax liquide* annuellement extraite à environ 20 000 okes (250 kilogrammes) dans les districts de Giova et de Ulla, et de 13 000 okes (162 kilogrammes) dans les districts de Marmoriza et d'Isgengak.

On l'exporte en barils à Constantinople, à Smyrne, à Syra et à Alexandrie. On en met aussi avec une certaine quantité d'eau dans des peaux de bouc, que l'on envoie par eau ou par terre à Smyrne, où on la met dans des barils que l'on expédie par mer à Trieste (1).

L'odeur du styrax est, comme disait feu le professeur Johnston, de regrettable mémoire, le trait d'union entre celles qui déplaisent et celles qui plaisent. Le styrax joint l'arome de la jonquille à l'odeur désagréable de l'huile de houille, odeur devenue familière depuis que les essences extraites des goudrons de cette substance servent à dissoudre la gutta-percha. Or, cette odeur est certainement du nombre de celles qui nous déplaisent, et cependant le styrax lui ressemble à s'y méprendre, quand il est en grande quantité. Mais, divisé en particules impalpables, comme celles qui doivent s'exhaler des fleurs fraîches, le styrax rappelle le délicieux parfum de la jonquille.

Vingt-cinq grammes de styrax environ, dissous dans un demi-litre d'alcool, donnent la TEINTURE DE STYRAX qu'on trouve chez les parfumeurs. Cette teinture sert principalement à donner de la permanence aux essences analogues obtenues par macération. Ainsi, pour l'extrait de jonquille obtenu en faisant infuser de la pommade à la jonquille dans de l'alcool, il faut ajouter, par chaque demi-litre environ, 25 grammes de teinture de styrax, comme *fixant*, pour le mouchoir.

(1) Dr HANDBURY, Lecture faite à la Société de Pharmacie de Londres.

On le mêle encore à d'autres extraits pour imiter l'odeur de certaines fleurs ; ainsi on en trouve dans le muguet, etc.

Les parfumeurs emploient le styrax et le tolu de la même manière que le benjoin, c'est-à-dire dissous dans l'alcool comme une teinture. Trente grammes de teinture de styrax, de tolu ou de benjoin, ajoutés à un demi-kilogramme de n'importe quel extrait volatil, lui donnent un degré de permanence et le font durer sur le mouchoir plus longtemps qu'il ne le ferait sans cela. Ainsi, quand un parfum quelconque se fait en mettant en solution une essence dans l'alcool, il est d'usage d'y ajouter une petite portion d'une substance moins volatile, telle que l'extrait de musc, de vanille, d'ambre gris, de styrax, de tolu, d'iris, de vétiver ou de benjoin ; c'est au fabricant à discerner celle de ces substances qu'il convient de préférer, et choisir par conséquent celles qui s'accordent et s'harmonisent le mieux avec le parfum qu'il se propose de faire. C'est ce dont on peut s'assurer en consultant la gamme (p. 42 et 43), où toutes les octaves sont en harmonie.

La faculté que possèdent ces corps de *fixer* une substance volatile les rend très précieux pour le parfumeur, indépendamment de leur arome, qui est dû, dans plusieurs cas, aux acides benzoïque et cinnamique légèrement modifiés par une huile essentielle particulière à chaque substance, et qui est absorbé par l'alcool avec une portion de résine. Lorsque le parfum est mis sur le mouchoir, les corps les plus volatils disparaissent les premiers ; ainsi, quand l'alcool s'est évaporé, l'odeur des essences paraît plus forte s'il contient quelque principe résineux ; les essences sont en quelque sorte tenues en dissolution par la résine et fixées ainsi sur le tissu. Supposez un parfum composé d'essence seulement, sans aucun *fixant* : alors le parfum va s'évaporant ; l'odorat, s'il est exercé, en découvrira la composition, l'analyse se faisant en quelque sorte d'elle-même, puisqu'il n'y a pas deux essences qui aient la même volatilité. Ainsi, faites un mélange de rose, de jasmin et de patchouli : le jasmin domine d'abord, puis c'est la rose, et enfin le patchouli, que l'on sentira plusieurs heures après que les autres auront disparu.

Tanaisie.

Tanacetum vulgare L.

L'essence de tanaisie (1) est extraite d'une plante de la famille des Composées répandue dans presque toute l'Europe et dans l'Amérique septentrionale. On l'extrait au moment de la floraison. Son intérêt est plutôt scientifique qu'industriel.

Thym.

Thymus vulgaris L.

Cette Labiée, très répandue dans les montagnes et en particulier dans le midi de la France, en Algérie et en Espagne, fournit une essence (2) très aromatique. Les qualités d'essence les plus fines sont obtenues dans les régions moyennes du département du Var.

Tonka (fève Tonka).

Dipterix odorata.

Les graines du *Dipterix odorata* (Légumineuses) sont connues dans le commerce sous le nom de *fèves Tonka*.

(1) *Chimie des Parfums*, p. 145.
(2) *Chimie des Parfums*, p. 153.

Quand elles sont fraîches, elles ont une odeur extrêmement forte de foin nouvellement coupé, odeur due à la coumarine (1). La flouve odorante, *Anthoxantum odoratum* (Graminées), à laquelle le foin frais doit son odeur, contient le même principe odorant, et, chose digne de remarque, tous deux, fève Tonka et *Anthoxantum*, quand ils sont sur pied, sont presque

Fig. 37. — Fève Tonka (*Dipterix odorata*).

Fig. 38. — Fève Tonka grandeur naturelle.

inodores et deviennent promptement aromatiques quand ils sont séparés de la tige mère.

Le tonka atteint dans les forêts de la Guyane anglaise une hauteur moyenne de 60 pieds. Le fruit, comme on peut le voir, est d'une forme presque ovale et formé d'une substance grasse qui se durcit à la maturité et renferme une graine longue de la forme d'une amande et d'un noir brillant. Cette graine est d'une odeur pénétrante se rapportant au foin fraîchement coupé. Autrefois, lorsque l'usage de priser le tabac était plus répandu qu'à présent, on introduisait dans la tabatière une fève de Tonka qui lui communiquait une odeur

(1) Voy. E. Charabot, *Les Parfums artificiels.*

agréable. Maintenant cette graine n'est employée qu'à la préparation des parfums et des sachets, ou encore à des extraits fluides pour le mouchoir; elle est souvent vendue chez des bonnetiers pour être placée dans le linge, et, pour ce seul usage, il en est importé annuellement quelques centaines de kilos. Les créoles appré-

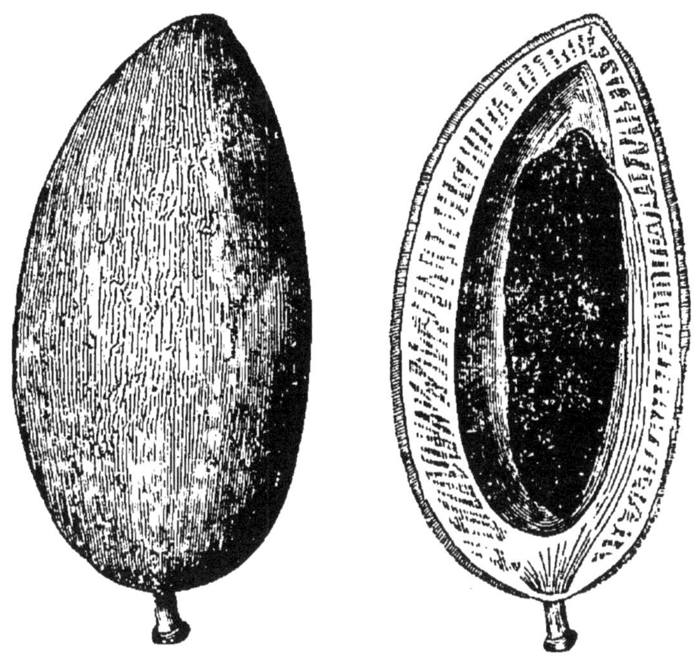

Fig. 39. — Fruit de fève Tonka (*Coumarouna odorata* ou *Dipterix odorata* Wild).

cient beaucoup l'odeur de cette fève et s'en servent non seulement en parfums, mais aussi dans les meubles, afin de chasser les insectes. Une espèce alliée du *Dipterix*, le *D. Eboensis*, native de Mosquito, possède un fruit et une graine presque identiques en apparence à ceux du *D. odorata*. Cependant la graine n'a aucun parfum, mais contient une huile ou graisse épaisse qui est extraite par les indigènes et employée pour la toilette des cheveux. On a prétendu autrefois que cette huile formait la base d'un réparateur pour les cheveux, nommé *baume de Colombie*, pour lequel il fut fait une retentissante réclame. Au point de vue de la culture, les *Dipterix* se plaisent mieux dans les sols glaiseux. On les élève facilement en les plantant dans les sables, à une chaleur humide, et en les recouvrant d'une cloche en verre; elle rend de grands services en particulier en parfumerie ; pulvérisée, elle forme, avec d'autres substances, des sachets excellents et très durables; infusée dans l'alcool, elle donne une teinture qui entre dans quelques extraits composés ; mais, comme elle a beaucoup de force, il faut en user avec ménagement; autrement on l'accuse de faire éternuer, à cause de la prédominance de son arome et de son usage bien connu dans la tabatière des priseurs.

EXTRAIT DE FÈVE TONKA.

Fève Tonka....................	450 grammes.
Alcool rectifié...................	4lit,55

Faites macérer pendant un mois, à une température d'été. Après cette macération, on peut encore faire sécher les fèves, les réduire en poudre et les employer dans la composition des POTS POURRIS, OLLA PODRIDA, etc. L'extrait de tonka, comme l'extrait d'iris ou de vanille, ne se vend jamais pur, mais il entre dans la fabrication des parfums composés. C'est l'élément principal du Bouquet des champs, que son odeur, semblable à celle des prairies fraîchement fauchées, fait rechercher des amateurs de la nature champêtre.

Tubéreuse.

Polyanthes tuberosa (Liliacées).

On en extrait par *enfleurage* et par les dissolvants volatils une des plus suaves odeurs que nous connaissions. La tubéreuse est, en quelque sorte, un bouquet à elle seule ; elle rappelle ces senteurs délicieuses qu'on respire vers le soir dans un parterre émaillé de fleurs ; aussi est-elle très recherchée des parfumeurs pour composer des essences agréables.

Fig. 40. — Tubéreuse (*Polyanthes tuberosa*).

La tubéreuse (fig. 40) réclame plus de soin que toute autre fleur. Elle demande un sol humide ou du moins fréquemment arrosé. C'est une plante bulbeuse qui se reproduit comme toutes les bulbeuses. Elle produit des fleurs grasses. Les bulbes se plantent à 25 ou 30 centimètres les uns des autres, en rangées éloignées de 0m60, et une bonne plantation dans un sol convenable produira pendant sept à huit années consécutives.

C'est Grasse avec ses admirables jardins qui produit la tubéreuse. Cette fleur délicieuse s'épanouit à peu près en même temps que la fleur de jasmin, en août et septembre. Elle vaut en moyenne 2 fr. 50 le kilogramme.

Les produits à la tubéreuse sont extrêmement recherchés dans la parfumerie.

Vanille.

Vanilla planifolia Andr.

La gousse ou sève de la vanille, *Vanilla planifolia*

et *aromatica* Swartes, *Epidendrum vanilla* L. (Orchidées) (fig. 41), produit un parfum d'une excellence rare. Quand elle est bonne et gardée depuis quelque temps, elle se couvre d'une efflorescence de cristaux en forme d'aiguilles, cristaux de vanilline (1). La meilleure vanille comme finesse de parfum est celle du Mexique ; les gousses ou fruits ont quelquefois 22 centimètres de long.

On voit souvent sur les marchés de France une qua-

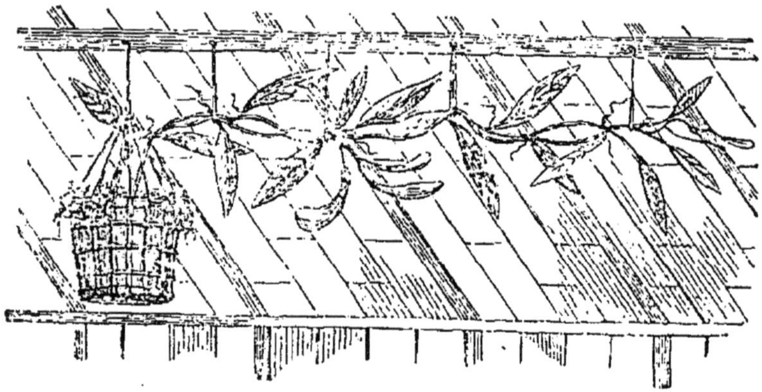

Fig. 41. — Vanille (*Vanilla planifolia*) en serre.

lité inférieure ou *vanillon*, dont les gousses sont plus larges et qui vient de l'Amérique méridionale ; le parfum en est tout différent et se rapproche de celui de l'héliotrope.

Suivant Johnston, physiologiquement parlant, l'odeur de la vanille agit sur l'économie comme un stimulant aromatique qui excite les fonctions intellectuelles, et augmente en général l'énergie du système animal.

De toutes les Orchidées, cette plante grimpante est une des plus précieuses au point de vue industriel, en raison de son fruit parfumé. Il y a plusieurs espèces de

(1) Voy. Charabot, *Les Parfums artificiels*, Paris.

vanilles, qui donnent une fève plus ou moins odorante. Le genre Vanille est indigène du Pérou, du Brésil et du Mexique, et quelques espèces ont été cultivées avec succès dans quelques îles de l'Inde orientale, à Ceylan et à l'île Maurice. Le *Vanilla planifolia* grimpe sur tous les plus petits arbres, et sa tige maîtresse devient aussi boiseuse et aussi dure que celle de la vigne ; la racine se partage en petites branches que l'on peut détacher et planter à nouveau et, par cela même, augmenter la production. La vanille produit des gousses dès la troisième ou quatrième année, et peut alors être récoltée

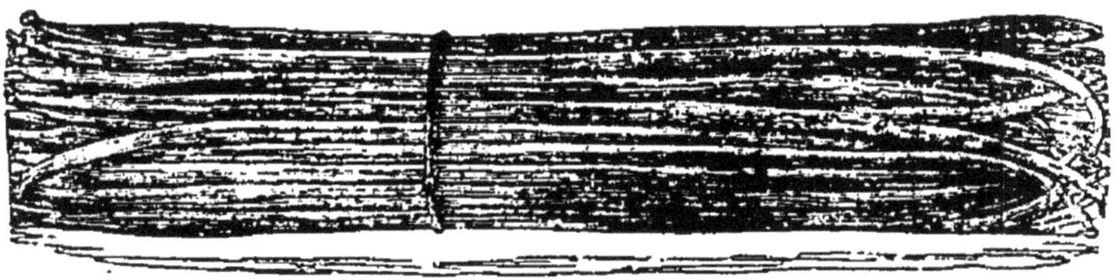

Fig. 42. — Paquet de vanille comme on l'importe.

tous les ans, en septembre, pendant trente et même quarante ans.

Lorsque les gousses sont recueillies, ce qui ne doit pas être fait avant la maturité, il est important qu'elles soient convenablement empaquetées, car elles se moisissent rapidement et perdent leur odeur.

Chaque gousse doit être séchée à une chaleur modérée, prise entre le pouce et l'index d'un bout à l'autre et brossée avec une huile qui ne rancisse pas, telle que l'huile de cacao ou de cachou ; c'est par la pointe que la moisissure apparaît d'abord : les gousses deviennent alors promptement sèches et cassantes.

D'un autre côté, si elles sont saines, elles se couvrent d'une efflorescence de cristaux de vanilline. L'intérieur de la gousse est doux, onctueux et d'une odeur balsamique.

Pour obtenir le parfum en essence, on coupe 300 grammes environ de gousses dans 4 litres d'alcool et l'on agite une fois par jour. Au bout d'un mois la substance odorante a passé dans l'alcool, que l'on peut retirer encore clair et brillant. Ce parfum pur et mélangé à d'autres essences est d'une odeur délicieuse.

Ceux qui se vendent sous les noms de *clématite*, *héliotrope*, *giroflée*, etc., contiennent au moins la moitié d'extrait de vanille ou bien de la vanilline artificielle. Il y a deux siècles, la vanille était presque inconnue; cependant on rapporte qu'un nommé Morgan, apothicaire, en offrit à la reine Élisabeth comme ayant été importée par des marchands espagnols.

La culture de la vanille, ayant été introduite depuis quelques années dans l'île de la Réunion, y produit d'excellents résultats, en ce que le prix est devenu plus modéré. Comme qualité, cependant, elle ne vaut pas celle du Mexique.

On se sert encore beaucoup de l'extrait de vanille dans la fabrication des eaux pour la chevelure que l'on fait à la minute, en mêlant l'extrait de vanille avec de l'eau de rose, de fleur d'oranger, de sureau ou de romarin, etc., en filtrant ensuite.

Nous avons à peine besoin de dire que les pâtissiers et les confiseurs emploient une grande quantité de vanille pour aromatiser les produits de leur industrie.

[On trouve dans le commerce trois sortes de vanilles, dont deux appartiennent à une variété de la même plante, et la troisième à une espèce différente; la première, *vanilla leg*, ou *légitime*, des Espagnols, est la plus estimée : elle est souvent recouverte de cristaux blancs, menus; on dit alors qu'elle est *givrée* : elle est attribuée au *Vanilla sativa* de Schiede ; la seconde est la *vanilla simarona* ou bâtarde (*Vanilla sylvestris* de Schiede) ; elle est plus courte et non givrée ; la troisième, nommée *vanillon*, *vanilla pompona* ou *rosa* des Espagnols, est courte, épaisse ; elle est attribuée au *Vanilla pompona* de Schiede (1).

Verveine.

Verbena triphylla L.

Cette Verbénacée est très répandue comme plante d'ornement dans le midi de la France, l'Espagne et l'Amérique centrale. Elle fournit une essence douée d'une odeur agréable, mais peu répandue dans le commerce à cause de sa valeur relativement élevée et des succédanés que l'on rencontre, au contraire, à bas prix.

Vétiver.

Andropogon muricatus.

C'est la racine d'une espèce de Graminée de l'Inde. On en emploie une grande quantité à Calcutta et aux environs pour faire des tentes, des stores, des parasols appelés *tutty*. Pendant les chaleurs, un domestique les arrose avec de l'eau. Cette opération rafraîchit l'appartement par l'évaporation de l'eau, et en même temps parfume agréablement l'atmosphère avec le principe odorant du vétiver. La plante a une odeur qui tient le milieu entre celle des aromates ou épices et celle des fleurs, si l'on peut admettre une telle distinction.

(1) Nous conseillons à ceux de nos lecteurs qui s'intéressent particulièrement à cette question la lecture de l'excellent ouvrage de M. H. Lecomte, *le Vanillier*. Nous sortirions en effet du cadre que nous devons imposer à cette étude si nous entrions dans des détails plus nombreux.

Par distillation des racines de vétiver, on obtient l'huile essentielle.

« Ce produit nous vient de la Réunion, mais les racines distillées en Europe sont originaires des Indes; elles sont expédiées de Tuticorin, port situé en face de l'île de Ceylan, dans le Coromandel. On rencontre cependant très peu de vétiver dans les environs de Tuticorin et les racines qui en sont expédiées sont ori-

Fig. 43. — Racine de vétiver (*Andropogon muricatus*).

ginaires des collines de Travancore. En Europe on a généralement accordé la préférence aux racines rougeâtres, mais on a eu à se plaindre de la qualité de cette sorte en ce qui concerne les rendements en essence. Il est fort possible que les inconvénients constatés soient dus à ce que les indigènes, pour satisfaire aux demandes des maisons européennes qui désirent des racines exemptes de terre, lavent soigneusement celles-ci avant de les sécher (1). »

Extrait ou teinture de vétiver. — Environ 2 kilogrammes de vétiver sec, tel qu'on le reçoit en Europe, coupé menu et mis à macérer pendant quinze jours dans $4^{lit},50$ d'alcool rectifié, produisent la teinture ou extrait.

Sous cette forme, le vétiver est rarement employé comme parfum, quoique parfois il soit demandé par

(1) Roure-Bertrand fils, *Bull. scient. et ind.*, n° 4, p. 21.

des personnes qui peut-être ont appris à en aimer l'odeur en vivant en Orient. L'extrait, essence, ou teinture de vétiver, entre dans la composition de plusieurs bouquets très appréciés.

On fait encore un extrait de vétiver en faisant dissoudre 60 grammes d'huile de vétiver dans $4^{lit},50$ d'esprit ; cette préparation est plus forte que la teinture précédente.

La *maréchale* et le *bouquet de roi*, parfums qui ont eu aussi leur temps, doivent beaucoup de leur caractère particulier au vétiver qui y entre.

On vend des paquets de vétiver pour parfumer le linge et le préserver des mites ; pulvérisé, il sert à faire certains sachets.

Violette.

La violette, qui fleurit en février et mars, fournit le parfum le plus exquis que l'on connaisse, parfum que l'on extrait à Grasse soit par macération, soit par les dissolvants volatils.

Nous empruntons à MM. Roure-Bertrand fils (1) l'étude très intéressante qu'ils ont faite sur la production des fleurs de violette.

La violette est cultivée dans l'arrondissement de Grasse depuis une quarantaine d'années. C'est l'espèce connue sous le nom de *violette de Parme* (fig. 44) que la parfumerie emploie avec succès.

De 1860 à 1870, on ne trouve guère de culture de violettes que dans les environs de Vence. Puis, petit à petit, la culture se rapproche de Grasse pour s'étendre sur les communes de Tourrettes, du Bar, du Rouret, de Châteauneuf, de Grasse, de Peymeinade. Par contre,

(1) Roure-Bertrand fils, *Bull. scient. et ind.*, n° 3, p. 20.

dans la commune de Vence, on tend aujourd'hui à l'abandonner pour se livrer, de préférence, à celle des fleurs pour bouquets.

La violette de Parme craint le soleil et la sécheresse. Dans les environs de Grasse les terrains, lorsqu'ils ne sont pas utilisés pour la culture du jasmin, de la rose, ou d'autres plantes à parfums, sont couverts d'oliviers

Fig. 44. — Violettes de Parme.

sous lesquels règne une ombre suffisamment épaisse pour qu'on puisse y cultiver avec succès la violette de Parme. Celle-ci est plantée, soit par touffes séparées, soit en ligne continue, sans qu'il paraisse y avoir un avantage sensible à adopter l'une ou l'autre de ces méthodes. Chaque touffe a généralement, au moment de la floraison, un diamètre de 25 à 35 centimètres. Ces touffes sont plantées en ligne droite à une distance de 25 centimètres environ l'une de l'autre et les rangées sont distantes d'environ 1 mètre. Un millier de touffes fournit un rendement maximum de 20 kilogrammes de fleurs.

Deux maladies menacent les violettiers. La première se manifeste par des taches brunes envahissant les feuilles; celles-ci sont bientôt percées de nombreux petits trous. Cette maladie, pour le traitement de laquelle on recommande la bouillie bordelaise neutre, est due à la présence d'un champignon, *Phyllosticta violæ.*

Une seconde maladie amène le blanchissement des feuilles de violettiers qui, dans ce cas, ne sont nullement percées de trous. Elle est occasionnée par une petite araignée rouge connue sous le nom de *tétranique tisserand.* Cette araignée vit sur la face inférieure des feuilles où elle s'entoure d'une toile très fine qu'elle tisse elle-même. Elle est ainsi à l'abri des insecticides. Le meilleur moyen de la détruire réside dans de fréquentes irrigations, l'araignée rouge ne pouvant vivre au-dessus d'un sol humide. Si les irrigations sont impossibles, on élimine les feuilles atteintes et l'on fait subir aux plants un traitement préventif à l'aide d'insecticides.

La cueillette des violettes s'effectue deux fois par semaine. Les fleurs doivent être coupées sans pédoncules. Dans ces conditions, 1000 fleurs pèsent en moyenne 0^{kg},250, de sorte que 1 kilogramme de fleurs en renferme 4000.

Étant donné que la distance qui sépare de l'usine le lieu de production est assez considérable, et que, d'autre part, les quantités provenant chez chaque producteur d'une seule cueillette sont en général médiocrement importantes, un commissionnaire est désigné dans chaque quartier pour recueillir et apporter à l'usine les fleurs des divers cultivateurs.

On a reproché souvent à la pommade à la violette de ne pas rendre assez fidèlement le parfum de la fleur et de posséder une odeur de corps gras. Une pommade à la violette fabriquée avec des corps gras irréprochables et âgée de quelques mois doit cependant donner un excellent résultat.

D'ailleurs, traitée par les dissolvants volatils, la violette de Parme abandonne des produits (essence solide, essence liquide, essence absolue) qui rendent les plus grands services à la parfumerie, si l'on en juge par leur écoulement toujours croissant.

On emploie aussi, mais d'une façon très restreinte, la variété connue sous le nom de *violette russe*.

Wintergreen ou Gaultheria.

Gaultheria procumbens L.

Cette plante croît aux États-Unis et au sud de l'Alabama et de la Georgie.

L'essence de wintergreen doit son odeur au salicylate de méthyle (1). Elle est employée en droguerie et en pharmacie.

Ylang-ylang.

Cananga odorata Hooker et Thomson.

La distillation des fleurs de cet arbre fournit aux Philippines une essence exquise dont la parfumerie fait un excellent usage. D'une odeur originale, l'essence d'ylang-ylang entre dans les compositions les plus fines. Voici comment s'expriment MM. Roure-Bertrand fils (2), au sujet de l'ylang:

« Manille est le centre de production de l'ylang. L'ylang de Manille, le cananga de Java et l'arbre qui orne les rues de Bangkok (Voy. plus haut, *Cananga*) sont identiques au point de vue botanique, à l'inverse

(1) Voy. Charabot, *Les Parfums artificiels*.
(2) Roure-Bertrand fils, *Bull. scient. et ind.*, n° 5, p. 36.

des dires d'un distillateur de Java qui, lors du passage de notre envoyé dans cette île, affirmait que son essence d'ylang-ylang était fournie par des fleurs différentes de celles du cananga.

« Il y a cependant lieu de penser que les différences de climat des pays de production ne sont pas étrangères aux différences de qualité des essences d'ylang et de cananga. Mais ce qui ne paraît pas douteux, c'est que, à Java, les soins apportés à la distillation sont insuffisants pour qu'on puisse y obtenir des essences d'ylang de qualité supérieure.

« Notre envoyé a pu assister à Manille à la réception des fleurs d'ylang et au chargement des alambics. Apportées le matin par les paysans, les fleurs sont entassées dans les alambics et soumises à la distillation sous l'influence de la vapeur directe. Une partie de l'eau est cohobée et l'opération dure environ cinq heures.

« On compte à Manille cinq distilleries principales et deux de moindre importance. Au dire de tous, on sépare deux essences différentes au cours de chaque distillation.

« L'arbre d'ylang ne serait pas cultivé à Manille en plantations régulières et continues, et des essais tentés par des Européens en vue d'en obtenir auraient complètement échoué. Effectivement, cet arbre paraît assez délicat et se trouve sans cesse exposé à l'attaque des insectes.

« A Malabon, village voisin de Manille, l'ylang est cultivé dans presque tous les jardins des indigènes ; il paraît même constituer, en certains endroits, des plantations affectant quelque régularité.

« Indépendamment des lieux de production signalés plus haut, nous citerons encore San Juan del Monte et

Albay où, paraît-il, l'arbre pousse assez abondamment.

« La distillation s'effectue généralement avec le plus d'activité en août et en septembre, mais les circonstances atmosphériques sont susceptibles de faire varier l'époque des récoltes; en particulier, le vent, très nuisible à l'ylang, en retarde fréquemment la floraison; parfois même il l'arrête intégralement.

« Après la saison froide, qui se répartit entre les mois de décembre, de janvier et de février, le mois de mars s'annonce souvent par des pluies fréquentes et périodiques favorisant le développement des fleurs, si bien que la floraison se prolonge presque sans discontinuité pendant toute l'année. »

II

PARFUMS D'ORIGINE ANIMALE

Ambre gris.

Cette substance flotte sur la mer, près des îles de Sumatra, Moluques et Madagascar ; on la trouve aussi sur les côtes de l'Amérique, du Brésil, de la Chine, du Japon et sur la côte de Coromandel. On en rencontre souvent de gros morceaux sur la côte occidentale d'Irlande. Les rivages des comtés de Sligo, de Mayo, de Kerry et de l'île d'Arran sont les principaux endroits où l'on en a recueilli. Il est fait mention (1) d'un morceau trouvé sur les grèves de Sligo, en 1691, qui pesait $1^{kg},474$, acheté sur place pour 500 francs. En France, ce n'est pas rare : on en a vu, à Paris, des blocs pesant 2 et même 3 kilogrammes. On peut dire, sans exagéra-

(1) *Philosophical Transactions*, n° 227, p. 509.

tion, qu'on a écrit des volumes sur l'origine de l'ambre gris et que la question a été longtemps à résoudre. On prétend qu'on le trouve dans l'estomac des poissons les plus voraces ; ces animaux, à certaines époques, avalent tout ce qu'ils rencontrent. On l'a rencontré particulièrement dans les intestins du cachalot, et le plus souvent dans les sujets malades, d'où l'on a supposé que cette substance était la cause ou l'effet de la maladie.

Quelques auteurs, et entre autres Robert Boyle, le considèrent comme une production végétale analogue à l'ambre jaune, et de là viendrait son nom d'*ambre gris*. Sans discuter les diverses théories sur la production de cette substance, je crois qu'elle pourrait sans doute être expliquée d'une manière satisfaisante si les recherches de la science moderne se portaient sur ce sujet. Le champ est ouvert aux investigations des savants. Tous les auteurs qui ont parlé récemment de l'ambre gris se bornent à citer les faits connus depuis plus d'un siècle. En effet, on lit déjà dans le sixième voyage de Sindbad le Marin :

« Au lieu de me diriger vers le golfe Persique, je traversai de nouveau plusieurs provinces de la Perse et des Indes, et j'arrivai dans un port de mer où je m'embarquai à bord d'un navire dont le capitaine entreprenait un long voyage. »

Ils ne tardèrent pas à faire naufrage, et, en décrivant le théâtre de l'événement, Sindbad dit :

« Il y a aussi une source de résine et de bitume (1)

(1) Le narrateur fit sans doute naufrage quelque part sur la côte de la province de Pégu, près de Rangoon, où il y a encore aujourd'hui des sources naturelles de pétrole; et, ce qui fait honneur aux progrès de la science, c'est que l'on fait à présent de belles bougies blanches comme la cire avec cette résine de

qui coule dans la mer, que les poissons avalent et revomissent ensuite transformée en ambre gris. »

Le capitaine Buckland regarde l'ambre gris comme les excréments de la baleine, et, après en avoir examiné beaucoup, je crois pouvoir, par induction, établir le fait.

On sait que le cachalot se nourrit de seiches. Le museau de ce poisson est armé d'une corne noire en pointe recourbée, excessivement dure, résistante et indestructible, qui ressemble à un bec d'oiseau. Il faut remarquer cependant que la mâchoire inférieure est la plus large, à l'inverse de ce qui se voit dans le perroquet.

Fig. 45. — Bec que l'on trouve dans les masses d'ambre gris.

En brisant de bons échantillons d'ambre gris, j'ai invariablement trouvé des becs dans un état parfait de conservation, qui semblent, ou avoir échappé à la digestion, ou ne pouvoir être digérés, et qui sont ainsi évacués avec de la matière biliaire.

Le Dr Ure dit que les Chinois s'assurent de la qualité de l'ambre en le râpant menu sur du thé bouillant : s'il est pur, il doit se dissoudre complètement.

Un auteur moderne dit que l'ambre gris sent la bouse de vache sèche. N'ayant jamais senti cette substance, il nous serait impossible de dire si la comparaison est exacte ; nous sommes convaincu que le parfum en est singulièrement surfait. Nous ne saurions oublier non plus que Homberg trouva qu'un vase, dans lequel il

Rangoon qui, au dire de Sindbad, était avalée par les poissons et transformée en ambre gris.

[Cette matière grasse, extraite des pétroles de Rangoon et autres, qui sert à fabriquer de la bougie, est de la paraffine, ce qui exclut l'idée de toute analogie d'origine avec l'ambre gris.]

avait fait digérer longtemps des excréments humains, avait contracté une odeur très forte et très réelle d'ambre gris, si bien que tout le monde aurait cru qu'on y avait préparé une grande quantité d'essence d'ambre gris. Le parfum — c'est l'odeur qu'il veut dire, sans doute — était si fort, qu'il fallut ôter le vase du laboratoire (1).

Quoi qu'il en soit, l'ambre gris est très employé comme parfum, et nous devons supposer que, pour beaucoup de personnes, il a une odeur agréable.

Comme les corps de cette espèce qui se décomposent lentement et sont peu volatils, quand il est mêlé à d'autres odeurs fugitives il leur donne de la permanence sur le mouchoir, et, à raison de cette propriété, les parfumeurs en font grand cas.

La teinture d'ambre gris est gardée pour les mélanges pour vendre au détail ; il faut l'adoucir afin de ne pas choquer l'odorat des consommateurs. On l'appelle alors, comme dans les magasins de Paris, *extrait d'ambre*.

Ce parfum a une odeur tellement persistante, qu'un mouchoir qui en est bien imprégné en retient encore l'odeur après avoir été lavé.

Le fait est que le musc et l'ambre gris contiennent tous deux une substance qui s'attache obstinément aux tissus, et qui, n'étant pas soluble dans les lessives légèrement alcalines, se retrouve sur l'étoffe après qu'elle a passé à l'eau.

L'ambre gris réduit en poudre s'emploie dans la confection des cassolettes — petites boîtes d'os ou d'ivoire percées de trous — faites pour contenir une pâte de substances fortement aromatisées, qui se mettent dans la poche ou dans le sac des dames. Il sert

(1) *Mémoires de l'Académie de Paris*, 1711.

aussi à préparer la peau d'Espagne pour parfumer le papier à lettres et les enveloppes (Voy. plus loin).

[Après les nombreuses hypothèses qui ont été faites sur l'origine de l'ambre gris, il est admis aujourd'hui que cette substance est une sorte de calcul intestinal rejeté par le cachalot, *Physeter macrocephalus*, mammifère cétacé. M. Guibourt a fait voir que l'ambre prenait une odeur agréable en s'oxydant au contact de l'air; il tient par sa nature tout à la fois des calculs biliaires et des excréments (1).]

Castoréum.

C'est une sécrétion du castor, *Castor fiber* (mammifère rongeur), qui ressemble beaucoup, par plusieurs de ses caractères, à la civette, et qui, comme odeur, en diffère essentiellement. Tant que les parfumeurs pourront se procurer du musc ou de la civette, il n'est pas probable qu'ils emploient le castoréum ; néanmoins, il a des qualités qui le recommandent en certaines occasions, notamment sous le rapport de l'économie.

Le castoréum est importé du Canada et des territoires de la Compagnie de la baie d'Hudson. Il est renfermé dans de petits sacs membraneux en forme de poire ; il est ordinairement dur et cassant dans ce pays, mais on dit qu'il est mou et de la consistance d'une pâte quand il vient d'être pris sur l'animal. Sec, il a peu d'odeur, et, sous ce rapport, il ressemble à l'ambre gris ; mais, infusé dans l'alcool, il dégage une odeur très accusée.

Douze grammes et demi de castoréum dans un litre d'alcool donnent un extrait supérieur ; mais, comme le musc et la civette, si l'on en met plus de 32 grammes

(1) GUIBOURT, *Histoire naturelle des drogues simples*, 1876, t. IV.

dans un litre de tout autre parfum, son odeur caractéristique domine toutes les autres. Les parfums qui en contiennent tiennent bien sur le mouchoir, mais peu de personnes en font cas.

[Les castors les plus gros, mesurés du museau à l'extrémité de la queue, sont longs de 1 mètre à 1m,30; leur largeur, vers la poitrine, est de 30 à 40 centimètres; ils se distinguent par la forme de leur tête qui est aussi large que longue : chaque mâchoire porte 10 dents, dont 2 incisives sur le devant et 4 molaires de chaque côté; les incisives inférieures sont plus longues que les supérieures; elles sont jaunes à l'extérieur, blanches à l'intérieur; leur extrémité supérieure est tranchante et taillée en biseau; les molaires sont à couronne plate. Les mamelles, au nombre de 4, sont placées : 2 près du cou et 2 près de la poitrine. La peau est couverte de deux sortes de poils : l'un court, gris, fin et très fourni; l'autre long, brun et ferme. Chaque patte porte cinq doigts; ceux de devant sont libres, ceux de derrière sont palmés; la queue est couverte d'écailles.

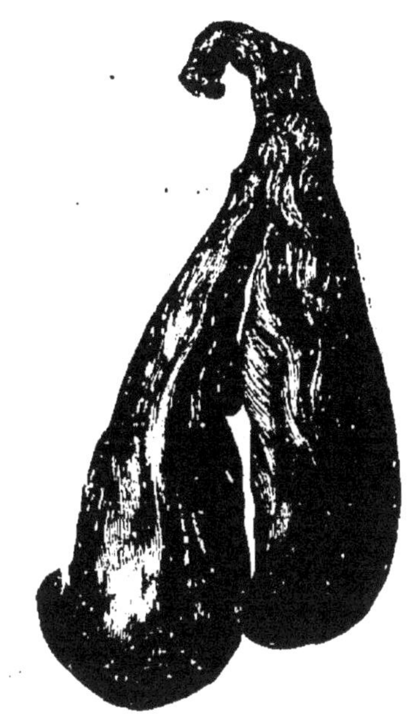

Fig. 46. — Poches du castoréum.

On retrouve les bourses du castoréum chez les femelles; il n'est point exact de dire que l'animal les coupe lorsqu'il est poursuivi par les chasseurs, puisqu'elles sont engainées, non pendantes, et hors de l'atteinte de l'animal.

Au Canada, comme en Sibérie, les castors vivent par paires, solitaires, dans des terriers creusés par eux aux bords des rivières; mais l'hiver ils se réunissent par bandes nombreuses et construisent, avec des arbres renversés, des branches, des pierres et de la terre, des digues sur les rivières et des habitations très solides. On les chasse en hiver, parce qu'alors leur fourrure est plus recherchée.

On distingue dans le commerce deux sortes de castoréum différant l'une de l'autre, non seulement par la

Fig. 47. — Castor, *Castor fiber* (mammifère rongeur).

forme et la dimension des poches, mais encore par leur composition chimique et la nature du parfum.

M. Guibourt a émis l'opinion qu'il existe toujours une relation entre l'odeur que présentent les excrétions et les sécrétions des animaux avec les aliments dont ils se nourrissent (1). Le castoréum du Canada possède une odeur térébenthinée, parce que le castor se nourrit surtout d'écorces de conifères si communs en Amérique, tandis que le castor de Russie ou de Sibérie fournit

(1) Guibourt et Planchon, *Histoire naturelle des drogues simples*. 7e édition. Paris, 1876, t. IV.

le castoréum de ce nom, caractérisé par l'odeur de cuir de Russie ou d'écorce de bouleau, qui sert tout à la fois à nourrir les castors et à tanner les cuirs.]

Civette.

Cette substance est sécrétée par la *Viverra civetta* ou civette (mammifère carnassier). Elle se forme dans une sorte de grande poche placée près de l'anus de l'animal. Comme plusieurs autres substances de prove-

Fig. 48. — Civette.

nance orientale, elle a été apportée en Angleterre par les Hollandais.

Les Hollandais avaient coutume d'entretenir un grand nombre de civettes vivantes à Amsterdam, pour recueillir le parfum sécrété par elles. Après un temps suffisant pour que la sécrétion s'opérât, l'animal était mis dans une cage de bois si étroite qu'il ne pouvait pas s'y retourner. La cage s'ouvrant par le fond, on introduisait une petite spatule, ou cuiller, dans la poche, que l'on vidait soigneusement et dont on recueillait le contenu dans un vase. L'opération se renouvelait deux ou trois fois par semaine, donnant chaque fois 1gr,77 de civette, et plus, dit-on, quand l'animal était irrité. La quantité dépendait principalement de la quantité des aliments qu'il prenait et de l'appétit avec lequel il mangeait. En captivité, sa nourriture se composait de viande bouillie, d'œufs, d'oiseaux, de petits animaux et particulièrement de poissons.

Une grande partie de la civette apportée aujourd'hui sur les marchés européens vient de Calicut, capitale de la province de Malabar, de Bassora, sur l'Euphrate, et de l'Abyssinie, où l'on élève l'animal avec beaucoup de soin.

La civette devait être en usage en Angleterre du temps de Shakspeare, car il en parle, ainsi que du musc, dans plusieurs de ses pièces :

« Donnez-moi une once de civette (1). »

« Il se frotte de civette (2). »

« Les mains sont parfumées de civette (3). »

A l'état pur, la civette a pour presque tout le monde une odeur répugnante. Massinger fait dire à l'un de ses personnages :

> On baiserait ta main bien volontiers, madame,
> N'était qu'elle est gantée (4) et que l'horrible odeur
> De la civette, à moi, me soulève le cœur.

(1) *Lear*, IV, 6.

(2) *Muchado*, III, 2.

(3) *As you like it*, III, 2.

(4) Des mentions comme celles-ci se rencontrent assez souvent dans les *Royal Progresses* de Nichols :

Trois Italiens furent présentés à la reine et lui offrirent chacun une paire de gants parfumés.

Edouard de Vere, comte d'Oxford, le premier qui porta des gants brodés en Angleterre, en offrit une paire à la reine, qui fut si ravie du cadeau, qu'elle se fit peindre avec la main gantée. Les gants brodés et parfumés, dont il est ici question, avaient été récemment introduits dans ce pays, d'Espagne et de Venise. Les produits de ces deux contrées l'emportaient sur ceux de

Mais, étendue à dose infinitésimale, le parfum en est agréable.

Il est difficile de dire pourquoi la même substance, respirée en plus ou moins grande quantité, produit un effet opposé sur l'appareil olfactif; mais c'est pourtant ce qui arrive avec presque tous les corps odorants, spécialement avec les essences, telles que le néroli, le thym et le patchouli. A l'état pur, elles sont loin d'être agréables, et, dans quelques cas, elles sentent positivement mauvais; mais, étendues dans mille fois leur volume d'huile et d'alcool, elles embaument.

L'essence de rose a une odeur qui fait mal à beaucoup de personnes; mais, ramenée aux quantités homéopathiques qui s'exhalent d'une seule fleur, qui ne reconnaîtra qu'elle est délicieuse? L'odeur de la civette est excellente, non pas transmise par un contact immédiat, mais placée dans le voisinage des objets qui doivent l'absorber. Ainsi, étendue sur de la peau et mise dans un pupitre, elle parfume on ne peut plus doucement le papier et les enveloppes, si bien même que ces objets conservent l'odeur après avoir été jetés à la poste. C'est ainsi qu'en Angleterre sont parfumées les lettres de Saint-Valentin.

Pour bien faire comprendre la différence qui existe entre la vraie civette, *Viverra civetta* L., *civette à par-*

toutes les autres fabriques, par leur délicatesse et par l'odeur agréable qu'on savait leur imprégner. Mais les gants parfumés ont toujours eu une mauvaise réputation, parce qu'ils ont plus d'une fois servi des projets d'empoisonnement.

La reine de Navarre en ayant reçu de la cour de France une paire qu'elle avait acceptée comme un sauf-conduit, mourut pour les avoir portés. On a supposé que la même chose était arrivée à la belle Gabrielle d'Estrées.

Les fabricants français ont, à une certaine époque, consacré leurs soins habituels à la fabrication des gants parfumés, mais cet usage ne s'est pas prolongé jusqu'à nos jours.

fum, et le zibeth, *Viverra zibetha* L., nous les figurons ici (fig. 49 et 50); la première habite les contrées les plus chaudes de l'Afrique, depuis la Guinée et le

Fig. 49. — *Viverra civetta* L., civette à parfum (mammifère digitigrade).

Sénégal jusqu'en Abyssinie; l'autre, que l'on trouve dans les deux presqu'îles de l'Inde, aux îles Moluques et aux Philippines, se distingue par son poil plus court et touffu, par l'absence de crinière, par sa queue ronde

Fig. 50. — *Viverra zibetha* L., zibeth (mammifère digitigrade).

à poil court, épais, blanchâtre, avec des demi-anneaux noirs : elle produit également de la civette parfum (1).

(1) Voy. J. Chatin, *Recherches pour servir à l'histoire anatomique des glandes odorantes des mammifères* (*Annales des sciences naturelles*, septembre 1873).

La Peyronie a décrit, sous le nom d'*animal au musc*, une troisième espèce de civette, la *Viverra basse*, qui donne également un parfum.

Nous donnons dans notre second volume la recette pour la fabrication de la teinture de civette.

Le produit de sécrétion odorant de la civette a été l'objet d'un intéressant travail de la part de M. Al. Hébert (1). Trois échantillons ont été examinés provenant de la civette claire pure domestiquée du Choa, dite *civette extra*, et élevée dans les environs d'Addis-Abbaba, en Abyssinie. Ils fondaient à 36°-37°, mais d'une façon peu nette, à la manière des corps gras à point de fusion peu élevé. Au point de vue de la solubilité, la civette se comporte sensiblement comme les corps gras.

Si l'on dissout la « civette » dans les solvants organiques, notamment dans un mélange d'alcool et d'éther, on obtient un résidu formé d'impuretés accidentelles : poils, poussières, etc. Ce résidu s'est élevé, dans les échantillons examinés, à 3,6, 4,3 et 5,3 p. 100. M. Hébert a incinéré les matières insolubles et a trouvé des proportions de cendres de 0,8, 0,6 et 1,2 p. 100 de la « civette ».

Le pouvoir rotatoire de la « civette » est sensiblement nul. Soumise à la distillation avec la vapeur d'eau, elle abandonne du *scatol*.

Les proportions des acides gras contenues dans les trois échantillons examinés étaient les suivantes : 55, 51 et 70 p. 100. Ces acides gras semblent être constitués par un mélange d'acides solides et d'acides liquides.

(1) Al. Hébert, *Bull. Soc. chim.*, 3e série, t. XXVII, p. 997.

Hyraceum.

On a depuis un certain nombre d'années cherché à substituer au castoréum, en médecine et en parfumerie, une substance désignée sous le nom d'*hyraceum*, et qui n'est autre chose que l'urine desséchée du daman d'Afrique, *Hyrax capensis* Buff., animal placé d'abord parmi les rongeurs, mais que Cuvier a rangé parmi les pachydermes, à la suite des rhinocéros.

L'hyraceum, d'après Buffon, est très estimé des Hottentots; ils le nomment *pissat de blaireau*, parce que l'animal qui le produit a été appelé *blaireau des rochers*; cette substance se présente sous la forme de masses noires ou brunes, pesantes, semblables au bdellium de l'Inde ou à la myrrhe noire; il se laisse ramollir entre les doigts et entamer au couteau; il présente une odeur urinaire très analogue à celle du castoréum.

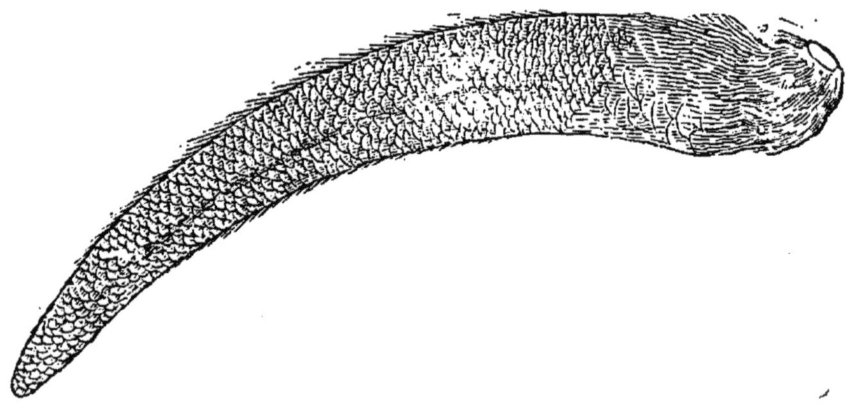

Fig. 51. — Queue d'*Ondatra*, rat musqué (mammifère rongeur).

Ondatras ou rats musqués.

L'ondatra, ou rat musqué du Canada, est un quadrupède du genre des campagnols; chez les mâles on trouve deux glandes piriformes, dont le canal excréteur vient s'ouvrir sous le prépuce. La femelle porte aussi deux glandes, mais elles sont plus petites; leur canal s'ouvre près de l'urètre. Les follicules de ces glandes laissent sécréter une liqueur blanche comme du lait, et qui présente une forte odeur de musc qui se communique au pelage et à la queue. Nous représentons une de ces queues (fig. 51), telles qu'on les trouve quelquefois encore dans le commerce.

Le *rat musqué des Antilles* ou *pilori* est un vrai rat. Le *rat musqué de Russie* ou *desman* est un mammifère insectivore dont le museau porte une trompe flexible, portant sous la queue des follicules qui laissent sécréter une matière à odeur musquée qui se communique à la chair des brochets qui mangent les desmans.

Musc.

Si doux, tout musc.
(Merry, *Wives*, II, 2.)

Cette substance extraordinaire est, comme la civette, une sécrétion animale; on la trouve dans les follicules excrétoires, près du nombril sur le mâle. Dans le commerce de parfumerie, on appelle ces petits sacs « poches », et le musc, en arrivant en Europe, s'y vend sous le nom de *musc en poches*, après qu'il a été extrait du sac dans lequel il était contenu; c'est ce qu'on appelle le *musc en grain.*

Le daim musqué, *Moschus moschiferus* L. (mammifère ruminant), habite le grand système de montagnes qui entoure le nord de l'Inde et pénètre dans la Sibérie, le Thibet et la Chine; on le trouve aussi dans la chaîne de l'Altaï, près du lac Baïkal, et dans quelques autres chaînes de montagnes, mais toujours sur la limite de la ligne des neiges perpétuelles. C'est du mâle seulement qu'on tire le musc.

Il était autrefois fréquemment employé en médecine, il l'est encore chez les nations de l'Orient. On peut se rappeler que les journaux dirent que la dernière potion prise par l'empereur de Russie Nicolas Ier, avant sa mort, était une potion de musc. Le musc du Boutan, du Tonkin et du Thibet est le plus estimé; celui du Bengale est d'une qualité inférieure; et celui de la Russie encore moindre. La force et la quantité du musc produit par un seul sujet varient suivant la saison où on le recueille et suivant l'âge de l'animal. Une seule poche de musc contient ordinairement de 3 à 5 grammes de musc en grain. Le musc importé en Angleterre vient de Chine, dans des boîtes de 1^kg^,5 à 3 kilogrammes chacune. Falsifié avec le sang de l'animal, ce qui arrive souvent, il se forme en mottes ou grumeaux. On le trouve quelquefois aussi mélangé avec une terre noire et friable. Les poches dans lesquelles on trouve de petits morceaux de peaux donnent en général la meilleure qualité de musc, ce qui nous fait croire que le meilleur musc est le plus digne d'être falsifié. Le musc est remarquable par la diffusibilité de son odeur. Tous les objets placés dans son voisinage, quoique sans contact immédiat, en contractent bientôt l'odeur et la conservent longtemps. Pour cette raison, l'honorable Compagnie des Indes orientales avait défendu que le même navire apportât jamais ensemble du musc et du thé.

L'homme aurait sans doute laissé le daim musqué vivre en paix au sein de ses forêts natales, sans le célèbre parfum dont la nature l'a doué. Sa peau étant trop petite pour avoir une valeur, sa chair seule n'offrait aucun appât aux indigènes qui pouvaient aisément se procurer un gibier plus profitable, et elle avait trop peu de mérite pour que les chasseurs européens ne la négligeassent aussi. Mais le musc en fait le plus précieux de tous les animaux pour les Puharries (naturels des Indes), et il n'est pas de gibier qui soit plus traqué dans tous les endroits où l'on sait qu'il habite. Cette substance est recherchée dans presque toutes les parties du monde civilisé; cependant, je crois, on sait peu de chose sur la nature et les habitudes de l'animal qui la produit.

Fig. 52. — Tête de chevrotain musc, *Moschus moschiferus* L. (mammifère ruminant).

Le daim musqué n'a guère plus de 1 mètre de long et à peu près 60 centimètres de haut à l'épaule; mais, sous le rapport de la taille, il y a de nombreuses variétés. Ceux qu'on trouve dans les forêts épaisses et sombres sont toujours plus grands que ceux des terrains rocheux et découverts. La tête est petite, les oreilles sont longues et droites. De chaque côté de la mâchoire supérieure, le mâle porte une canine dirigée de haut en bas, qui, dans l'animal adulte, atteint la longueur d'environ 7 centimètres, de la grosseur d'une plume d'oie, pointue et légèrement recourbée en arrière. La couleur générale du pelage est un gris brun foncé, semé de taches, qui devient presque noir sur les membres postérieurs; l'intérieur des cuisses est bordé de poil jaunâtre. Le dessous de la gorge, le ventre et les jambes sont d'un gris plus clair. Les jambes sont longues et grêles; les doigts longs et pointus; le talon des pieds de derrière, également long, porte sur le sol comme les doigts. La fourrure se compose de poils épais en spirale, ressemblant en petit aux piquants du porc-épic; ces tuyaux sont très fragiles, ils se brisent au moindre choc et sont plantés si dru qu'on n'en peut arracher beaucoup sans altérer l'apparence extérieure de la fourrure; blancs à la racine, ils noircissent insensiblement vers l'extrémité opposée. La fourrure est beaucoup plus longue et beaucoup plus épaisse sur les membres de derrière que sur ceux de devant, et elle fait paraître l'animal beaucoup plus gros des cuisses que des épaules. La queue, qui ne se voit que quand on écarte le poil, a 2 ou 3 centimètres de long et à peu près la grosseur du pouce. Chez les femelles et chez les petits, elle est garnie de poils; mais dans les mâles adultes elle en est complètement dépourvue, sauf une petite touffe à l'extrémité, et souvent elle est couverte, ainsi que les parties voisines, d'une substance jaunâtre comme de la cire.

Le musc, beaucoup mieux connu que l'animal qui le porte, ne se trouve que chez les mâles adultes; les femelles n'en ont point, et aucune partie de leur corps n'en exhale la moindre odeur. Les excréments du mâle sentent presque aussi fort que le musc lui-même; mais, chose assez singulière, ni dans le contenu de l'estomac, ni dans la vessie, ni dans aucune autre partie du corps on n'en trouve la plus légère trace. La poche, placée près de l'ombilic entre cuir et chair, se compose de plusieurs couches de peau mince qui renferment le musc et qui rappellent le jabot ou gésier d'une perdrix ou de tout autre petit gallinacé, quand il est plein de nourriture. Dans la peau se trouve un orifice extérieur dans lequel on peut, en pressant un peu, faire pénétrer le petit doigt, mais qui n'a aucune communication avec le reste du corps. Il est probable que, de temps en temps, le musc s'échappe par cette ouverture, car souvent on trouve la poche à moitié pleine et parfois presque vide(1).

Fig. 53. — Poche à musc, à l'état naturel.

Pour bien comprendre la disposition de la poche à musc sur l'animal et hors de l'animal, il suffira de se reporter aux deux figures que nous donnons.

Le musc se trouve en grains de la grosseur d'un petit plomb de chasse, de forme irrégulière, mais ordinairement longue ou oblongue, au milieu d'une quantité plus ou moins grande de poudre grossière. Quand il est frais, il est d'un brun foncé; mais quand il a été retiré de la poche et conservé pendant quelque temps, il devient presque noir. En automne et en hiver les grains sont fermes, durs et presque secs, mais en été ils deviennent humides et mous, ce qui sans doute est l'effet des aliments frais dont l'animal se nourrit. L'animal naît avec sa petite provision de musc, car on distingue très bien la poche dans un petit sortant du

(1) C'est par cet orifice que les marchands font sortir les grains de musc et introduisent à la place ces morceaux de cuir, de cuivre, de peau, ces caillots de sang desséché, ces boulettes de terre et autres substances qu'on trouve souvent dans les poches lorsqu'on les ouvre. Par la grandeur de l'ouverture, on peut assez bien reconnaître comment ces substances ont été introduites. (S. P.)

sein de la mère; elle est même beaucoup plus grande, proportions gardées, que chez les adultes. Pendant deux ans le contenu de la poche n'est autre chose qu'une substance molle et laiteuse avec une odeur désagréable. Quand cette substance commence à se transformer en musc, il n'y en a pas beaucoup plus de 3 grammes; à mesure que l'animal grossit, la quantité augmente, et sur quelques-uns on en trouve jusqu'à 56 grammes. On peut regarder 28 grammes comme le produit moyen d'un animal adulte; mais, comme on

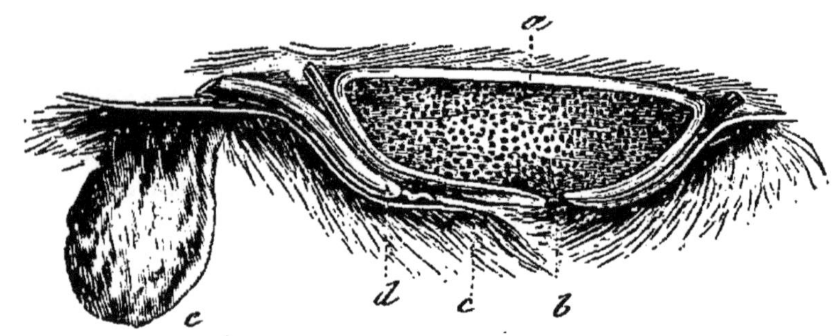

Fig. 54. — Appareil du musc. — *a*, poche du musc coupée verticalement. — *b*, son orifice. — *d*, gland dépassé par le prolongement filiforme dans l'urètre.

en tue beaucoup de jeunes, les poches du commerce ne contiennent peut-être pas en moyenne plus de 14 grammes. Quoique moins fort, le musc des jeunes a une odeur beaucoup plus agréable que celle des vieux: mais la différence de nourriture, de climat et de situation, autant que j'en puis juger par mon expérience, n'influe en rien sur la qualité.

Depuis les premières hauteurs qui s'élèvent au-dessus des plaines jusqu'aux limites de la végétation, sur les sommets couverts de neige, et peut-être dans toute la longueur de l'Himalaya, on peut trouver le porte-musc sur toute montagne couverte de forêts à plus de 2 500 mètres d'élévation. Dans les chaînes inférieures, il est comparativement rare et se tient presque exclusivement sur les pics les plus escarpés, dans les forêts glacées qui avoisinent la région des neiges; au reste, il n'est commun nulle part, et ses habitudes retirées et solitaires le font paraître encore plus rare qu'il ne l'est réellement. Il n'habite que les forêts, mais il habite toutes les forêts indistinctement, depuis les forêts de chênes des pentes inférieures jusqu'aux arbustes rabougris qui croissent sur les derniers confins de la végétation. Si l'on en peut juger par leur nombre, ils semblent donner la préférence aux forêts de bouleaux, où le taillis se compose en majeure partie de rhododendrons blancs et de genévriers.

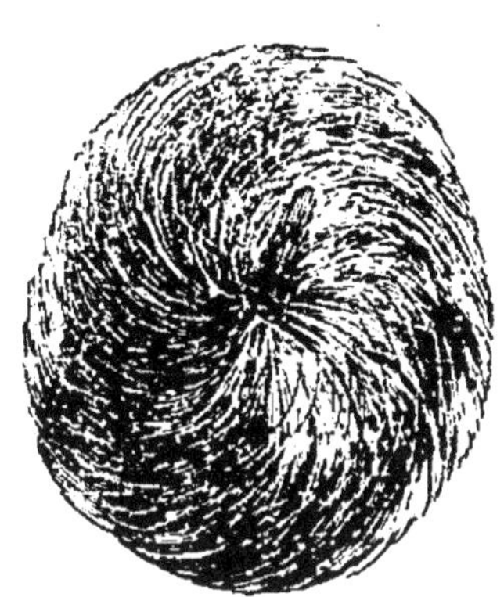
Fig. 55. — Poche de musc.

Sous bien des rapports, ils ne diffèrent guère des lièvres dans les habitudes de leur genre de vie. Chaque individu choisit un endroit particulier pour sa retraite favorite; il y reste calme et immobile toute la journée et ne le quitte que le soir pour chercher sa nourriture ou pour rôder de côté et d'autre; il y rentre dès que le jour commence à paraître. Il leur arrive quelquefois de passer la journée où ils se trouvent être le matin; mais, en général, ils retournent à peu près au même endroit, presque tous les jours, se creusant des gîtes dans différentes parties de leur canton, à peu de distance l'un de l'autre et les visitant à tour de rôle. Parfois ils se tiennent sous le même arbre ou sous le même buisson pendant des semaines entières. Ils font leur forme de la même manière que les lièvres, nivelant, égalisant avec leurs pieds, si le terrain est trop incliné, une place assez grande pour ce qu'ils veulent faire. Il est rare qu'ils se couchent au soleil; si jamais cela leur arrive, même dans les plus grands froids, ils font toujours leur gîte à l'abri de ses rayons. Vers le soir, ils commencent à se mettre en mouvement, et semblent s'aventurer assez loin pendant la nuit, rôdant du haut en bas de la montagne ou d'un versant à l'autre. Dans le jour, on les voit rarement en promenade. Dans leurs excursions nocturnes, ils paraissent avoir pour objet de s'amuser autant que de chercher leur nourriture, car souvent ils rendent des visites régulières à des sommets escarpés, à des précipices abrupts où il y a à peine trace de végétation. Les Puharries croient qu'ils viennent dans ces endroits pour jouer et danser ensemble, et souvent ils tendent leurs pièges au bord du précipice ou de l'escarpement plutôt que dans la forêt.

Quand il ne marche pas lentement et à loisir, le porte-musc va toujours par bonds, les quatre pieds quittant le sol et y retombant ensemble. Quand il est lancé à toute vitesse, ces bonds sont parfois étonnants, eu égard à la petite taille de l'animal. Sur une pente douce j'en ai vu franchir 20 mètres d'un seul bond, et, tout en faisant plusieurs sauts du même genre, sans s'arrêter, sauter par-dessus des arbrisseaux très élevés. Ils ont le pied très sûr, et, quoique vivant habituellement dans les forêts, quand ils parcourent une contrée remplie de rochers et de précipices, ils n'ont peut-être pas d'égaux. Là où le purrell lui-même est obligé de marcher lentement et avec précaution, le porte-musc bondit avec prestesse et intrépidité, et, bien que je leur aie souvent fait la chasse au milieu de rochers par où je croyais impossible qu'ils s'échappassent, ils ont invariablement trouvé une voie d'un côté ou de l'autre, et je n'en ai jamais vu un seul manquer son coup et tomber, à moins qu'il ne fût blessé.

Ils mangent peu en comparaison des autres ruminants, du moins on doit le croire, à en juger par le peu de nourriture trouvée dans leur estomac, dont le contenu est toujours une sorte de bouillie qui ne permet pas de reconnaître quelle sorte d'aliments ils préfèrent. Souvent j'en ai tué pendant qu'ils mangeaient, et je leur ai trouvé dans la bouche ou dans l'estomac différentes espèces de feuilles ou d'herbes, et souvent aussi de longs brins de cette mousse blanche qui pend des arbres en festons si luxuriants dans les hautes forêts. Il semble que les racines forment aussi une partie de leur nourriture, car ils grattent la terre et y font des trous comme les faisans. Les Puharries croient que les mâles tuent et mangent les serpents, qu'ils se nourrissent des feuilles du kédar patta, petit laurier d'une odeur très agréable, et que c'est à cette nourriture qu'ils doivent leur musc. Il se peut qu'ils broutent la feuille de ce laurier avec celle d'autres arbrisseaux; mais, si j'en puis juger par le petit nombre de lauriers que j'ai rencontrés dépouillés de leurs feuilles, il ne semble pas que ce soit leur nourriture favorite. Quant à leur habitude de tuer les serpents, c'est assurément une fable.

Les petits naissent en juin et en juillet; les femelles mettent ordinairement bas une fois par an; elles ont le plus souvent deux petits. Elles les déposent toujours dans des endroits séparés, à quelque distance l'un de l'autre, et se tiennent elles-mêmes éloignées de tous deux, ne s'en approchant que pour les allaiter. Si un petit est pris, ses cris attirent quelquefois la mère; mais je n'ai jamais su qu'on en ait rencontré un dehors avec elle ou qu'on ait vu deux petits ensemble. Ils apportent ces habitudes solitaires en naissant, car si un petit est pris jeune et allaité par une brebis ou une chèvre, loin de s'accoutumer à la société de sa nourrice, dès qu'il a fini de teter il cherche un endroit où se cacher. Il est amusant de les voir teter : ils ne cessent pendant tout le temps de grimper l'un sur l'autre en entre-croisant leurs pattes de devant. Ils sont assez difficiles à élever; beaucoup, dès qu'ils sont en captivité, deviennent aveugles et meurent.

Dans la plupart des États des montagnes, le porte-musc est considéré comme propriété royale. Dans quelques cas, les rajahs entretiennent des hommes exprès pour les chasser ; dans le Gurwhal, une amende est infligée à tout Puharrie convaincu d'avoir vendu une poche de musc à un étranger; le rajah les retient à titre de redevance.

Dans quelques districts, on les chasse avec des chiens, mais bien plus souvent on les prend avec des pièges. Les Shikaries, en poursuivant d'autres animaux, abattent parfois quelque porte-musc, mais il est rare qu'on prenne le fusil exprès pour cela ; comme un Shikarie de la montagne ne porte pas sa mèche allumée et qu'on rencontre ordinairement le porte-musc face à face, ils décamperaient presque tous avant que l'ennemi eût le temps de battre le briquet et d'allumer la mèche. Pour dresser un piège on fait ordinairement, le long de quelque hauteur, et souvent sur une longueur de plus de 1 300 mètres, une barrière de 1 mètre de haut, composée de broussailles et de branches d'arbres ; de 10 en 10 mètres sont ménagées des ouvertures pour laisser passer le porte-musc, et dans chacune d'elles est placé un bon piège en corde, attaché à un long bâton dont le gros bout est enfoncé dans la terre, tandis que le petit, auquel tient le piège, s'abaisse devant l'ouverture. Le porte-musc, en passant, marche sur de petits brins de bois qui retiennent le piège à terre; le bâton alors se redresse en arrière et serre le nœud autour de la patte du malheureux animal. Indépendamment du porte-musc, une foule de faisans des bois, de *moonals*, de *corklass*, d'argus, se prennent dans ces pièges, et il est rare que ceux qui les ont posés, et qui viennent les visiter tous les trois ou quatre jours, n'emportent pas quelque chose en s'en retournant.

Les putois découvrent souvent les pièges, et, quand ils ont une fois tâté du gibier, ils deviennent, si on ne les détruit, un terrible fléau pour les chasseurs. Ils suivent la barrière d'un bout à l'autre pendant toute la journée et s'emparent de tous les animaux attrapés. Souvent ils sont pris eux-mêmes, mais alors ils coupent la corde avec leurs dents et s'échappent. Le porte-musc est ainsi souvent perdu pour le chasseur, car, lorsque les putois en ont mangé un, ils mettent la poche en morceaux et en éparpillent le contenu sur le sol. Aucun animal n'avale le musc, et quand un porte-musc a été tué et mangé par un léopard ou quelque autre bête carnassière, en examinant avec soin la place, on peut y retrouver une grande partie du musc.

Les poches de musc apportées sur le marché par les chasseurs indigènes sont ordinairement enfermées dans un morceau de la peau de l'animal, auquel ils ont laissé le poil. Lorsqu'ils ont tué le porte-musc, ils coupent la poche tout autour et dépouillent tout le ventre. La poche vient avec la peau, que l'on étend alors du côté intérieur sur une pierre plate préalablement chauffée au feu, et qu'on fait sécher ainsi sans griller le poil. La peau, par l'effet de la chaleur, se retire et se rétrécit; alors on la lie ou on la coud autour de la poche et on la suspend dans un endroit sec jusqu'à ce qu'elle soit tout à fait dure. C'est là le mode de préparation ordinaire; il y a des chasseurs qui mettent la poche dans l'huile chaude au lieu de l'étendre sur une pierre. Mais ces deux procédés doivent altérer la qualité du musc, qui est nécessairement cuit ou frit. L'aspect et l'odeur sont préférables quand on coupe d'abord la poche et qu'on la laisse sécher toute seule.

Le musc qu'on achète des Puharries est considérablement sophistiqué et les poches sont souvent tout à fait contrefaites; et, comme on les vend ordinairement sans être ouvertes, il est presque impossible de découvrir la fraude en les achetant. J'ai souvent vu mettre en vente des poches qui n'étaient pas autre chose qu'un morceau de peau de porte-musc rempli d'une substance quelconque, lié de manière à ressembler à une poche et frotté extérieurement avec un peu de musc pour lui donner de l'odeur. Celles-ci sont faciles à reconnaître, parce qu'il n'y a pas d'ombilic dans la peau qui est coupée dans n'importe quelle partie du corps. Mais quelquefois le musc est extrait des poches véritables et remplacé par quelque autre substance. Cette fraude est difficile à découvrir, même quand on fend la poche, parce que tout ce qu'on y introduit est préparé de manière à ressembler au musc, et qu'une légère addition de vrai musc communique une odeur presque aussi forte; quelquefois on n'enlève qu'une partie du musc que l'on remplace comme il vient d'être dit; d'autres fois on le laisse tout entier, mais on y ajoute une autre substance pour en augmenter le poids. Même dans les montagnes d'où il vient, la plupart des gens savent si peu ce que c'est que le musc, que j'ai souvent vu les Puharries, aux environs de Gangoutrie, vendre à des pèlerins, à des hommes des chaînes inférieures et même à leurs propres voisins, de petites quantités d'un prétendu musc qui n'était, en réalité, qu'une substance ayant la même apparence, à laquelle ils avaient mêlé un peu de musc véritable. Ils en donnaient environ le quart d'un tolah pour une roupie, ou à peu près 28 grammes pour 25 francs.

Les substances qu'ils emploient ordinairement pour falsifier le musc ou pour remplir les fausses poches sont du sang bouilli au feu, séché, réduit en poussière, mis en pâte et façonné en forme de grains ou de poudre grossière, de manière à simuler du musc véritable, un morceau du foie ou de la rate de l'animal préparé de la même manière, de la noix de galle sèche, et une certaine partie de l'écorce de l'abricotier broyée et pétrie comme ci-dessus. Ils se servent aussi de la pâte appelée « puna » d'où l'on extrait l'huile ordinaire; ils en fourrent souvent des paquets sans autre préparation dans une poche pour augmenter le poids. Parfois même ils ne prennent pas la peine de donner aux substances qu'ils emploient l'apparence du musc. Un gentleman me montra un jour une poche que lui avait vendue un Puharrie à Missouri; sur ce que je lui dis qu'elle était fausse, il l'ouvrit et la trouva pleine de tabac (hookah tobacco) (1).

Fig. 56. — Chevrotain porte-musc.

Mon ami M. F. Peake, de la maison Peake, Allen et C°, établie à Umballo et à Londres, à qui une longue résidence dans le nord de l'Inde a fourni des occasions,

(1) Colonel Frédéric Markham (C. B.), *Journal of Sporting, Adventures and Travel in Chinese Tartary and Thibet.*

rares pour un Européen, de vérifier les faits relatifs au porte-musc, a dernièrement envoyé un spécimen de cet animal au muséum de la Société pharmaceutique (fig. 56). Le sujet présenté à la Société servira probablement à éclaircir plusieurs points relatifs à la qualité et à l'aspect du musc, à en expliquer les différences et à faire connaître pourquoi on en voit tant de qualités et de variétés sur le marché.

Il a à peu près la taille d'un lévrier, et par la longueur de ses crochets on peut juger qu'il a au moins cinq ou six ans. Sa robe brune et rude ressemble plutôt à des petits piquants de porc-épic qu'à du poil ; toutes les parties de l'animal ont une forte odeur de musc. La tête, les jambes, la physionomie générale sont celles du daim ordinaire ; mais, par ses habitudes, il rappelle davantage le lièvre. Il se choisit comme lui une retraite solitaire, un gîte séparé de celui des autres individus de son espèce. On le trouve quelquefois dans les régions inférieures des montagnes, à une hauteur de 2300 à 2600 mètres. Il habite les forêts, mais il préfère les ravins boisés, et il n'est commun que sur les pics et sur les pointes de rochers qui s'avancent en saillie des sommets couverts de neiges éternelles à une altitude de 3300 à 4600 mètres.

Les indigènes prennent les porte-musc au piège; mais on croit que celui-ci a été tué d'un coup de fusil. Quand on les approche, ils s'enfuient avec une grande rapidité, et, lorsqu'ils sont à 80 ou 100 mètres, ils se retournent pendant quelques instants pour regarder leur persécuteur en face ; le chasseur profite de ce moment pour les viser, mais sa proie n'est pas toujours assurée, car quelquefois l'animal roule au fond des précipices où il est impossible de l'atteindre. Souvent on perd bien des jours sans en rencontrer un, et en moyenne on fait plus de 4 myriamètres par vingt-quatre heures.

Ces excursions à travers d'immenses montagnes qu'il faut sans cesse gravir et descendre sont excessivement pénibles ; aussi la recherche des porte-musc entraîne beaucoup de fatigues et de privations. Le temps employé, les distances parcourues, rendent cette occupation très coûteuse ; il faut se faire accompagner par toute sorte de serviteurs, les uns pour découvrir et poursuivre le gibier, les autres pour porter les provisions et les ustensiles de cuisine, d'où il résulte que le musc véritable doit toujours se maintenir à un prix élevé.

On verra sous la surface intérieure de la peau de l'abdomen une membrane mince, ayant l'apparence d'une petite vessie et contenant une substance molle un peu épaisse qui est le musc. Le musc contenu dans une de ces poches membraneuses pèse ordinairement de 3 à 25 grammes ; chez un vieux daim, de 40 à 50 grammes ; l'odeur s'accroît en proportion de l'âge de l'animal. Le mâle seul fournit le musc ; à l'âge d'un an et au-dessous il n'en a pas ; ce n'est qu'à trois ans que la poche en contient assez pour que ce soit la peine de l'extraire. Un œil exercé reconnaît aisément si l'animal est jeune : en ce cas on le laisse échapper. A deux ans la poche est remplie d'une substance laiteuse et jaunâtre, et, quand cette substance commence à prendre la consistance du musc, on n'en trouve pas plus de 3 grammes et souvent moins.

Quelques extraits d'une lettre de notre correspondant himalayen achèveront de faire connaître les caractères du musc :

« Un ou deux petits morceaux, dit-il, que j'ai envoyés à Londres, ont obtenu sur le marché la préférence même sur les meilleurs Assam. Quant à l'envoyer dans des poches avec le poil dessus, je le ferai, si vous voulez, mais je ne vous le conseillerais pas, car mon musc est pur et tel qu'il vient d'être extrait de l'animal. La peau membraneuse se sèche au soleil en quelques heures, tandis qu'au contraire, en préparant les poches garnies de poils pour les conserver, on les grille complètement.

« J'ai envoyé à la maison des échantillons des deux sortes pour savoir quelle était la meilleure, et le musc contenu dans les poches sans poils a été trouvé de beaucoup supérieur. Tous les échantillons venaient du même endroit et d'animaux tués dans la même saison. »

Dans une lettre précédente il disait :

« Je vous envoie le compte du produit de la saison, à savoir : 120 poches pesant de 110 à 120 et quelques onces (3kg,10 à 3kg,40), parce qu'elles sont grosses. Les petites n'étant presque que de la peau, j'ai cru devoir les laisser aux indigènes pour les préparer à leur manière et les vendre aux gens du pays.

« La poche de musc que nous connaissons tous est cette vessie membraneuse que l'on coupe sur le porte-musc avec une partie de la peau extérieure ; on la presse, on la coud et on la fait sécher sur une pierre chaude. L'action prolongée de la chaleur ôte au musc beaucoup de son odeur ; par suite il perd ses qualités comme agent thérapeutique, et comme article de parfumerie il est grandement détérioré. Une grande quantité de musc recueilli par les indigènes, et qui est invariablement sophistiqué, s'écoule dans le pays même et dans d'autres contrées. Ils coupent les jeunes poches, qui ne contiennent point de musc du tout, comme je l'ai déjà dit, et les remplissent d'un mélange composé du foie, du sang de l'animal et de ce liquide jaune trouvé dans la poche avec un peu de musc véritable. Ainsi remplies, ils les cousent dans la peau et les font sécher sur la pierre chaude. Celles qui contiennent un drachme ou un demi-drachme de musc (2 ou 3 grammes), ils y introduisent le même mélange et les font sécher de la même manière.

« A l'une des ventes faites par ordre du gouvernement des présents apportés par les princes indigènes, il y avait un grand nombre de poches de musc très belles en apparence et qui se trouvèrent presque sans valeur. Elles avaient évidemment été fabriquées, et, ayant été gardées longtemps, le peu de musc véritable qu'elles contenaient s'était en grande partie évaporé.

« Il serait difficile à un indigène de résister à la tentation d'ajouter quelque chose même aux plus belles poches ou d'extraire une partie du musc qui s'y trouve et de le remplacer par le mélange de foie et de sang.

« C'est dans la partie des monts Himalaya qui avoisine Ladak, le Thibet et la Tartarie chinoise, que se récolte le musc; et comme ces montagnes s'étendent à des milliers de milles, il est probable que les muscs connus sous le nom de *muscs de Chine*, *du Népaul*, et peut-être même de Russie, viennent des mêmes districts. Les tribus tartares errent de pays en pays, trafiquant avec les naturels des diverses contrées qui ont accès dans ces régions. De là suit que tous les muscs pourraient bien être de la même espèce, et les différences extérieures ne seraient que le résultat de l'âge et du mode de préparation et de dessiccation.

« La pureté du musc dépend de la loyauté des indigènes et des intermédiaires qui l'apportent et le vendent sur les divers marchés.

« A poids égal, le musc renfermé dans les vessies membraneuses donne presque deux fois plus de grains que celui des poches vendues avec la peau et le poil. »

C'est une mode aujourd'hui de dire qu'on n'aime pas le musc. Malgré cela, une longue expérience dans une des plus grandes maisons de parfumerie d'Europe nous permet de dire que le goût du public pour cette odeur est aussi grand que peuvent le désirer les parfumeurs. Les préparations qui en contiennent sont toujours celles qu'il préfère tant que le marchand a soin d'assurer à l'acheteur qu'il n'y en a point.

L'impératrice Joséphine aimait passionnément les parfums, et le musc par-dessus tout. Son cabinet de toilette en était plein, en dépit des fréquentes observations de Napoléon.

Le musc sert principalement à parfumer le savon, les sachets, et à mêler dans les cosmétiques liquides. La juste réputation des exquis savons des fabriques de Paris est due surtout à leur fine odeur. Le savon est sans doute de la plus belle qualité, mais son parfum lui donne un cachet de distinction particulier, et c'est souvent au musc qu'il le doit.

La réaction alcaline du savon favorise le développement du principe odorant du musc. Si cependant on verse une forte solution de potasse sur des grains de musc, au lieu de la véritable odeur du musc c'est de l'ammoniaque qui se dégage.

Nous indiquons dans notre second volume la préparation de la *teinture de musc*.

On trouve communément trois espèces de musc sur les marchés d'Europe. Le *musc Cabardin* ou *Kabardin* ou de Russie, qui n'est jamais ou presque jamais sophistiqué ; mais à cause de sa mauvaise odeur il ne se vend pas plus de 8 schellings l'once en poche (10 francs les 28 grammes). Le *musc d'Assam* vient ensuite pour la qualité ; il a une odeur pénétrante, mais forte ; les

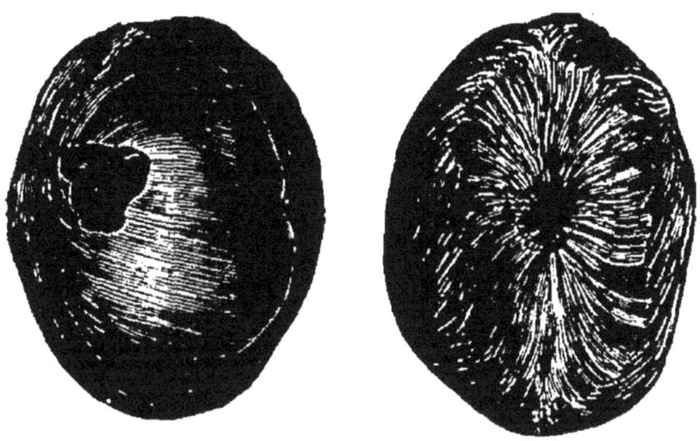

Fig. 57. — Poches de musc de Chine vues des deux faces.

poches sont grandes et de forme irrégulière ; il se vend

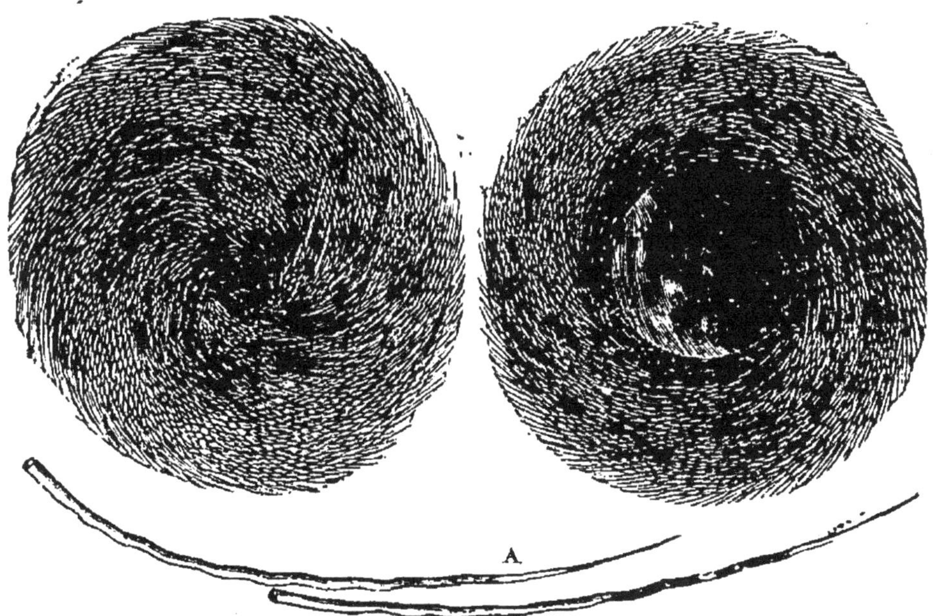

Fig. 58 et 59. — Musc du Bengale en poches vues par la face supérieure et par la face inférieure. — A, poils des poches à musc de grandeur naturelle.

de 30 à 35 francs les 28 grammes en poche (environ 24 schellings l'once). Le *musc du Tonkin* ou *de Chine* est l'espèce la plus estimée en Angleterre; elle est plus souvent frelatée que les autres; son prix sur le marché

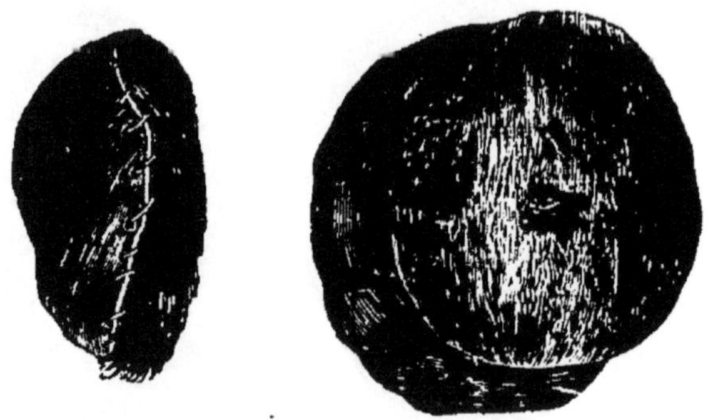

Fig. 60. — Musc de Sibérie ou musc Kabardin.

varie de 35 à 50 francs les 28 grammes en poche (26 à 32 schellings l'once).

Le musc en poches du commerce présente des formes

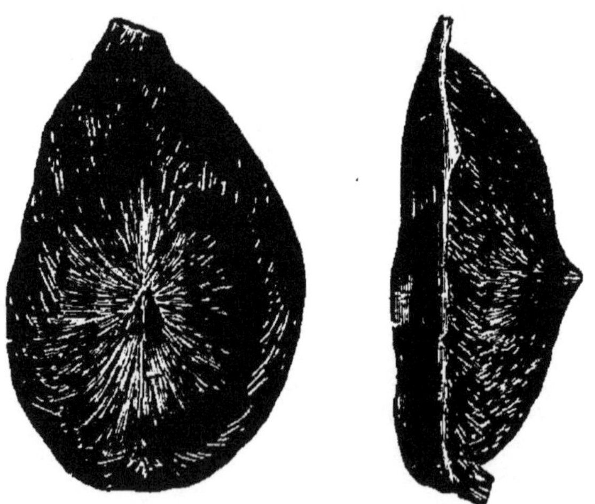

Fig. 61. — Fausses poches à musc.

qui varient avec leur origine. Les figures 57, 58, 59 et 60 reproduisent les plus habituelles.

Dans les caisses de musc apportées de Chine, on trouve parfois des prospectus ou, comme on les appelle, *shop papers* (papiers de boutique), et aussi de curieuses gravures représentant la chasse au porte-musc (fig. 62

et 63). Bien que grossièrement exécutées, ces vignettes nous apprennent quelque chose sur la manière de se procurer ce parfum. Les archers, l'animal percé d'une

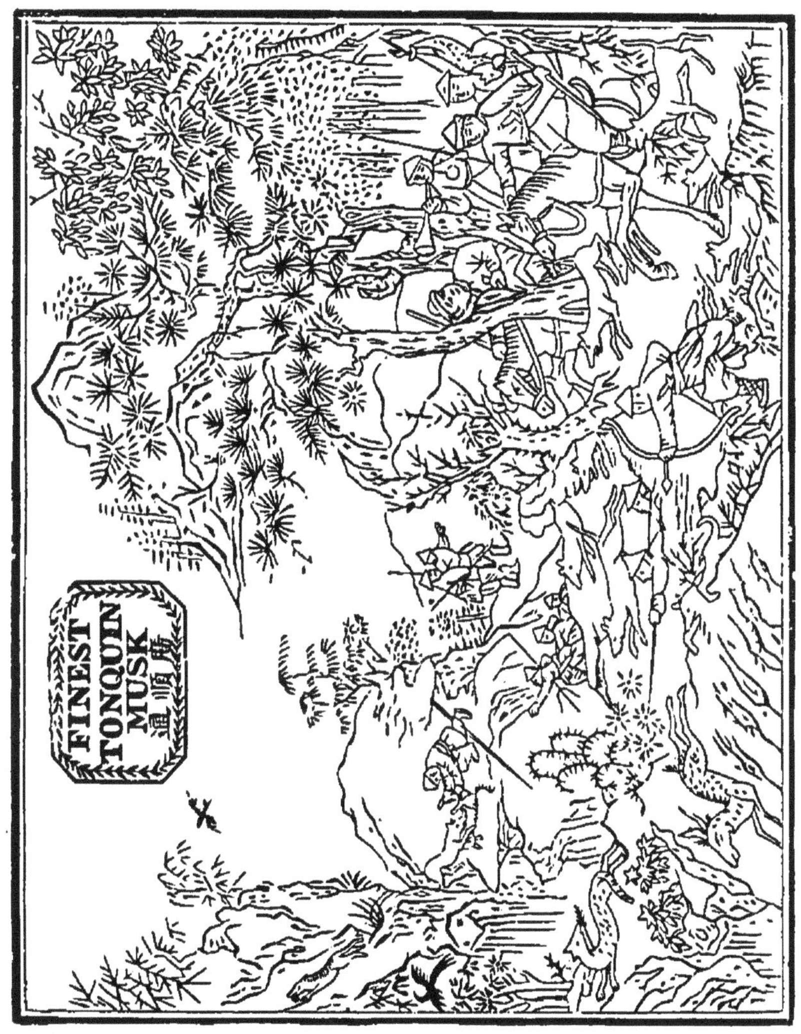

Fig. 62. — Chasse au porte-musc.
(*Finest Tonquin musk* : musc Tonquin, première qualité.)

flèche, le retour de la chasse et le gibier suspendu à des bâtons, porté à son dernier gîte, tout y est; et la gravure raconte la scène mieux que ne le feraient toutes les narrations du monde.

Voici la traduction d'un prospectus (*shop papers*)

trouvé en ouvrant une caisse de musc de première qualité ; il semblerait en résulter que le meilleur musc, aux yeux des Chinois, est celui qui vient du Thibet et de la

Fig. 63. — Retour de la chasse au porte-musc.
(*Finest selected Tonquin musk* : musc Tonquin, première qualité, premier choix).

province de Ta-tseen-loo. Les principaux marchés où ce musc est mis en vente sont aussi indiqués.

« Notre maison choisit elle-même la meilleure sorte de musc Sze-chuen, première qualité, à Ta-tseen-loo, dans la province de ce nom et dans le Thibet, d'où nous l'expédions sans aucun mélange à Soo-Chow,

Nankin, Hwae-Chow, Yang-Chow et Kwang-Tung, pour y être vendu. Nos marchandises sont pures, nos prix loyaux, et ni vieux ni jeunes n'y sont trompés. Nous

Fig. 64. — Prospectus d'un marchand de musc.

prions les honorables négociants qui peuvent nous favoriser de leur confiance, de se rappeler la marque de notre maison, quelques flibustiers éhontés ayant usurpé faussement notre titre et publié des avis mensongers pour tromper les négociants. Craignant qu'il ne soit difficile de se reconnaître dans cette confusion, nous, actuellement à Kwang-Tung, faisons connaître le titre qu'a choisi notre maison, pour servir de règle et de guide aux acheteurs. »

(Suit le nom de la maison).

D'après Alphonse Milne-Edwards, la famille des chevrotains ou des *tragulidés* se composerait de trois genres : le genre *Moschus*, le genre *Tragulus* et le genre *Hyamoschus*; les *moschidés* seraient intermédiaires entre les *cervidés* et les *tragulidés* ; ceux-ci, à leur tour, établiraient le passage des ruminants aux pachydermes.

Le genre *Moschus* est caractérisé par un placenta polycotylédonaire; pas d'appendices frontaux; sa formule dentaire est :

$$\text{Incis. } \frac{00}{44}, \quad \text{Can. } \frac{11}{00}, \quad \text{Mol. } \frac{66}{66}.$$

Les canines sont très développées chez le mâle; les ncisives sont placées en séries continues semblables et spatuliformes ; quatre estomacs, un appareil moschifère chez le mâle.

On a attribué le musc à plusieurs espèces de chevrotains porte-musc; mais il faut rayer des catalogues zoologiques toutes les espèces réputées nouvelles, et n'admettre qu'une espèce unique de chevrotain moschifère qui renfermerait plusieurs variétés que l'on pourrait appeler *maculée*, *rubanée*, *concolor* et *leucogaster*.

Toutes les parties du chevrotain porte-musc exhalent l'odeur caractéristique du musc et la conservent longtemps. A. Milne-Edwards l'a constatée dans un squelette préparé depuis plus de quarante ans (1); les ga-

(1) Alph. Milne-Edwards, *Recherches anatomiques et zoologiques sur la famille des chevrotains*, 1864.

zelles ordinaires répandent une odeur de musc très prononcée qui appartient au mâle aussi bien qu'à la femelle, sans qu'on connaisse le siège de cette sécrétion.

Plusieurs auteurs, et notamment Guibourt (1), pensent que l'odeur du musc provient uniquement des plantes dont se nourrit l'animal; parmi ces plantes nous citerons le *sumbul* ou *soumboul*, racine d'Ombellifère qui nous vient de l'Asie et de la Tartarie chinoise, dont l'origine est tout à fait inconnue, et qui répand une odeur musquée des plus prononcées ; parmi les plantes de notre pays, nous citerons les suivantes : *Rosa moschata*, *Malva moschata*, *Adoxa moschatellina*, *Centaurea moschata*, *Mimulus moschatus*, etc. ; mais l'odeur de ces plantes n'est pas diffusible : on ne la perçoit que lorsqu'on les approche du nez.

Un fait qui donnerait un grand poids à l'opinion de Guibourt, c'est que les petits porte-musc ont une poche pleine d'un liquide inodore, et ce n'est qu'à l'âge de deux ans que la sécrétion devient odorante ; d'un autre côté, on a observé des porte-musc en captivité, à Trianon, près Versailles, par exemple ; et, quoique ces animaux fussent nourris presque exclusivement avec du foin, ils ont continué à faire du musc.

Le commerce fournit le musc de deux manières, *en vessie* ou *en poche*, c'est-à-dire contenu dans l'appareil glandulaire qui le produit, et *hors vessie* ou *en grain* : le premier est plus estimé ; les principales variétés sont le *musc Tonkin*, le *musc de Chine* ou *musc du Thibet*, et le *musc Kabardin* ou musc de Sibérie ; on pourrait multiplier ces divisions.

Le musc du Thibet et le Tonkin, ainsi que celui des parties occidentales de la Chine, nous arrivent renfermés

(1) Guibourt, *Histoire naturelle des drogues simples*, 7e édition par Planchon. Paris, 1876, t. IV.

dans des boîtes de $0^m,20$ sur $0^m,11$ en longueur et en hauteur, revêtues à l'extérieur de feuilles de plomb soudées ; il y a environ vingt-cinq poches par boîte ; elles sont enveloppées chacune dans du papier très fin avec des inscriptions et des figures diverses indiquant les provenances.

Le musc de la Chine, qui est le plus estimé, porte écrit sur le papier d'enveloppe, en lettres rouges ou bleues et en anglais, les mots : *musc collecté à Nankin par Tungtchin-Chung-Chang-Kée* ; au-dessous on voit la figure d'une divinité chinoise ayant à ses pieds une civette et une banderole sur laquelle on vante l'excellence de la marchandise ; sur le couvercle, on lit ces mots : *Ling-Tchan-Musk*, et l'on voit au-dessous une image grossière représentant la chasse de la civette, sous le ventre de laquelle on a figuré une poche moschifère.

Le musc d'Assam, situé au sud du Thibet, arrive en Europe par la voie de Calcutta ; on l'expédie en sacs renfermés dans une caisse en bois ou de fer-blanc contenant environ deux cents poches ; la forme de celles-ci est plus irrégulière que celle du musc dit *de Nankin*.

Le musc Kabardin, ou de Sibérie, vient des monts Altaï et autres parties de l'Asie septentrionale ; il nous vient par la Baltique : les poches sont plus petites, le poil de la face inférieure est gris argenté, la teinte du musc est plus foncée, elle est d'un chocolat clair ; il est plus sec et moins parfumé, et son odeur est plus désagréable.

On ne sait rien sur le rôle physiologique de la poche à musc et de la matière qu'elle contient ; on sait seulement que la sécrétion est plus abondante à l'époque du rut, ce qui fait supposer qu'il joue un certain rôle dans l'acte de la reproduction de ces animaux.

Brandt a constaté que les porte-musc mâles avaient, vers le milieu de la face externe de la cuisse, une glande sous-cutanée composée de cellules aréolées, sécrétant une matière verdâtre sirupeuse et incolore, dont on ignore les usages.

L'odeur du musc est plus ou moins modifiée par son association avec diverses substances inodores ou odorantes. C'est ainsi que le camphre et la valériane modifient son odeur, et que les amandes amères la détruisent. Aussi, lorsque les pharmaciens veulent désinfecter un mortier, ils y pilent des amandes amères.

Bouquets.

Dans la fabrication des bouquets, il est un point important et qui ne saurait être passé sous silence : c'est la qualité de l'alcool employé (1). L'esprit distillé du raisin et celui qu'on tire du grain ont chacun un arome tellement distinct et caractéristique, que l'un ne saurait être pris pour l'autre. L'odeur de l'esprit-de-vin est due, dit-on, à l'éther œnanthique qu'il contient. L'alcool de grain doit la sienne à l'huile de pommes de terre. L'éther œnanthique de l'esprit français est si puissant que, malgré l'addition de substances odorantes aussi fortes que les essences de néroli, de romarin et autres, il communique encore un parfum caractéristique aux produits dans lesquels on l'introduit. De là vient la difficulté de préparer de l'eau de Cologne avec les alcools qui ne contiennent point l'éther œnanthique.

Mais aujourd'hui on trouve dans le commerce des alcools parfaitement rectifiés et bien inodores, que l'on emploie dans l'industrie de la parfumerie à l'exclusion

(1) Voy. LARBALÉTRIER, *L'alcool*, 1888 (1 vol. in-16 de la Bibliothèque scientifique contemporaine).

de tous les autres (1). L'alcool de vin n'est plus employé ni pour la fabrication des extraits d'odeur, ni pour celle des lotions. Outre que son prix est particulièrement élevé, son odeur *sui generis* rend son usage très difficile.

(1) Voy. BOULLENGER, *Les industries agricoles de fermentation*, 1903. (*Encyclopédie agricole.*) Paris, J.-B. Baillière.

III

Hygiène des parfums et des cosmétiques. Applications générales des parfums.

I

HYGIÈNE DES PARFUMS ET DES COSMÉTIQUES

L'usage des cosmétiques remonte à la plus haute antiquité. Outre les livres saints, Hippocrate, Celse, Galien, Paul d'Égine, Pline, Ovide, Martial, Suétone, Juvénal en ont signalé l'emploi; Triller, de Wedel, de Bergen, de Trommsdorff, Fritner, l'abbé Barthélemy (1), C. Dezobry (2), Florence Rivault, Lecamus-Aldeker, Bacher, Constantin James (3), etc., en ont fait l'objet de leurs recherches.

Il existait autrefois une distinction, qui n'est plus faite aujourd'hui, entre les *cosmétiques* et les *commotiques*. Tout ce qui avait rapport à l'hygiène et qui avait pour but de contribuer à embellir le corps humain constituait l'*ars ornatrix* ou *cosmétique*, tandis qu'on appelait *ars fucatrix* ou *commotique* tout ce qui était employé à corriger les imperfections naturelles ou à réparer les outrages du temps (4).

(1) BARTHÉLEMY, *Voyage du jeune Anacharsis en Grèce.*

(2) *Rome au siècle d'Auguste.*

(3) Constantin JAMES, *Toilette d'une Romaine au temps d'Auguste, et cosmétiques d'une Parisienne au* XIXe *siècle.* Paris, 1865.

(4) ROUYER, *Études médicales sur l'ancienne Rome.* Paris, 1859, p. 110. Voy. aussi : DUPOUY, *Médecine et mœurs de l'ancienne Rome.* Paris, 1885.

Aujourd'hui, dans le sens étymologique du mot, on entend par *cosmétique* toute substance destinée à entretenir la beauté du corps humain.

Les cosmétiques sont-ils nécessaires? sont-ils nuisibles? Pour résoudre un pareil problème, il faut entrer dans quelques détails et traiter en particulier de chaque groupe de cosmétiques.

Dans un premier groupe, nous comprenons les cosmétiques qui ne renferment aucune substance toxique, et dont l'usage journalier et exagéré est sans aucun inconvénient; mais nous verrons bientôt que, même parmi ceux-ci, l'hygiène conseille de faire un choix, et que dans certaines circonstances, et selon l'objet auquel on les destine, on devra préférer tel cosmétique à tel autre.

Le groupe des cosmétiques que nous appellerons *innocents* comprend des préparations qui sont quelquefois sujettes à subir des altérations frauduleuses. La fraude, la plupart du temps, ne porte que sur la qualité des substances employées, et elle n'est pas de nature à atteindre la santé des consommateurs. Elle résulte le plus souvent de la qualité inférieure des matières premières dont on a fait usage, du remplacement des graisses ou des huiles fines par des corps gras plus communs; elle consiste encore à employer des essences communes, au lieu d'essences fines, dans la préparation des alcools. Cela ne constitue même pas une fraude, mais bien une fabrication inférieure, et dans tous les cas sans danger pour la santé publique.

Dans un second groupe, nous comprenons les cosmétiques qui ont pour base des matières toxiques dont l'usage, même restreint, peut être la cause de lésions ou de maladies graves.

Une réglementation bien entendue devrait prescrire

d'une manière absolue de signaler ostensiblement l'existence, dans un cosmétique, de substances toxiques dont l'usage, même passager, peut présenter de véritables dangers, ainsi que celle de matières qui, sans être dangereuses par elles-mêmes, peuvent cependant, par un usage journalier et immodéré, nuire à la santé. Il serait certainement très prudent de ne jamais employer comme cosmétiques ces pommades, ces poudres, ces liquides préparés avec de la chaux, des sels de plomb, de cuivre, de mercure, d'argent, avec de l'arsenic, etc.; l'emploi de ces préparations est tellement passé dans les habitudes qu'il serait tout à fait impossible d'en défendre la vente, sans porter une grave atteinte à la liberté commerciale. Aussi devrait-on se borner à obliger le fabricant ou le débitant à indiquer par l'étiquette le danger de ces préparations.

La fabrication et la vente des cosmétiques renfermant des poisons soulèvent des questions bien plus graves et non encore résolues; il arrive souvent en effet que l'on attribue des propriétés thérapeutiques très efficaces à ces préparations. Nous aurons à examiner plus loin s'il ne conviendrait pas d'assimiler certains cosmétiques à des médicaments, et d'exiger que ceux qui renferment des principes actifs soient exclusivement délivrés par les pharmaciens; ou si l'autorité administrative à laquelle est confiée la tutelle de la santé publique peut poursuivre les débitants de produits nuisibles et en particulier les cosmétiques. Pour que l'on comprenne les graves conséquences qu'elle comporte, il est indispensable de faire connaître la composition de ces cosmétiques et de montrer les dangers auxquels on est exposé par leur usage journalier.

Les odeurs et les parfums employés à diverses époques éloignées de nous étaient utilisés tels que la nature nous les fournit, et les préparations qu'on leur faisait subir se bornaient à peu de chose : tantôt on les brûlait, tantôt on les réduisait en poudre, d'autres fois enfin on faisait agir sur eux des dissolvants appropriés.

Les Grecs, les Égyptiens, les Orientaux et surtout les Indiens brûlaient les parfums : ils mirent en honneur les poudres et les sachets parfumés; les eaux de senteur, les alcoolats et les vinaigres aromatiques furent plus particulièrement employés par les Romains. Les parfums qui étaient compris dans l'*ars ornatrix* ne renfermaient aucune substance toxique : c'étaient les roses de Pæstum, de Phasélie ou de la Campanie, l'iris, le narcisse, la marjolaine, le jonc odorant (*Schœnus*), le *Schœnante odorata*, le *malabatrum*, le *telinum*, l'*opobalsamum*, le *carpobalsamum*, les *nards*, le *cinnamomum* (qui n'est pas la cannelle; celle-ci était appelée *cassia*), qui venaient principalement de l'Inde. On ne connaît pas la composition de ces différents parfums, dont la préparation était tenue secrète par ceux qui en faisaient le commerce; les matières premières venaient d'Assyrie, d'Égypte, d'Arabie : ce dernier pays était divisé en cinq régions dont l'une était le *pays des aromates* (1). Le nom de quelques parfumeurs est resté célèbre. Niceros donna le sien à la *nicérotiane* (2); il y avait également un parfumeur du nom de Cosmus (3). Folia, la compagne de Canidie sur le mont Esquilin, avait donné son nom au *foliatum*,

(1) Strabon, liv. XVI. — Voy. Hérodote, liv. III, ch. VII.
(2) Martial, liv. VI, ép. LV. *Fragrans plumbea Nicerotiana.*
(3) Martial, liv. XII, ép. LXV.

variété du nard de Perse, qu'elle préparait par un procédé particulier (1).

Dans l'*ars fucatrix* ou commotique, à côté des substances les plus innocentes, nous trouvons des matières toxiques telles que la céruse, qui entrait dans les fards et qui servait à effacer les rides.

Parmi les odeurs et les parfums, les uns sont de la nature des résines et des huiles essentielles, et peuvent être facilement isolés des produits qui les contiennent; d'autres, plus fugaces, plus difficiles à séparer, sont moins connus à l'état de pureté ; les uns et les autres n'exercent aucune action fâcheuse, en dehors de cas particuliers et d'idiosyncrasies spéciales. Toutefois les odeurs fortes, respirées en grande quantité, peuvent déterminer des accidents nerveux assez graves, des céphalalgies intenses, quelquefois suivies de vertiges; il est donc prudent de ne respirer les parfums qu'en petite quantité. Il est même des personnes qui ne peuvent les supporter à aucune dose. On rapporte que Grétry et Vincent, peintres célèbres, étaient très incommodés par l'odeur d'une rose. Nous connaissons une dame chez laquelle la fleur d'oranger détermine des spasmes nerveux violents. Ledelius parle d'un marchand à qui l'odeur des roses causait une ophtalmie (2). Valmont de Bomare dit que les parties subtiles et odorantes de la bétoine fleurie sont si vives que les jardiniers qui l'arrachent deviennent ivres et chancelants comme s'ils avaient bu du vin. On regarde comme dangereuses les émanations du mancenillier, *Hippomane*

(1) Martial, liv. XI, ép. xxvii. — Liv. XIV, ép. cx. — Rouyer, *loc. cit.*, p. 112. — Voy. Loret, *L'Égypte au temps des Pharaons*, chap. iv : Toilette et parfums.

(2) *Éphémérides des curieux de la nature*, 2e année, 11 décembre, observ. XL.

mancenilla (Euphorbiacées), celles du noyer, du chanvre, du sureau en fleurs, etc.; mais il est probable que Sennert et Boyle ont exagéré ou mal observé lorsqu'ils ont dit que l'odeur de l'ellébore noir ou de la coloquinte purgeait et que celle de l'ellébore blanc occasionnait des vomissements; il est très probable que ces effets sont dus à des particules fines qui s'échappent de ces plantes lorsqu'on les réduit en poudre.

Il ne faut pas regarder les émanations des plantes comme des poisons absolus, c'est-à-dire comme capables de produire l'empoisonnement dans toutes les circonstances possibles, mais seulement comme des poisons relatifs dont les effets dépendent d'une moins grande susceptibilité nerveuse, ou de l'idiosyncrasie. Il ne faut pas attacher une grande foi aux historiens qui prétendent que l'on empoisonnait jadis les gants, les boîtes, etc. On doit regarder comme fabuleux les récits de ces empoisonnements d'Henri IV, d'une princesse de Savoie, Jeanne d'Albret, du pape Clément VII et de quelques autres personnages qui, disait-on, étaient tombés à la renverse pour avoir flairé des boîtes et des gants parfumés (1). Les poisons connus des Anciens n'étaient pas plus actifs que ceux que nous connaissons, et parmi les substances très odorantes, l'acide cyanhydrique et l'essence d'amandes amères exceptés, il n'en est aucune qui puisse déterminer la mort quand on la respire. Ces deux poisons volatils (acide prussique ou cyanhydrique et essence d'amandes amères) se dégagent, il est vrai, en petite quantité, lorsqu'on froisse les feuilles et les fleurs des plantes de certaines Rosacées de la tribu des Drupacées (laurier-cerise, pêcher, amandier amer, etc.), mais ces feuilles

(1) Ambroise PARÉ, liv. XXI, chap. x. Edition Malgaigne, Paris, 1840.

et ces fleurs sont à peu près inodores lorsqu'elles sont intactes, et dans aucun cas elles ne peuvent produire assez de substance toxique pour amener, par simple inhalation, des accidents graves.

Si les odeurs et les parfums naturels, si les huiles essentielles extraites des végétaux, ne sont pas capables de déterminer ces accidents, en est-il de même de certaines essences artificielles, très volatiles, très subtiles, que la chimie est parvenue à obtenir dans ces derniers temps, et dont quelques-unes ont été introduites dans l'art du parfumeur? Nous ne le pensons pas; la plupart de ces produits ne présentent aucune particularité quant à leur nature chimique; il n'y a aucune raison pour qu'un produit de synthèse soit plus nuisible à la santé qu'une substance d'origine végétale.

Des préjugés absurdes ont cours à ce sujet contre lesquels nous ne saurions trop protester.

On ne doit pas confondre les émanations des fleurs odorantes avec celles des essences qu'on peut en extraire. Les huiles essentielles ne peuvent produire d'autres effets que ceux qui sont inhérents à leur nature; c'est tout au plus si quelques-unes d'entre elles, lorsqu'elles seront accumulées en grande quantité et en couches minces dans un lieu confiné, pourront vicier l'air en se résinifiant par oxydation, et en produisant de l'acide carbonique; mais ce sont là des cas exceptionnels qui ne seront jamais déterminés par les cosmétiques parfumés.

Il en est tout autrement pour les fleurs odorantes accumulées dans un espace confiné; il sera toujours imprudent de séjourner dans des appartements où se trouvent des fleurs odorantes, et parmi celles-ci nous signalerons la tubéreuse, le jasmin, le magnolia, etc.; car ici le phénomène est complexe. En effet, outre que ces fleurs dégagent des odeurs plus ou moins fortes, elles vicient d'acide carbonique l'air qui se charge peut-être d'un peu d'oxyde de carbone, agent délétère et que M. Boussingault a signalé comme étant un des produits de la respiration des plantes dans certaines circonstances. Toute plante, en plus de son odeur, est un foyer d'exhalaisons plus ou moins redoutables.

L'expérience est bien connue qui consiste à placer le soir une rose, privée de ses feuilles, sous une cloche de verre close hermétiquement. Pendant la nuit, elle absorbe l'oxygène de l'air contenu dans la cloche, et rend en échange de l'acide carbonique; si le lendemain on en approche une bougie allumée, elle s'éteint. Une fleur oubliée dans une chambre à coucher a pu causer des maux de tête, des nausées, des vertiges. Or, jamais pot de pommade, quel que fût son arome, n'a été accusé de semblables méfaits.

Il n'y a, à part quelques cas exceptionnels, aucun danger à respirer les odeurs et les parfums en petite quantité ; mais l'abus des parfums jette l'esprit et le corps dans une sorte d'alanguissement. Ces caractères énervants sont surtout le propre des odeurs fines ou un peu fades, telles que celles de la rose, du lis, du jasmin et de la tubéreuse. Rappelons-nous avec Constantin James ces Asiatiques qui, pour engourdir la femme dans l'esclavage du harem, l'entourent d'une atmosphère tout imprégnée d'effluves odorants ? cette cour parfumée de Louis XV qui fut, entre toutes, une cour efféminée ? ces *roués* du Directoire à qui la muscade valut l'épithète qui leur a survécu (1) ?

Quant aux odeurs aromatiques et pénétrantes, telles

(1) Constantin JAMES, *Toilette d'une Romaine au temps d'Auguste, et cosmétiques d'une Parisienne au* XIXe *siècle*. Paris, 1865, p. 177 et 178.

que celles qu'on retire de la lavande, du thym, de la menthe et de la verveine, elles raniment et restaurent; un degré de plus, et elles pourront devenir un stimulant efficace du cerveau. Il suffira de faire respirer de l'acide acétique (*sel anglais*) ou de l'ammoniaque pour prévenir ou dissiper un évanouissement. (Constantin JAMES.)

Hygiène des cheveux, préparations épilatoires.

Peu d'usages ont une origine plus ancienne que celui de peindre le visage, de teindre les cheveux et de noircir les cils et les sourcils pour relever la beauté. En Égypte, c'est une coutume générale chez les femmes de la haute et de la moyenne classe, et très commune parmi celles des classes inférieures, de se noircir le bord des paupières supérieure et inférieure avec une poudre qu'elles appellent *kohol*. On applique le kohol avec un petit stylet de bois, aminci et émoussé à l'extrémité. On le trempe de temps en temps dans l'eau de rose, puis on le plonge dans la poudre et on le promène sur le bord des paupières. On pense que cette opération donne une expression très douce au regard en faisant paraître l'œil plus grand. C'est sans doute à ce fait que Jérémie fait allusion quand il dit : « Quoique tu te fendes le visage (les yeux) avec de la couleur, c'est en vain que tu te feras belle (1). »

Une singulière coutume des femmes mauresques et arabes est de se dessiner entre les deux yeux des bouquets de points bleuâtres ou d'autres petites figures sur lesquelles elles appliquent une couleur qui les rend indélébiles. Le menton est aussi tatoué de la même manière : une petite ligne bleue, partant de la pointe,

(1) JÉRÉMIE, IV, 30. — Voy. aussi E.-W. LANE, *Manners and Customs of modern Egyptians*. London, vol. I, p. 41 et suivantes.

descend jusqu'à la gorge. Les cils, les sourcils, le bord et l'extrémité des paupières sont également colorés en noir. La plante des pieds et quelquefois d'autres parties du pied, jusqu'à la cheville, la paume des mains et les ongles sont teints en un rouge jaunâtre avec les feuilles d'une plante appelée *henna* (1), *henné* ou *alkanna* de Chypre et d'Égypte, *Lawsonia inermis* (Salicariées). Ses feuilles, que l'on fait sécher pour cet usage, ressemblent un peu au myrte. On les pile et l'on en fait avec de l'eau de chaux une pâte que l'on applique sur la peau, sur les cheveux, sur les ongles ; on l'y laisse pendant plusieurs heures ; la couleur ainsi imprimée se conserve pendant des semaines. Souvent aussi l'on peint de cette manière le dessus des mains et on le décore de divers dessins. Les jours de fête, on se peint les joues avec une couleur rouge-brique ; une petite ligne rouge marque aussi le contour des tempes.

[Les Persans, jeunes et vieux, teignent leurs cheveux et leur barbe tous les huit jours. Nous aurons l'occasion d'examiner deux poudres qu'ils emploient à cet usage ; elles avaient été remises par Feroukh-Kan à M. le professeur Trousseau : l'une teint les cheveux en jaune d'or, c'est du henné ; l'autre les teint en bleu : c'est très certainement une plante indigofère dont le nom nous est inconnu. On applique d'abord le henné, dont on fait une pâte avec de l'eau, on en recouvre la tête, et, après une demi-heure de contact, on applique de la même manière la poudre bleue, et l'on obtient ainsi une coloration magnifique d'un noir *aile de corbeau*.]

Des usages semblables subsistent encore en Perse.

(1) Le *Cantique* de Salomon mentionne cette plante sous le nom de *camphire*; on la trouve, sous celui de *henna*, chez Piesse et Lubin, Bond street, London.

Dans son livre intitulé *Glimpses of Life in Persia*, lady Sheil dit, en parlant de la mère du chah :

« La paume de ses mains et le bout de ses doigts étaient teints en rouge avec une herbe appelée *henna* et le bord de la paupière inférieure était coloré avec de l'antimoine. Tous les kadjars ont naturellement de grands sourcils arqués; mais les femmes ne se contentent pas de ce que leur a donné la nature, elles les agrandissent et en doublent les proportions réelles en les prolongeant par de grandes lignes tracées avec de l'antimoine. Leurs joues sont couvertes de fard, comme c'est l'invariable coutume des femmes persanes de toutes les classes.

« En Grèce, pour teindre les cils et les paupières, on jette de l'essence ou de la gomme-labdanum, *Cistus creticus* (Cistinées), sur de la braise ; on intercepte la fumée qui s'en dégage avec une assiette pour en recueillir le noir. Voici comment j'ai vu employer cette préparation : une jeune fille, assise sur un sofa, les jambes croisées suivant l'usage, fermant un de ses yeux, prenait les deux cils entre le pouce et l'index de la main gauche, les tirait en avant, puis introduisait par le coin extérieur une espèce d'épingle ou de stylet préalablement plongé dans le noir de fumée. En retirant le stylet, les parcelles de couleur qui y étaient adhérentes s'arrêtaient entre les cils et y demeuraient (1). »

Le docteur Shaw raconte qu'entre autres curiosités retirées des tombeaux découverts dans le Sahara et qui avaient appartenu à des femmes, il vit un morceau de roseau ordinaire contenant une de ces épingles et 30 grammes au moins de cette poussière.

En Angleterre, beaucoup de personnes ayant les che-

(1) CHANDLER, *Travels in Greece*.

veux gris ont adopté un usage analogue ; mais, au lieu d'employer le noir sous forme de poudre, elles se servent d'une espèce de crayon dans lequel la matière colorante est mêlée à un corps gras, comme des bâtons de pommade bruns et noirs.

On a souvent discuté la question de savoir si les cheveux sont sujets à changer subitement de couleur. Le Dr Davy a répondu négativement dans un travail lu en 1861, à Manchester, au sein de la *Bristol Association.*

L'opinion générale se prononce fermement pour l'affirmative; plusieurs naturalistes et physiologistes concluent dans le même sens. Ils citent des exemples de personnes dont les cheveux sont devenus blancs ou gris sous l'influence d'émotions violentes, telles que la douleur, la terreur, etc. Haller (1) relate huit cas de changements de ce genre relevés par les auteurs ; mais tout ce qu'il semble admettre pour son compte, c'est que ce changement peut se produire lentement sous l'influence d'une santé altérée. Marie-Antoinette a été citée par les partisans de l'opinion générale comme un exemple frappant et authentique; mais, quand on l'examine avec soin, ce cas rentre dans la catégorie admise par Haller.

Pendant l'emprisonnement que lui firent subir les Jacobins, la reine avait été privée de l'usage des cosmétiques avec lesquels elle avait l'habitude de teindre en noir ses cheveux naturellement cendrés, et les historiens, en racontant son exécution, répètent que sa chevelure passa d'un noir de jais au gris par suite des tortures morales que la malheureuse reine avait éprouvées.

S'il avait été possible qu'une émotion morale, ter-

(1) HALLER, *Elementa Physiologiæ.*

reur ou chagrin, rendît tout à coup ses cheveux gris, assurément le changement aurait été remarqué avant l'époque où la famille royale fut arrêtée en cherchant à sortir de la France. Si une métamorphose semblable était admissible, ne devrait-on pas la voir se produire chez les militaires engagés dans de terribles expéditions, au milieu des dangers et des horreurs de la guerre? Le Dr Davy avait lui-même examiné des milliers de soldats, prématurément épuisés par des climats divers, ayant assisté à de sanglantes batailles et dont beaucoup avaient reçu de terribles blessures, et il déclare n'avoir jamais rencontré un cas de cette espèce.

Les cheveux de l'homme ne peuvent être injectés. Je me suis servi de liquides colorants tels qu'une solution de nitrate d'argent, une solution d'iode, et je n'ai observé aucun changement de couleur, si ce n'est dans les parties positivement immergées. Que leur couleur soit due à une huile fixe, à une disposition particulière des molécules qui les composent ou à ces deux causes, ils opposent une résistance remarquable à la décomposition ; ils résistent à l'action des acides et des alcalis; les plus forts seuls peuvent les dissoudre. Ils résistent à la macération et à l'action de l'eau bouillante elle-même, à moins qu'à cette action longtemps continuée ne se joigne celle de la pression, car dans ce cas ils se désagrègent et se décomposent. Le soleil les blanchit, mais ce fait n'explique nullement celui d'un changement subit de couleur. Les partisans de l'opinion populaire allèguent les changements qui se produisent dans le plumage de certains oiseaux, tels que le *ptarmigan* (*Tetras lagopide*, *Tetrao lagopus* L., *Tetrao Alpinus* Nils., *Tetrao rupestris* Gmel., ou perdrix des quatre saisons), et dans le poil de certains quadrupèdes, tels que le lièvre de montagne et l'hermine, qui deviennent blancs à l'approche de l'hiver et reprennent une nuance plus foncée quand il est passé.

Un naturaliste, M. Blyth, ayant examiné un lemming tué en automne, à l'époque où ils changent de couleur, s'est convaincu que les poils bruns n'avaient pas changé, mais qu'ils avaient été remplacés par de nouveaux poils blancs. Il y a d'ailleurs des raisons pour que le pelage et le plumage d'été soient d'une couleur plus foncée que ceux de l'hiver. L'auteur conclut qu'il est impossible de ne pas regarder comme erronée l'opinion suivant laquelle les cheveux pourraient changer subitement de couleur sous l'influence d'impressions morales.

Les tentatives faites par les physiologistes pour expliquer un tel changement sont restées sans succès, et de plus amusantes tentatives avaient été faites pour expliquer le phénomène autrement que par une déception. Le docteur Davy, ayant pris du service sur le continent, eut occasion de connaître un chirurgien militaire qui était devenu fou et auprès duquel il fut appelé quinze jours ou trois semaines après l'invasion de la maladie. Les cheveux du malade, précédemment bruns, étaient devenus gris; mais lorsque le docteur appela sur cette métamorphose l'attention du chirurgien du régiment, celui-ci lui répondit simplement : « Votre surprise cessera, quand vous saurez que M***, depuis qu'il est tombé malade, a cessé de se teindre les cheveux. »

L'assassin Orsini, exécuté à Paris pour avoir, en janvier 1858, attenté à la vie de l'empereur Napoléon III et immolé sans pitié douze personnes innocentes, présenta par la même cause la même anomalie. Au moment de son arrestation, les boucles abondantes de sa chevelure étaient aussi noires que l'ébène ; mais, lorsqu'il fut conduit au supplice, elles étaient d'un gris de fer, simplement parce qu'il avait négligé les soins de sa toilette ou parce qu'on lui avait retiré le cosmétique dont il avait l'habitude de se servir pour les teindre en noir... Ses amis et la plupart des journaux attribuèrent naturellement ce changement à une autre cause, et nous ne doutons pas que l'histoire ne présente ce fait comme le résultat de la surexcitation et des souffrances morales endurées pendant sa captivité.

Règle générale, il ne faut pas se teindre les cheveux ; presque toujours c'est nuire à l'un des éléments dont l'ensemble forme ce tout harmonieux qu'on appelle *beauté physique*. Les principaux éléments de la beauté, indépendamment de la forme, sont le teint, les yeux et la chevelure. La première question à poser avant d'essayer de changer la couleur d'un auxiliaire si important doit donc naturellement être celle-ci : le changement s'accordera-t-il avec le teint et les yeux ? La beauté teutonique des Anglo-Saxons et des Anglo-Normands a été transmise aux enfants de la Grande-Bretagne avec le bon sens pratique des uns et l'air noble des autres. La plupart des femmes dont les charmes forment l'ornement de l'Angleterre sont donc essentiellement blondes, blanches et fraîches, tout l'opposé du brun et du noir. Les teints roses et clairs, les yeux bleus, les cheveux plus ou moins châtains dominent dans cette île. Maintenant, changer la couleur du visage ou celle de la chevelure, c'est détruire l'harmonie d'un pareil genre de beauté, parce que l'œil ne peut être changé en conséquence; c'est produire un effet aussi désagréable que celui que produit souvent une femme mal habillée par un étalage de couleurs disparates dans sa toilette. Les personnes blondes ont rarement de l'avantage à se teindre les cheveux, si tant est qu'elles en aient jamais. Celles qui ne portent pas ce signe caractéristique d'origine teutonique, dans les veines desquelles se mêle le sang d'une race plus méridionale et dont le teint foncé, les yeux de gazelle, les cheveux de jais concourent à former de ces beautés que nous appelons *brunettes*, quand la jeunesse commence à s'éloigner ou quand les boucles de leurs cheveux s'argentent et grisonnent prématurément, celles-là peuvent appeler l'art à leur aide pour rendre à leur chevelure sa couleur primitive, sans enfreindre les principes de l'harmonie. Si la nuance des cheveux est un châtain trop vif, trop éclatant pour bien s'assortir avec les yeux ou avec la fraîcheur des joues, on peut en adoucir l'éclat en employant un cosmétique qui se vend sous le nom d'*eau de brou de noix*, mais qui n'est, en réalité, qu'une solution de *plombate de potasse*, et qui se prépare en faisant dissoudre un oxyde de plomb nouvellement précipité, dans la potasse liquide, jusqu'à parfaite saturation.

Kohol.

Le mot *kohol* vient de l'hébreu et signifie *peindre*. Les femmes en Orient étaient autrefois et sont encore aujourd'hui dans l'habitude de se peindre les sourcils avec divers pigments; le plus généralement employé est le sulfate d'antimoine réduit en poussière impalpable. Cet usage s'est jusqu'à un certain point introduit en Angleterre; mais le kohol dont on se sert ne contient pas d'antimoine : il se compose d'une solution d'encre de Chine dans de l'eau de rose. Pour le préparer, on prend un bâton d'encre de Chine pesant environ 30 grammes, on le pulvérise dans un mortier — ce qui est loin d'être facile; — ensuite on verse peu à peu dans cette poudre un demi-litre d'eau de rose chaude, et l'on mêle jusqu'à ce que le tout soit également liquide, résultat qui ne s'obtient qu'après deux jours de trituration. Le kohol ainsi préparé s'applique sur les cils et les sourcils avec un pinceau fin en poil de chameau.

Teinture turque pour les cheveux.

Il y a à Constantinople quelques personnes, particulièrement des Arméniens, qui se livrent à la préparation des cosmétiques, et qui tirent beaucoup d'argent de ceux qui désirent apprendre leur art. Parmi ces cosmétiques, on cite une teinture noire pour les cheveux, qui, selon M. Landerer (d'Athènes), se prépare de la manière suivante :

On pulvérise des noix de galle dont on fait ensuite une pâte avec un peu d'huile; on fait cuire cette pâte dans une bassine de fer, jusqu'à ce que les vapeurs d'huile cessent de se dégager; alors on triture le résidu et l'on en fait avec de l'eau une nouvelle pâte que l'on remet sur le feu, pour la faire sécher. Pour compléter la préparation, on y ajoute un mélange minéral apporté d'Égypte sur les marchés de l'Orient et qui s'appelle en turc *rastikopetra* ou *rastik-yuzi*. Ce métal, qui ressemble à de l'écume, est fondu exprès par les Arméniens et se compose de fer et de cuivre. Il tire son nom de l'emploi qu'on en fait pour teindre les cheveux et particulièrement les sourcils, car *rastik* veut dire *sourcils* et *yuzi*, *pierre*. Réduit en une poussière fine, on l'incorpore aussi complètement que possible avec la noix de galle traitée comme il vient d'être dit, de manière à former une pâte molle que l'on conserve dans un endroit humide, où elle acquiert la propriété de noircir. Quelquefois on introduit dans cette pâte des poudres odorantes employées comme parfum dans le sérail et appelées *karsi*, c'est-à-dire *odeur agréable* et dont le principal élément est l'ambre gris. Pour employer cette teinture, on en écrase un peu dans la main ou entre les doigts et l'on en frotte bien les cheveux ou la barbe. Au bout de quelques jours, les cheveux deviennent d'un noir magnifique, et c'est un vrai plaisir de voir les belles barbes noires qu'on rencontre en Orient parmi les Turcs qui se servent de cette préparation. Un autre avantage que présente ce cosmétique, c'est que les cheveux et la barbe restent doux et souples et qu'ils conservent longtemps leur couleur noire lorsqu'ils ont une fois été teints. On peut assurer, sans crainte de se tromper, que les propriétés colorantes de cette préparation sont dues principalement à l'acide pyrogallique qu'on peut retrouver en traitant le tout par l'eau.

COSMÉTIQUES DU SYSTÈME PILEUX

La conservation de la chevelure de l'homme, qu'on la considère sous le rapport de la beauté naturelle ou comme vêtement protecteur dont le cuir chevelu ne peut pas être impunément dépouillé, réclame un ensemble de moyens hygiéniques sur lesquels nous devons insister.

La chevelure de l'homme remplit plusieurs rôles physiologiques : elle sert d'enveloppe et protège le crâne et les organes importants qu'il renferme contre l'action de l'air, contre celle des rayons solaires et contre les influences atmosphériques ; on a vu souvent, en effet, des maladies telles que des coryzas, des rhumatismes du cuir chevelu, disparaître chez les personnes qui en étaient atteintes, après l'emploi des postiches. La chevelure est encore une sorte d'armure qui défend le crâne contre les corps étrangers, le garantissant des blessures ou des contusions; lorsque le cuir chevelu est couvert de sueur, les cheveux lui permettent de sécher doucement sans être exposé à l'influence trop directe de l'air ambiant. Cet air lui-même est tamisé à travers la couche pileuse, et il arrive au cuir chevelu exempt de ces impuretés qui pourraient lui nuire ; enfin les poils et les cheveux abritent la fonction de la respiration. Chez les femmes, la chevelure est non seulement un vêtement, mais elle est encore un ornement, un des éléments de la beauté générale. On ne doit donc pas être surpris que l'on ait cherché tous les moyens rationnels pour conserver, reproduire ou remplacer les cheveux : une belle chevelure est presque toujours l'indice d'une bonne santé; aussi le moyen le plus sûr de prévenir l'altération des cheveux, leur chute plus ou moins complète, une calvitie anticipée, c'est d'entretenir la santé générale, de prévenir l'affaiblissement de la constitution, d'éviter les causes générales qui peuvent influer directement ou indirectement sur la chevelure (1).

Les soins que l'on donne à la coiffure peuvent être une cause de la chute des cheveux : les tiraillements qu'on leur fait subir pour les disposer et les maintenir de telle ou telle façon, l'emploi de brosses trop dures, de peignes trop fins, l'usage des cosmétiques, de ceux surtout destinés à teindre les cheveux ou à combattre l'alopécie.

L'hygiène des cheveux doit être considérée à deux points de vue tout à fait opposés : sous le rapport de l'absence complète de tous soins et sous celui de l'excès même de ces soins; quelques coiffures basses et chaudes, certaines exigences de la mode peuvent déterminer la prompte chute des cheveux.

(1) GASTOU, *Les maladies du cuir chevelu* (prophylaxie, hygiène et traitement). (*Actualités médicales.*) Paris, 1902.

Les soins de propreté à donner à la tête se résument à peu de chose : passer le démêloir le plus souvent possible, le peigne fin tous les jours, afin de détacher les produits de sécrétion déposés sur le cuir chevelu, brosser souvent pour entraîner les pellicules et la poussière, provoquer ainsi une espèce d'excitation faible du bulbe : tels sont les soins journaliers. C'est ce qu'on pourrait appeler, avec M. le docteur C. James, *se ventiler la tête*. « A mesure que l'air pénètre dans la chevelure, la sève y abonde, et il en résulte pour le cheveu un surcroît de vigueur. Le cheveu ressemble au végétal par les sucs qu'il s'assimile et par le rôle que joue l'air dans sa vitalité. De même qu'une plante dépérit et s'étiole quand elle est habituellement soustraite au contact de l'atmosphère, de même le cheveu s'étiole et dépérit quand il n'en ressent plus la vivifiante influence (1). »

Règle générale : on ne se sert pas assez de pommades et d'huiles pour les cheveux, de là le grand nombre de vilaines chevelures que l'on voit quand les hommes sont rassemblés, tête nue, comme dans une cour de justice ou autres lieux semblables de réunion publique. Dans les pensions, c'est en vain qu'on emploie l'eau et le savon pour détruire un odieux parasite dont le nom n'a pas besoin d'être écrit, mais qu'on ne voit jamais et dont on n'entend jamais parler là où l'on fait usage pour la toilette de bonne huile ou de bonne pommade. D'autre part, il y a des personnes dont les cheveux sont naturellement si gras et si humides, qu'ils ne demandent aucune espèce d'onguent. Ces cheveux-là sont très sujets à tomber, à devenir maigres, flasques et mous, tandis que de bons cheveux doivent toujours avoir quelque chose de laineux pour leur donner cet air de

(1) Constantin JAMES, *Toilette d'une Romaine au temps d'Auguste, et cosmétiques d'une Parisienne au* XIXe *siècle*, p. 239. Paris, 1865.

vigueur et de vie qui sied si bien aux boucles frisées et dont la tête du nègre nous montre l'exagération. A des cheveux grêles et naturellement gras, il faut une lotion qui les entretienne en bon état, et, s'ils tombent naturellement ou par suite de maladie, cette lotion devra être astringente et stimulante.

Faut-il laver la tête, et peut-on impunément mouiller les cheveux? Cette question a été un peu controversée. Nous pensons qu'une lotion faite avec de l'eau tiède ou avec un des liquides très inoffensifs dont nous donnons la formule dans la seconde partie de cet ouvrage, ne peut qu'être très utile. Le plus souvent on fait usage d'un jaune d'œuf d'abord, puis de l'eau, ou bien d'une solution très légèrement alcalinisée et aromatisée; mais ces lavages ne doivent être pratiqués que très rarement, et c'est une très mauvaise chose que de mouiller tous les jours ses cheveux, et que de se baigner largement la tête : il en résulte toujours un dommage pour la chevelure ; pour les mêmes raisons, il faut éviter de mouiller habituellement les bandeaux pour les lisser, et, lorsqu'on prend fréquemment des bains et surtout des bains de mer ou d'eaux minérales, on devra s'abstenir d'immerger la tête.

En général, il faut regarder comme mauvaises toutes les coiffures qui ne laissent pas les cheveux à peu près libres, lisses et relevés, sans être tordus, tiraillés, fatigués ; la frisure artificielle est nuisible : la chaleur du fer dessèche les cheveux, les rend cassants, dessèche et brûle la peau et gêne les fonctions du cuir chevelu. Des résultats fâcheux se font surtout remarquer lorsque les cheveux sont naturellement secs, cassants et difficiles à manier; malgré cela, bien des hommes et surtout les femmes sacrifient tout à la mode, sans se préoccuper des inconvénients ou des dangers auxquels ils s'exposent; cependant on devra toujours préférer les coiffures peu serrées, faiblement relevées, de manière à ne pas tirailler les cheveux et à permettre la libre circulation de l'air, et dans tous les cas on fera bien de les laisser, matin et soir, libres et flottants pendant quelques instants.

Il importe le plus souvent de se passer de tout agent étranger; cependant, chez certaines personnes, la sécrétion destinée à lubrifier le poil se fait mal ou elle est presque nulle : les cheveux sont alors très secs; les pommades, et les huiles surtout, conviennent alors très bien, mais il faut les choisir douces et non irritantes. Chez les personnes, au contraire, qui ont habituellement les cheveux gras et humides, celles chez lesquelles les sécrétions trop abondantes du cuir chevelu se déposent à sa surface sous forme de crasse, les cosmétiques gras auront pour résultat et pour inconvénient d'exciter cette sécrétion, qui amène bientôt une altération du bulbe, et de provoquer la chute des cheveux.

Les formules des huiles et des pommades que nous donnerons dans notre second volume peuvent être employées modérément sans inconvénient ; aucune d'elles ne renferme de substances nuisibles à la santé ; mais il faut donner la préférence aux huiles fines et à celles qui, renfermant de petites quantités de résine ou de baume, sont peu disposées à rancir ; les huiles et les pommades communes s'oxydent et deviennent bientôt irritantes. Peut-être y aurait-il avantage à leur substituer, dans certains cas, des préparations à la glycérine, qui ont les qualités des corps gras sans en avoir les inconvénients.

[[Aujourd'hui, ces inconvénients tendent à disparaître, grâce à l'emploi d'un nouveau corps onctueux, retiré du pétrole et que l'on désigne sous le nom de *vaseline*. La vaseline est un corps peu oxydable, sur lequel le temps n'a qu'une influence sensiblement nulle; elle est très lubrifiante, et se présente sous forme d'une matière blanche semi-translucide.]]

On emploie souvent, pour maintenir les cheveux, des préparations désignées sous les noms de *bandoline*, *fixateur clyphique*; la gomme, les mucilages de graines de coing ou de psidium servent le plus souvent à les préparer; on y ajoute des aromates et un peu d'alcool pour empêcher leur altération, mais bientôt cet alcool s'acidifie et ces préparations deviennent caustiques et irritantes; il faut donc les choisir récemment faites. Il en est de ce topique comme de tous ceux qu'on applique sur la chevelure: souvent nuisibles, toujours inutiles, ils présentent l'inconvénient de rendre la tête plus difficile à nettoyer.

La *brillantine*, pour lustrer la barbe et les cheveux, est un composé alcoolique légèrement aromatisé à tel ou tel parfum, suivant le goût de la clientèle que chaque maison a l'habitude de servir, et dans lequel on fait dissoudre environ un dixième de son poids, soit de glycérine parfaitement purifiée, soit d'huile de ricin très fraîche.

Les *eaux Romaine et Athénienne*, et en général toutes les eaux destinées à nettoyer la tête, doivent tenir en dissolution une certaine quantité de saponine, pour lessiver la chevelure et la purger de toutes les substances hétérogènes dont quelques fabricants, peu consciencieux et trop avides, se servent pour allonger leurs pommades.

Nous n'insisterons pas sur la calvitie, qui a pour cause déterminante les coiffures chaudes et lourdes, et closes de manière à former étui. Pour conserver la chevelure, il faut se couvrir le moins possible la tête ; mais, comme on ne peut pas l'exposer nue à toutes les intempéries, il faut choisir les coiffures légères. « Si les Turcs deviennent chauves de bonne heure, dit Constantin James (1), c'est que le turban empêche l'air d'aviver leur cuir chevelu ; si nos gens de service ont d'ordinaire le crâne mieux garni que leurs maîtres, c'est que les convenances veulent qu'ils restent plus souvent la tête découverte. » Les paysans, et surtout ceux des Pyrénées et des Landes, qui portent le béret de laine, sont chauves de bonne heure ; aussi dit-on dans ces pays que « la laine mange les cheveux » ; il en est de même des militaires, qui ont constamment la tête couverte ; c'est pour cela qu'on leur donne aujourd'hui des coiffures percées de trous à leur partie supérieure.

Souvent les cosmétiques sont dangereux, et l'on a vu une chevelure, déjà menacée de calvitie, se dégarnir par l'effet de certains cosmétiques excitants. Cazenave cite l'*eau d'Alcibiade* comme pouvant amener ce résultat.

Les plantes les plus vulgaires auxquelles les Anciens attribuaient des propriétés merveilleuses étaient employées comme *philocomes*.

Les femmes romaines noircissaient leurs sourcils ; Pline rapporte qu'on employait dans ce but les œufs de fourmis avec des mouches ; Juvénal indique un procédé employé de nos jours :

> Ille supercilium madida fuligine tectum
> Obliquo producit acu, pingitque trementes
> Attollens oculos (2).

(1) Constantin James, *Toilette d'une Romaine au temps d'Auguste, et cosmétiques d'une Parisienne au* XIXe *siècle*, p. 240. Paris, 1865.

(2) Rouyer, *Études médicales sur l'ancienne Rome*. Paris, 1859, p. 121. — Martial, liv. III, ép. XLIII. — Liv. VI, ép. LVII. —

« Celui-ci allonge ses sourcils et teint ses cils avec une aiguille noircie de fumée. »

On trouve dans Martial le passage suivant :

> Jurat capillos esse, quod emit, suos
> Fabulla ; numquid, Paule, pejerat? Nego (1).

« Fabulla jure que les cheveux qu'elle a achetés sont les siens. Fait-elle un parjure ? Nullement. »

Ovide raconte ainsi une mésaventure arrivée à une dame :

> Dictus eram cuidam subito venisse puellæ :
> Turbide perversas induit illa comas (2).

« Un jour on annonce à une belle mon arrivée subite : elle se trouble et met à l'envers sa chevelure postiche. »

D'après Pétrone : « Une suivante de Typhène emmena Giton sous l'entrepont du vaisseau pour ajuster à sa tête une chevelure postiche de sa maîtresse ; en outre elle tira de sa boîte une paire de sourcils, qui, artistement appliqués sur la ligne primitive, rendirent à l'enfant toute sa beauté (3). »

Trois esclaves, outre la femme de chambre (*fusca*), prenaient part à la toilette d'une dame romaine : les *ciniflones* étaient chargées de peigner et de boucler les cheveux, les *psecades* de les parfumer, et enfin l'*ornatrix* les disposait artistement et donnait la dernière main à l'ensemble de la toilette (4).

Liv. XII, ép. XLV. — Liv. V, ép. LXVIII. — Liv. X, ép. LXXXIII. — Liv. XIV, ép. XXV, XXVI et XXVII.

(1) ROUYER, *loc. cit.*, p. 120. — MARTIAL, liv. VI, ép. XII.

(2) ROUYER, *loc. cit.*, p. 120. — OVIDE, *Art d'aimer*, liv. III, v. 245.

(3) ROUYER, *loc. cit.*, p. 121. — PÉTRONE, *Satyricon*, CX.

(4) ROUYER, *loc. cit.*, p. 122.

Il y a peu d'années, un de nos plus spirituels littérateurs, Alphonse Karr, faisant allusion à l'habitude que l'on avait prise de noircir les cheveux, disait qu'il ne naissait plus de blondes; aujourd'hui les caprices de la mode ont conduit nos coquettes à teindre leurs cheveux en châtain et même en roux.

Jean Liébault dit que, pour faire pousser les cheveux et le poil, il faut préparer d'une certaine façon la chair des limaçons, les mouches guêpes et les mouches à miel». Guyot recommandait l'huile de lézard, l'eau de chanvre, l'huile *bénédicte* de Léonard Fioravanti, et l'or potable obtenu par la méthode de Fumavel.

Depuis des siècles et à toutes les époques, les praticiens ont signalé les dangers des cosmétiques destinés à colorer les cheveux, et jamais leur usage ne s'est effacé ni amoindri. Les femmes surtout, comme au temps des Aspasie et des Cléopâtre, par tous les moyens et à tous les prix, cherchent à dissimuler les ravages du temps; il ne faut donc pas espérer proscrire complètement l'usage de ces compositions; nous devons par conséquent faire connaître celles qui présentent le moins de danger.

Anciennement les préparations étaient pour la plupart complètement innocentes; nous verrons bientôt qu'il n'en est pas de même aujourd'hui. Nous sommes loin de l'époque où l'on croyait qu'il suffisait de se baigner dans les eaux de deux fleuves, le Crathis et le Sybaris, pour rendre les cheveux blonds. Il faudrait, au point de vue de l'hygiène de la chevelure, s'abstenir de toutes ces préparations, non seulement parce qu'elles nuisent à la chevelure, brûlent les poils, altèrent la capsule pilifère, nuisent aux sécrétions capillaires, hâtent et favorisent la calvitie, mais encore parce qu'elles irritent et enflamment, deviennent la source d'éruptions douloureuses, de maladies graves, et que, enfin, quelques-unes peuvent être absorbées et déterminer de véritables empoisonnements.

Parmi les substances innocentes employées pour colorer les cheveux, nous citerons les substances végétales ; mais toutes, ou presque toutes, à l'exception des poudres persanes dont nous ne connaissons pas la nature, sont efficaces.

Les pommades noires, les cires à moustaches, les bâtons cosmétiques noirs, doivent leur couleur à du noir de fumée, du charbon de liège, etc. ; la préparation connue sous le nom de *mélianocome* est de cette nature ; ces préparations noircissent les cheveux, mais la couleur est enlevée par le frottement d'un linge ou du papier.

[A peu de chose près, tous les liquides employés en France pour teindre les cheveux ont pour base des sels d'argent, de cuivre ou de plomb ; les mordants dont on se sert pour fixer la couleur, ou plutôt pour la produire, sont tantôt des solutions de sulfures alcalins, potassium ou sodium, tantôt des dissolutions de tanin, d'acide gallique ou d'acide pyrogallique. La vente au public de ces substances toxiques est une violation de la loi de germinal an IX, relative à la vente des substances vénéneuses ; mais certains commerçants vont plus loin. Comme les sels d'argent colorent l'épiderme en noir, ils vendent pour faire disparaître ces taches une solution saturée de *cyanure de potassium*, poison aussi terrible que l'acide cyanhydrique lui-même. Un flacon de solution de 30 grammes suffirait pour tuer soixante personnes. Deux accidents graves, des empoisonnements mortels ont été le résultat de cette liberté commerciale qui annonce, sous des noms de villes ou de contrées américaines, et comme étant préparées avec des plantes de ces contrées, des eaux qui ne sont autre chose que des solutions d'acétate de plomb dans une eau aromatisée et additionnée de fleur de soufre.]

Les préparations métalliques ne sont pas toutes également dangereuses ; nous placerons en première ligne, comme nuisibles, les *plombiques* : peignes en plomb, oxydes de plomb mêlés à la chaux, sels de plomb solubles ou insolubles. On a prétendu à tort qu'il suffisait de les étendre sur la tête, et même de se peigner avec un peigne de plomb pour qu'il se formât un sulfure noir avec le soufre contenu dans les cheveux ; mais ces moyens ne réussissent pas, et les eaux les plus vantées et annoncées comme étant composées de plantes cueillies dans les pays étrangers ne sont que des solutions d'acétate de plomb dans des eaux aromatisées, auxquelles on a ajouté de la fleur de soufre (eaux de la Floride, de Bahama, etc.).

Les sels de plomb exercent deux sortes d'actions, une locale et une générale : localement ils dessèchent, rident, flétrissent la peau ; ils noircissent au contact des émanations sulfhydriques ; les effets généraux sont ceux que présentent les différents degrés d'intoxication saturnine.

Voici un fait à l'appui : Un homme de quarante-sept ans, d'une constitution robuste et d'une santé parfaite, vit tout à coup ses forces décliner, son intelligence s'éteindre, sans qu'on pût aucunement en soupçonner la cause. Son médecin, le docteur Schotten, se perdait en conjectures lorsqu'enfin il apprit que, depuis quelque temps, cet homme se servait, plusieurs fois par jour, d'un peigne de plomb pour empêcher qu'on ne vît que ses cheveux blanchissaient. Le traitement fut aussitôt dirigé en conséquence, mais déjà il était trop tard et le malade succomba avec tous les signes d'un empoisonnement par le plomb. « A l'autopsie, dit le docteur Schotten, je trouvai une stase sanguine considérable dans le cerveau, et un abcès volumineux occupant la base du crâne (1). »

Nous reviendrons sur les effets des sels de plomb, en parlant des fards.

Les sels de cuivre, moins dangereux que les sels de plomb quant aux phénomènes généraux, sont plus irritants et plus caustiques ; ils enflamment vivement les tissus et déterminent de vives éruptions ; ils sont moins absorbés par les surfaces sur lesquelles on les applique, et déterminent plus rarement des empoisonnements, mais ils peuvent les produire par une sorte d'intoxication qui n'a pas encore été signalée.

Les solutions cuivreuses simples ou cuivreuses ammoniacales étant appliquées sur les cheveux, il faut, pour qu'il y ait coloration noire, mettre par-dessus une solution d'un sulfure alcalin : c'est le sulfhydrate de soude dont on fait le plus fréquent usage ; il constitue la solution numéro 2, et le sel de cuivre la solution numéro 1 ; du contact de ces deux solutions, il résulte du *sulfure noir de cuivre*, qui reste déposé à la surface des cheveux et n'y adhère pas ; il se détache bientôt, voltige autour de la tête, est souvent respiré, fait vomir et produit un véritable empoisonnement ; les sels d'argent, de mercure, de bismuth, d'étain produisent les mêmes accidents.

Le nitrate d'argent, qui est employé tantôt seul, tantôt associé aux sels de cuivre ou de mercure, mais tou-

(1) *Gazette médicale de Paris*, 1864, et Constantin JAMES, *Toilette d'une Romaine au temps d'Auguste, et cosmétiques d'une Parisienne au* XIXe *siècle*, p. 250. Paris, 1865.

jours accompagné d'un liquide *transmutatif*, qui est tantôt du sulfhydrate de soude, tantôt de l'acide gallique ou de l'acide pyrogallique, détermine toujours une vive irritation du cuir chevelu, brûle le poil. Il faut moins les redouter que les sels de plomb ou de cuivre, au point de vue de leurs effets généraux, mais leur action locale est beaucoup plus désastreuse.

Le maniement des cosmétiques destinés à teindre les cheveux n'est pas toujours sans dangers; la vente de la solution de nitrate d'argent a donné lieu à une petite industrie assez dangereuse : comme la solution de nitrate d'argent colore la peau en noir d'une manière indélébile, ou du moins persistante jusqu'à la chute de l'épiderme, des industriels peu prudents se sont imaginé de vendre, avec l'eau pour teindre, un liquide pour enlever les taches; or, ce liquide n'est autre chose qu'une solution presque saturée de *cyanure de potassium*, un des poisons les plus terribles que l'on connaisse.

Les solutions mercurielles, quoique rarement employées seules, ont été souvent mélangées aux sels d'argent; elles possèdent toutes les propriétés irritantes et caustiques de ceux-ci, et, au point de vue des accidents généraux, elles sont beaucoup plus à redouter.

Les sels d'étain ne sont pas employés; ceux de bismuth colorent les cheveux en marron foncé et non en noir. On ne les emploie que peu.

Quoique l'art de teindre les cheveux ait fait des progrès, quoiqu'on cite des personnes qui, depuis nombre d'années, font usage de quelques-unes de ces préparations (je ne dis pas de toutes) sans que leur santé ait paru en avoir souffert, je me souviens toujours que Mlle Mars, qui, elle aussi, se teignait les cheveux dans l'espoir d'une éternelle jeunesse, succomba en une nuit, à la suite d'accidents cérébraux que détermina une nouvelle application.

Les soins assidus, une propreté constante, un entretien raisonné et incessant, constituent la meilleure hygiène de la chevelure.

[[Si la chute des cheveux est due à une maladie de la peau, l'emploi de pommades contenant des antiseptiques (sels de mercure, soufre précipité, sulfures, etc.), détruisant la cause de la maladie, les fera promptement repousser (1).

Si la calvitie est due à des travaux intellectuels, de vives impressions morales, excès, l'emploi d'excitants (alcool, eau sédative, ammoniaque diluée, teinture de cantharide avec moelle de bœuf) peut donner d'excellents résultats]], mais nous n'admettons pas l'existence d'une recette unique, adaptée à tous les cas, et nous croyons que les spécifiques même les plus vantés finissent tôt ou tard par tomber dans un même discrédit.

POSTICHES

A toutes les époques on a cherché à dissimuler la calvitie à l'aide de perruques, de toupets et d'autres objets confondus sous le nom de *postiches*. La nécessité de ces postiches est dans beaucoup de cas incontestable ; mais, pour si légers qu'ils soient, leur présence peut devenir pour le cuir chevelu une cause incessante d'excitation, et par suite de ruine pour les cheveux qui restent ; les coiffeurs ont reconnu, en effet, que du moment où l'on suppléait, au sommet de la tête, à l'absence des cheveux par un postiche, la calvitie, jusqu'alors très lente, fai-

(1) Voy. Gastou, *Les maladies du cuir chevelu*. Paris, 1902.

sait bientôt de rapides progrès. Il arrive aussi que les ressorts dont on garnit les perruques compriment les vaisseaux, nuisent à la circulation du sang et par suite à la nutrition du poil, qui tombe et ne se reproduit qu'incomplètement ; l'adhésion au moyen des agglutinants ne vaut pas mieux, en ce que ceux-ci arrachent les cheveux naturels et qu'ils s'opposent à la transpiration.

Il faut, pour qu'une perruque présente le moins d'inconvénients possible, qu'elle soit très légère, qu'elle soit faite en tulle par exemple ; il faut que l'air puisse circuler au-dessous d'elle et que son maintien ne soit pas subordonné à l'emploi des ressorts. Il faut également éviter de coller les perruques avec des matières agglutinatives; on devra les ôter le plus souvent possible pour aérer la tête, les nettoyer fréquemment et les renouveler de temps en temps, parce qu'elles s'imprègnent des produits de sécrétions normales et peuvent devenir ainsi pour le cuir chevelu une cause d'irritation.

Bandolines.

On emploie diverses préparations pour faire prendre aux cheveux différentes directions. Quelques personnes se servent, à cet effet, d'une pommade dure contenant de la cire, façonnée en rouleaux et appelée pour cette raison *bâtons fixateurs*. C'est avec ces bâtons que l'on couche et qu'on lisse ces *épis* qui font le désespoir de quelques dames.

La bandoline liquide est une préparation mucilagineuse composée de :

Glycérine pure................	2 000 grammes.
Alcoolat de jasmin............	$0^{lit},56$
Aniline....	5 gouttes.

RUSMA OU POUDRE ÉPILATOIRE

Le mot *épilatoire* vient du latin *pilus*, poil. Quelques dames considérant les villosités qui poussent sur la lèvre supérieure, sur les bras et derrière le cou, comme nuisibles à la beauté, celles à qui ces signes physiques d'énergie vitale et de bonne santé déplaisent ont depuis longtemps recours au rusma ou poudre épilatoire pour s'en débarrasser.

Cette préparation et ses analogues nous viennent de l'Orient, où le rusma est en usage dans les harems asiatiques depuis des siècles.

ÉPILATOIRES

Il est souvent question de l'épilation dans les auteurs anciens; on épilait les différentes parties du corps ; les Romains employaient le plus souvent le *psilothrum* et le *dropax*, le frottement avec la pierre ponce, etc. ; on épilait la face et le front,

> Psilothro faciem lævas et dropace calvam (1),

les aisselles, les bras, les mains, les jambes : *Alter se justo plus colit, alter se justo plus negligit, ille et crura, hic nec alas quidem vellit* (2) : « L'un se soigne plus qu'il ne faut, l'autre se néglige trop ; le premier épile jusqu'à ses jambes, l'autre n'épile même pas ses aisselles. »

L'orpiment est le plus souvent employé pour épiler ;

(1) ROUYER, *Études médicales sur l'ancienne Rome*. Paris, 1859, p. 131. — MARTIAL, liv. III, ép. XXIV. — Liv. VI, ép. XCIII, et liv. X, ép. LXV.

(2) ROUYER, *loc. cit.*, p. 131. — SÉNÈQUE, lettre CXV. — JUVÉNAL, sat. XIV.

il fait partie, avec la chaux, du fameux *rusma* des Turcs; avec la chaux et la litharge, de la poudre de La Forest, qui a joui d'une si grande réputation. Mais l'emploi de l'orpiment n'est pas sans dangers : celui du commerce renferme des quantités considérables d'acide arsénieux; Guibourt y en a trouvé jusqu'à 94 p. 100; cet acide arsénieux, outre son action locale, peut être absorbé et déterminer de véritables empoisonnements.

Pour l'épilation de l'homme, les préparations arsenicales sont aujourd'hui peu employées ; on se sert le plus souvent du sulfhydrate de chaux en pâte (Boettger) ou du sulfure de sodium mêlé à la chaux et à l'amidon (Boudet); mais encore faut-il savoir se servir de ces épilatoires ; mal employés, ils peuvent présenter quelques dangers; en voici un exemple :

Mlle D..., artiste dramatique, désirant faire disparaître des poils follets qu'elle portait aux bras, s'adressa à Mme C..., veuve B..., qui annonçait dans les journaux plusieurs préparations cosmétiques jouissant toutes de propriétés plus ou moins merveilleuses. Mme C... acheta chez un pharmacien un mélange de chaux vive et de sulfhydrate de soude, c'est-à-dire la poudre épilatoire de Boudet, qui ne doit être appliquée que mélangée avec son poids d'amidon ; cette dernière précaution n'ayant pas été prise et la poudre ayant été appliquée pure, délayée dans de l'eau, il en résulta une vive inflammation avec pustules dont la cicatrisation laissa des marques indélébiles; une action judiciaire fut intentée à la femme C.. , qui fut condamnée à une amende et à six jours de prison. Ajoutons que, pour délayer la poudre, la femme C... vendait *six francs* un petit flacon de 60 grammes qui ne contenait que de l'eau pure.

Suivant le docteur Redwood, l'épilatoire le plus sûr et le meilleur consiste dans une pâte épaisse faite d'amidon détrempé avec une forte solution de sulfure de baryum ; comme cette pâte se détériore rapidement, il faut l'employer dès qu'elle est faite.

Il n'est pas possible de déterminer d'une manière précise combien de temps il faut laisser la préparation épilatoire sur la partie à épiler, parce qu'il y a une différence physique dans la nature des poils. Les « tresses d'ébène » demandent plus de temps que les « boucles d'or » ; il faut aussi faire attention à la sensibilité de la peau. On se servira avec avantage d'une petite plume pour éprouver la force de la préparation.

Quelques compilateurs de formulaires ajoutent à la chaux de la poudre de charbon, du carbonate de potasse, de l'amidon, etc. Mais quelle action chimique ces substances peuvent-elles avoir sur le poil? L'épilatoire le plus simple est la chaux vive mouillée; mais elle est moins énergique que le mélange recommandé plus haut; elle convient aux tanneurs et aux peaussiers, pour lesquels la question de temps est peu de chose.

HYGIÈNE DES ONGLES

Les ongles sont des lames dures, cornées, demi-transparentes, qui revêtent l'extrémité dorsale des doigts et des orteils. Le tissu qui constitue les ongles est de même nature que celui qui forme les sabots et les cornes des divers animaux ; on y distingue trois parties : l'*extrémité*, qui reste libre au bout des doigts; le *corps* ou portion moyenne, adhérant par sa face inférieure; la *racine*, qui présente deux parties bien distinctes : l'une, terminée par un bord mince et dentelé, s'enferme dans un repli de la peau; l'autre, appelée *lunule*, au-dessus de l'endroit où semble cesser l'épiderme.

Les soins à donner aux ongles se bornent à en rogner de temps en temps l'extrémité avec un canif de préférence aux ciseaux, qui les brisent : une légère macération dans l'eau rend l'opération plus facile; ils sont entretenus propres à l'aide d'une brosse mouillée et de l'eau ; l'eau de savon et les alcalis les ramollissent d'abord, finissent par les altérer et les rendre durs et cassants; une lime fine peut être employée; il faut éviter de les couper trop court, parce qu'alors les chairs deviennent saillantes : c'est ce que l'on voit chez les personnes qui ont la mauvaise habitude de les ronger avec les dents. On doit éviter également de couper trop court la *lunule*, parce qu'on risque de déchausser l'ongle.

Les ongles des orteils ne doivent jamais être coupés sur les angles; on s'exposerait, en le faisant, à laisser saillir les chairs à cause de la pression exercée pendant la marche, à faire pousser l'ongle dans les chairs, et à prendre ainsi une *onglade* ou *ongle entré dans les chairs* ou *ongle incarné*, maladie qui fait beaucoup souffrir, qui exige souvent l'extirpation, opération des plus douloureuse : lorsqu'on est menacé de cette maladie, on peut prévenir l'opération en plaçant entre l'ongle et la chair un fragment de carte à jouer, et en calmant l'inflammation par des cataplasmes et des lotions émollientes.

Les femmes de l'Orient colorent leurs ongles avec le henné (*Lawsonia inermis*), de la famille des Salicariées; dans d'autres contrées, on les teint en noir, en bleu ou en rouge; chez nous, tout se borne aux soins que nous avons indiqués.

Des poudres et des eaux dentifrices.

On donne le nom de *dentifrices* aux cosmétiques de la bouche et des dents, tandis qu'on entend par *odontalgiques* et même *anti-odontalgiques* les diverses substances employées pour calmer les douleurs de dents.

Nous n'aurons à nous occuper ici que des premiers, quoiqu'il soit difficile quelquefois d'établir une ligne de démarcation bien tranchée entre les deux.

Il faut ménager les dents ; elles ne sont faites ni pour remplir les fonctions de casse-noisettes ni pour usurper le rôle des ciseaux et couper le fil à leur place. Soyez certains que les dents si maladroitement traitées seront toujours les premières à vous fausser compagnie. La propreté est indispensable à leur conservation ; il faut les bien brosser tout au moins le matin et le soir, afin qu'aucun débris d'aliment, aucun corps étranger ne puisse se loger entre elles, s'y attacher et y séjourner longtemps. En effet, ces substances, en se décomposant, commencent par altérer l'émail, engendrent du tartre et finissent par miner la santé d'une ou de plusieurs de ces précieuses perles, suivant que, à raison de leur place dans la bouche, elles sont plus ou moins disposées à se gâter. Pour conserver aux dents leur couleur naturelle, il faut le matin se servir d'un dentifrice exempt de toute espèce d'acide et se rincer ensuite la bouche avec de l'eau tiède ; car les extrêmes, froid ou chaleur, sont excessivement nuisibles à leur éclat et à leur durée. Les personnes qui s'habituent à manger la soupe très chaude, à boire le thé brûlant, seront sûres d'avoir mal aux dents. [Les Espagnols et les Portugais, qui font un usage habituel du chocolat chaud et qui boivent ensuite de l'eau très froide, ont en général de très mauvaises dents.] Les brosses pour les dents doivent être faites avec les soies moyennes du sanglier ; les meilleures sont celles fabriquées de manière à pénétrer dans les intervalles des dents. Il faut apprendre de bonne heure aux enfants à se servir d'une brosse à dents, pour qu'ils contractent des habitudes de propreté et sachent apprécier comme il convient la parure de la bouche. Une brosse bien choisie, pas trop dure, peut être donnée aux enfants qui ont atteint l'âge de cinq ans, afin qu'ils s'en servent tous les matins. En faisant de cette opération une partie de la toilette générale, on leur inculquera d'utiles habitudes de propreté et, en attirant ainsi tous les jours leur attention sur les dents, on assurera vraisemblablement à celles-ci les soins nécessaires pendant tout le cours de la vie.

[Une même brosse ne convient pas à toutes les personnes : celles qui ont les gencives engorgées, sensibles, devront préférer les brosses douces, et, dans un certain cas d'ulcération, la brosse à éponge sera encore la meilleure pour les personnes anémiques et chlorotiques ; pour celles qui ont des gencives décolorées, on devra choisir de préférence une brosse un peu rude pour rappeler un peu de vitalité sur les parties ; d'ailleurs, il sera toujours prudent et convenable de consulter un médecin dentiste au sujet de la brosse dont on devra faire usage.]

Les POUDRES DENTIFRICES, considérées comme de simples moyens de nettoyer les dents, sont généralement placées au rang des cosmétiques. Il n'en devrait pas être ainsi, car elles contribuent grandement à entretenir l'appareil dentaire dans des conditions satisfaisantes et régulières, et favorisent ainsi autant qu'il est possible l'accomplissement de l'acte de la mastication. A ce point de vue, on peut les envisager comme des agents médicaux, secondaires sans doute, mais néanmoins très utiles. En les employant avec prudence et discernement, on peut prévenir quelques-unes des causes les plus fréquentes de la chute prématurée des dents, à savoir : la formation du tartre, l'engorgement des gencives et l'acidité anormale de la salive. Presque tout le monde connaît les effets de l'accumulation du tartre : il a été clairement démontré que le gonflement de la substance des gencives chasse les dents de leurs alvéoles et en précipite la chute; enfin, on n'ignore pas que la salive trop acide a sur les dents une action sinon complètement destructive, au moins très fâcheuse. Maintenant, l'emploi quotidien d'une brosse à dents assez ferme pour exercer sur les dents un degré supportable de friction, sans cependant en altérer l'émail, préviendra presque toujours l'accumulation du tartre en assez grande quantité pour nuire plus tard aux dents. En ajoutant à l'emploi d'une telle brosse à dents celui d'une préparation tonique et astringente, on pourra empêcher les gencives de devenir molles, flasques, spongieuses, ou même les raffermir. Une poudre contenant du charbon végétal et du quinquina rouge produira cet effet dans la plupart des cas ; aussi les dentistes le recommandent-ils généralement. Cependant, l'usage du charbon n'est pas sans soulever des objections : il est dur et résistant, sa couleur est un inconvénient, la salive ne peut le dissoudre, il se loge volontiers entre les dents et y devient le noyau autour duquel se rassemblent des parcelles de matières animales ou végétales soumises à la décomposition. L'écorce de quinquina aussi est souvent filandreuse; elle a un goût amer et désagréable. Nous recommandons particulièrement les poudres dentifrices à base de tanin.

Après les repas, des débris d'aliments restent dans les cavités des dents ; l'usage des *cure-dents*, qui est si généralement répandu, est un moyen dont il ne faut pas abuser; on doit les choisir en bois ou en une matière dure et flexible ; on doit éviter de faire usage de ceux qui sont en métal; mais on ferait toujours beaucoup mieux de les remplacer par des ablutions répétées.

Les dentifrices sont secs et pulvérisés, mous ou liquides. Les poudres doivent être extrêmement divisées et porphyrisées; il faut éviter l'emploi du corail, de la pierre ponce et de tous les corps très durs, à moins qu'ils ne soient extrêmement divisés; les poudres réduites en pâtes au moyen du miel portent le nom d'*opiats*; on en fait un assez fréquent usage, mais on reproche au miel et au sucre d'agacer les dents, et nous croyons que ce reproche est bien mérité; enfin, les liquides qui servent à nettoyer les dents et la bouche portent les noms d'*eaux*, d'*élixirs* ou de *teintures dentifrices*.

Les dentifrices sont aromatisés avec diverses substances; la cannelle, le girofle, la menthe, l'anis sont le plus souvent employés (1); on les colore avec de la cochenille, ou de la laque carminée. [[Les essences de menthe sont plus puissantes qu'aucune autre substance aromatique pour enlever l'odeur du tabac, et l'on ne doit pas oublier que les eaux pour la bouche servent autant à rincer la bouche après qu'on a fumé que comme dentifrices.]] Ces préparations sont neutres, alcalines ou acides; les premières sont préférables à toutes les autres; la poudre de quinquina et de charbon porphyrisés, aromatisée avec les essences de girofle ou de menthe, constitue un excellent dentifrice; les poudres alcalines, à la magnésie, à la craie et même au bicarbonate de soude ne conviennent que dans le cas d'acidité extrême de la bouche : elles ne doivent être employées pour l'usage habituel que sur prescription expresse d'un dentiste ou d'un médecin. Les poudres

(1) Voy. les formules d'eaux dentifrices *in* Noël H. Thomson, *Formulaire dentaire et Hygiène de la bouche*. Paris, 1895, p. 251.

acides qui ont pour base des substances inertes neutres associées à l'alun, à la crème de tartre, etc., doivent être évitées avec soin; elles blanchissent parfaitement les dents, mais elles attaquent l'émail; et, lorsque les fragments de ces poudres séjournent au collet de la racine, sur la gencive, elles déterminent des ulcérations parfois très douloureuses. Toutefois, les poudres à l'alun, à la crème de tartre, au chlorate de potasse, etc., peuvent convenir dans des cas particuliers qu'il appartient au médecin ou au dentiste de déterminer.

Les eaux dentifrices doivent être neutres ou très légèrement acides; elles doivent être dépourvues de toute substance toxique, parce que la bouche présente une grande surface d'absorption : les vinaigres aromatiques, purs ou additionnés d'eau, doivent être bannis de la toilette de la bouche, non seulement parce qu'ils attaquent l'émail, mais encore parce qu'ils modifient la sécrétion buccale et altèrent les gencives. On évitera de même les eaux alcalines et certaines poudres assez vulgairement employées pour nettoyer les dents, comme par exemple la cendre des cigares.

Certaines eaux dentifrices renferment des substances âcres, irritantes, qui excitent considérablement la sécrétion salivaire : telles sont, par exemple, celles qui renferment du pyrèthre, du cresson, du cochléaria, du raifort, du cresson de Para, du girofle à forte dose, etc.; leur usage habituel peut être quelquefois nuisible, tandis que ces préparations conviennent parfaitement dans d'autres cas; c'est ainsi que, dans certaines affections telles que le scorbut, on fait avec succès mâcher du cresson ou du cochléaria, ou rincer la bouche avec de l'eau additionnée d'alcoolat de cochléaria.

Il est une habitude très funeste contre laquelle nous voudrions bien prémunir nos lecteurs : nous voulons parler de celle que l'on a de traiter les maux de dents par les remèdes les plus violents, sans rechercher préalablement la cause du mal : ici on emploie les acides les plus énergiques, le nitrique, par exemple; là des caustiques puissants comme la créosote; ailleurs des substances qui peuvent être absorbées et réagir sur toute l'économie, comme la morphine, le laudanum, l'éther, le chloroforme, etc.; il vaut mieux avoir recours dans ces cas à un médecin ou à un bon dentiste. Les odontalgies peuvent, en effet, être de nature variable et reconnaître plusieurs causes.

L'opération que l'on fait subir aux dents, et que l'on désigne sous le nom de *plombage*, tire son nom des feuilles de plomb que l'on employait à cet usage : on s'est servi quelquefois aussi de feuilles d'argent, d'étain ou d'or. Ce dernier métal est à peu près le seul employé aujourd'hui, parce qu'on a reconnu que le plomb, en séjournant dans la bouche, pouvait déterminer des accidents saturnins; on a quelquefois aussi fait usage de mastics mercuriels qui sont encore plus dangereux que ceux qui contiennent du plomb.

La prothèse dentaire était connue chez les Romains; Martial dit :

> Thaïs habet nigros, niveos Lecania dentes;
> Quæ ratio est? — Emptos hæc habet, illa suos (1).

« Thaïs a les dents noires, Lecania les a blanches! Pourquoi? C'est que la première a des dents naturelles, l'autre a celles qu'elle a achetées. »

> Dentibus atque comis, nec te pudet, uteris emptis.
> Quid facies oculo, Lælia? Non emitur (2).

(1) ROUYER, *loc. cit.*, p. 129. — MARTIAL, liv. V, ép. XLIII.
(2) ROUYER, *loc. cit.*, p. 129. — MARTIAL, liv. XII, ép. XXIII.

« Tu portes les cheveux et les dents que tu as achetés, Lélia, mais comment faire pour ton œil? on n'en vend pas. »

Sic dentata sibi videtur Ægle,
Emptis ossibus indicoque cornu (1).

« Églé se figure qu'elle a des dents, parce qu'elle porte un râtelier d'os ou d'ivoire. »

Dans la loi des Douze tables, qui date de l'année 450 avant J.-C., il était défendu d'enterrer les morts avec de l'or : *Neve aurum addito*; on en exceptait l'or qui pouvait se trouver dans la bouche pour les dents : *auro dentes vincti escunt, ast im cum illo sepelire urereve se fraudo esto.*

Aujourd'hui la prothèse dentaire a fait d'immenses progrès. Le caoutchouc durci a permis de faire des pièces qui n'ont pas besoin d'armatures métalliques; si celles-ci sont nécessaires, elles doivent être en or (2).

D'après ce qui précède, on voit que l'hygiène de la bouche se résume à des soins de propreté assidus, à l'abstention des brosses dures, des dentifrices acides ou fortement alcalins, et des liquides trop froids ou trop chauds.

Hygiène des cosmétiques.

COSMÉTIQUES DES YEUX ET DE LA BOUCHE

Ce groupe de cosmétiques nous arrêtera fort peu. Nous avons déjà parlé (page 274) du kohol, dont les femmes font usage en Orient pour se peindre les sour-

(1) ROUYER, *loc. cit.*, p. 129. — MARTIAL, liv. I, ép. LXXIII.
(2) P. MARTINIER, *Prothèse dentaire et prothèse orthopédique*, Paris, 1903.

cils. Nous repousserons, au nom de l'hygiène, les teintures et les poudres noires que les coquettes emploient pour colorer les bords libres des paupières et les angles des yeux ; les femmes qui ont recours à ces moyens les désignent sous un nom à peu près aussi repoussant que la chose : le *maquillage*.

L'infection de l'haleine peut tenir à plusieurs causes : tantôt elle est due à une altération des voies aériennes, le plus souvent à des lésions des dents, des amygdales et des différentes parties de la bouche. Dans le premier cas, c'est tout au plus si l'on peut masquer la mauvaise odeur par des lotions aromatiques répétées, dans lesquelles on ajoute souvent quelques gouttes d'hypochlorite de chaux ; mais lorsque la fétidité de la bouche est due à quelque lésion locale, on peut, par des traitements appropriés et par des gargarismes aromatiques souvent appliqués, guérir cette infirmité. Les fumeurs et toutes les personnes qui ont intérêt à dissimuler la mauvaise odeur de leur haleine emploient avec succès ces petits *trochisques* aromatisés, secs, durs, difficiles à fondre, que l'on nomme *cachou de Bologne*.

COSMÉTIQUES DE LA PEAU

On cherche quelquefois aussi à aviver la coloration des lèvres, à les préserver des gerçures, des crevasses ; la *pommade rosat*, *pommade à la rose* ou *pommade pour les lèvres*, atteint parfaitement ce but ; mais on doit éviter de faire usage de ces préparations fortement colorées comme la *crème de Psyché* ou autres, qui pour la plupart renferment du sulfate de zinc, de l'acétate de plomb, etc., etc.

La peau est en physiologie chargée d'éliminer certains principes et d'en absorber certains autres, et c'est par l'intermédiaire des *pores* que s'opère cette double et délicate fonction. Sa surface doit être toujours nette et toujours lisse. Je citerai, comme exemple des dangers qu'offre tout obstacle apporté à sa perméabilité, l'expérience suivante de Magendie :

« On revêt le corps d'un lapin d'un enduit visqueux, tel qu'une dissolution concentrée de gomme, de gélatine et de térébenthine. Ces substances, innocentes de leur nature, agglutinent les poils et, en se desséchant, emprisonnent l'animal tout entier, moins sa face : les mouvements de sa poitrine et le jeu des principaux organes n'éprouvent point d'entraves ; la peau seule ne communique plus avec l'atmosphère. L'animal meurt en peu d'heures, comme s'il était asphyxié (1). »

Ainsi, dès que les fonctions perspiratoires de la peau sont troublées ou suspendues, l'économie s'en ressent. On est donc parfaitement dans son droit de faire intervenir les cosmétiques, ne fût-ce que pour éviter le sort du lapin de Magendie.

Les cosmétiques de la peau sont les plus nombreux, les plus souvent employés et les plus justifiés par l'hygiène. Si les préparations préconisées pour faire disparaître les rides, effacer les taches de rousseur, rougir ou colorer la peau de différentes couleurs, sont le plus souvent le produit du charlatanisme, il n'en est pas moins vrai qu'il est utile d'entretenir la fraîcheur du teint, la finesse, la souplesse et l'élasticité de la peau, de fortifier les tissus, de préserver l'enveloppe cutanée des gerçures, des ruptures, de prévenir et de dissiper le prurit, et de détacher et d'enlever les débris épidermiques, de dissiper l'odeur de certaines sueurs

(1) Constantin JAMES, *Toilette d'une Romaine au temps d'Auguste, et cosmétiques d'une Parisienne au* XIXe *siècle*, p. 181. Paris, 1865.

locales, de maintenir en un mot toute la surface du corps en un état constant de propreté qui permette à la peau de remplir ses fonctions.

Une des premières conditions de la bonne préparation des cosmétiques de la peau, c'est qu'ils soient exempts de toute substance, vénéneuse ou non, qui puisse l'attaquer, l'irriter par son contact avec elle, ou qui, par suite de son absorption, soit capable de produire des effets toxiques; car si l'absorption des poisons par la peau intacte dans un bain peut être révoquée en doute, il n'en est pas de même lorsqu'il s'agit de préparations alcooliques, acétiques, glycérinées, grasses, etc., qui très certainement sont absorbées, soit parce que leur application est permanente, soit parce que le véhicule jouit de la propriété de dissoudre l'enduit qui recouvre l'épiderme.

Les cosmétiques de la peau étant très nombreux, nous les diviserons en *eaux*, *alcoolats* et *teintures*, *vinaigres*, *bains*, *émulsines*, *émulsions*, *laits*, *pâtes* et *farines*, *savons*, *huiles*, *pommades*, *glycérolés*, *fards* et *poudres*.

Eaux aromatiques.

Les eaux aromatiques sont préparées par infusion, décoction ou distillation ; ce sont des préparations qui doivent être faites au moment de leur emploi, elles ne se conservent pas : elles sont émollientes, calmantes ou astringentes selon les substances qu'elles contiennent ; elles sont d'ailleurs peu usitées en parfumerie, à part l'eau de menthe dont on se sert pour rincer la bouche, principalement après le repas ; mais le plus souvent on prend pour cet usage l'eau artificielle, composée d'essence de menthe et d'eau. Parmi les eaux aromatiques nous citerons encore les eaux de rose, de mélisse, de jasmin, de fleur d'oranger, de laurier-cerise, d'amandes amères, etc. Elles s'altèrent rapidement : les unes et les autres peuvent être employées pour la toilette sans aucun inconvénient.

Alcoolats ou teintures.

[Les alcoolats ou esprits sont formés par de l'alcool renfermant les principes volatils d'une ou de plusieurs substances : ils sont simples lorsqu'ils ne contiennent qu'une plante; composés, s'ils en renferment plusieurs.]

Ces préparations présentent des degrés alcooliques variables ; l'alcool doit être d'autant plus concentré que l'on a traité des matières plus riches en résines, en baumes ou en essences. Dans ce cas, l'eau les trouble. L'alcool de vin était jadis le seul employé ; mais on peut, sans inconvénient, lui substituer l'alcool de pommes de terre, de betteraves ou de grain bien rectifié. C'est ce qui a lieu aujourd'hui.

Les alcoolats ou esprits ou eaux spiritueuses, en un mot tous les liquides employés en parfumerie qui ont pour véhicule l'alcool, sont rarement employés purs ; le plus souvent on les mélange avec de l'eau ; aussi quelquefois les falsifie-t-on avec des sels qui précipitent au contact de ce liquide ; c'est ainsi que l'on vend souvent dans les rues une mauvaise eau de Cologne renfermant de l'*acétate de plomb* qui pourrait déterminer des accidents graves. Les cosmétiques alcooliques sont excellents et sans aucun danger ; ils lavent parfaitement, donnent de la fermeté à la peau, enlèvent la sécrétion sébacée et les produits de la transpiration ; ils ne présentent d'inconvénients dans aucun cas.

Vinaigres.

Les vinaigres cosmétiques sont préparés comme les teintures alcooliques par macération ; ils devraient être préparés avec du vinaigre de vin distillé ou non ; mais on emploie exclusivement à cet usage et sans inconvénient l'acide acétique du bois ; ils sont très rarement employés purs, si ce n'est lorsqu'on en fait usage comme antiseptiques ; ceux qui renferment des matières résineuses ou des essences troublent l'eau ; le plus grand nombre peuvent être préparés par le consommateur ; il suffit pour cela de faire choix d'un bon vinaigre ; celui du vin blanc est préférable. surtout lorsqu'il a été distillé, mais on lui substitue le plus souvent de l'acide acétique du bois, que l'on étend d'eau. Depuis quelques années, on diminue l'âcreté de ces préparations en les additionnant d'un dixième d'alcool ou d'un vingtième de glycérine.

Les vinaigres aromatiques et tous les acides étendus d'eau ont pour résultat d'entretenir la fermeté des tissus, de les tonifier, de corriger leur vascularité passive, leur disposition variqueuse ; ils nettoient parfaitement la peau et agissent comme astringents sur les muqueuses. On vend dans le commerce, sous le nom de *Vinaigre des Quatre-Voleurs*, un de ces vinaigres aromatiques.

La mode de ces vinaigres vint de ce qu'on pensait qu'ils préservaient ceux qui en faisaient usage des maladies contagieuses, opinion née sans doute de l'histoire du *Vinaigre des Quatre-Voleurs*.

On dit que, pendant la peste de Marseille (1685 et 1721), quatre individus, grâce à l'usage de ce préservatif, purent approcher sans danger un grand nombre de pestiférés, et que, sous prétexte de les soigner, ils dépouillaient les morts et les malades. Arrêtés plus tard, continue la chronique, un d'eux échappa aux galères en révélant la composition de ce prophylactique.

Nous avons proscrit les vinaigres de l'hygiène de la bouche. Nous les proscrivons également de l'hygiène du visage chez l'homme, surtout lorsqu'on s'en sert pour se laver la figure après avoir fait la barbe ; dans ce cas, l'eau acidulée coagule le savon sur place, dans les pores de la peau et à la base des poils ; les acides gras du savon ainsi mis en liberté ne sont plus enlevés par l'eau : ils rancissent et peuvent produire de vives inflammations.

Bains aromatiques.

Les bains aromatiques sont devenus depuis quelque temps d'un usage très fréquent. On emploie le plus souvent pour les préparer les alcoolats aromatiques qui peuvent sans inconvénient être associés avec les savons et les crèmes parfumées. Mais il faut bien éviter d'associer les mêmes savons avec les vinaigres qui les décomposent et mettent les acides gras en liberté. D'autres fois on les prépare par l'infusion ou la décoction de plantes aromatiques ; ils sont alors considérés comme toniques et stimulants ; les bains savonneux et alcalins sont sédatifs ou résolutifs.

Nous passons à des composés qui sont tous classés sous la dénomination générale d'*émulsines* parce que tous les cosmétiques compris sous ce titre ont la propriété de former des émulsions dans l'eau, c'est-à-dire de lui donner une apparence laiteuse ; ce sont en général des solutions huileuses.

Au point de vue chimique, c'est une classe de composés extrêmement intéressante et très digne d'être étudiée.

Entrant aisément en décomposition, comme on peut le comprendre à la manière dont ils sont composés, il ne faut les fabriquer qu'en petites quantités, ou du moins en quantités qui puissent s'écouler promptement.

En magasin, il faut les tenir au frais autant que possible et à l'abri de l'humidité.

Émulsines.

Le coaltar saponiné est une véritable émulsine ; il doit la propriété de s'émulsionner à la saponine, principe extrait du quillaye ou du panama (1); on pourrait obtenir par ce moyen d'autres émulsines aromatisées qui seraient excellentes pour préparer les laits et les bains aromatiques.

Émulsions et laits.

Sous le nom d'*emulsions*, de *laits*, on entend une classe de cosmétiques destinés à lotionner la peau. Ils sont formés par des corps gras ou résineux, tenus en suspension dans l'eau au moyen d'un liquide mucilagineux, gommeux ou albumineux.

Mais le nom de *lait* a été donné également au liquide opalin qui se produit lorsqu'on met des teintures résineuses dans l'eau. C'est ainsi que l'on obtient le *lait virginal* au moyen de la teinture de benjoin; c'est un cosmétique souvent employé et auquel on attribue la propriété d'effacer les éphélides ou taches de rousseur, qu'il ne fait que masquer par un vernis mince qu'il forme à la surface de l'épiderme. C'est même à la formation de cette couche que l'on attribue les

(1) Voy. Alfred HARDY, *Traité des maladies de la peau.* Paris, 1887. J.-B. Baillière et fils.

inflammations cutanées que ce lait détermine quelquefois, par suite de l'arrêt qu'on apporte à la transpiration cutanée.

Les graines émulsives, c'est-à-dire celles qui jouissent de la propriété de s'émulsionner avec de l'eau, telles que celles d'amandes, de pistaches, de chènevis, etc., servent à préparer des laits très estimés en parfumerie; malheureusement ils se conservent mal, à moins qu'on n'y ajoute des sels toxiques, comme le sublimé corrosif; mais alors ce sont de véritables médicaments qui ne peuvent être vendus que par les pharmaciens; tels sont : la *liqueur de Gowland*, *l'émulsion mercurielle de Duncan*, le *cosmétique de Sœmerling*.

Peu d'articles de parfumerie sont d'un débit plus facile que les cosmétiques connus sous la dénomination de *laits*. On sait depuis longtemps que presque toutes les espèces de noix ou d'amandes décortiquées et dépouillées de leur pellicule, réduites en pâte et broyées avec environ quatre fois leur poids d'eau, donnent un liquide qui a toute sorte d'analogie avec le lait de vache. L'apparence laiteuse de ces émulsions est due à l'extrême division dans l'eau de l'huile que contiennent ces fruits. Elles offrent toutes, surtout celles qui sont faites avec des amandes amères et des pistaches, un grand intérêt au point de vue chimique, tant à cause de leur prompte décomposition qu'à cause des produits qui résultent de leur fermentation.

Il est de la dernière importance d'apporter les plus grands soins dans la manipulation des divers laits destinés à la vente, autrement ces émulsions ne se gardent pas, et la perte est plus grande que le bénéfice.

Les éléments de la caséine végétale (contenue dans les graines) se transforment, dit Liebig, à l'instant même où les amandes douces sont converties en lait d'amandes ; c'est ce qui explique la difficulté que beaucoup de personnes trouvent à faire du lait d'amandes qui ne tourne pas spontanément, un jour ou deux après qu'il a été préparé.

L'eau pure est le cosmétique par excellence ; mais, quoique tout à fait suffisante pour ceux qui se portent bien, elle cesse de l'être le plus souvent pour les habitants des villes, dont la santé est rarement parfaite, éprouvés qu'ils sont par les soucis des affaires, la chaleur des appartements, la ventilation défectueuse des édifices publics et des lieux de réunions, et par une atmosphère sulfureuse saturée des vapeurs résultant de la combustion du gaz et du charbon de terre. Il est donc nécessaire que l'art vienne au secours de la nature, à laquelle nous sommes trop portés à demander plus qu'elle ne peut donner. Dehors, aussi bien que dans l'intérieur des maisons, à la promenade, au bal, en soirée, dans les lieux de réunions publiques, au milieu des veilles et des diverses occupations de la journée, la peau du visage est salie par des poussières que l'eau seule ne ferait pas disparaître. Pour lui rendre sa fraîcheur, pour corriger l'influence mauvaise de la vie des villes, pour donner au teint l'éclat de la santé, aucun cosmétique n'approche de l'émulsion de roses. Elle purifie, adoucit la peau et la rend brillante, et cependant elle est aussi inoffensive qu'une rosée d'avril sur la verdure du printemps. L'eau de Cologne est aussi à recommander.

Par extension, on a donné le nom de *lait* à des compositions qui deviennent laiteuses par l'agitation. Tel est le *lait antéphélique*, cosmétique renfermant du sublimé, de l'albumine, de l'oxyde de plomb hydraté, du camphre et de l'eau. La formule primitive de cette préparation appartient à M. le professeur A. Hardy, ancien médecin de l'hôpital Saint-Louis. On l'emploie avec succès contre les éphélides ou taches de rousseur (1). Composée de substances médicinales, elle devrait être du domaine de la pharmacie.

Pâtes et farines.

Les pâtes et les farines sont presque exclusivement employées pour la toilette des mains. Cependant certains peuples, et notamment les Russes, en mettent sur leur visage ; elles sont faites avec des amandes, des pistaches, de l'amidon, des farines de céréales plus ou moins aromatisées ; lorsqu'elles sont fraîches, elles ne présentent aucun danger dans leur emploi ; mais en vieillissant elles rancissent et deviennent irritantes.

Le tourteau d'amandes est le plus souvent employé pour laver les mains ; quelquefois, cependant, on lui associe d'autres substances aromatiques.

Savons.

Les savons de toilette sont les plus importants de tous les cosmétiques ; ils étaient connus à l'époque de Pline ; les plus estimés venaient des Gaules ; il en existait deux sortes, le mou et le liquide. Ils étaient faits avec de la graisse et des lessives de cendre de hêtre.

Les savons médicamenteux au soufre, aux sulfures alcalins, à l'iode, etc., dont on a proposé l'emploi depuis longtemps et dont l'industrie a cherché récemment à tirer parti, sont de véritables médicaments dont la vente doit être réservée aux pharmaciens.

Les savons de toilette sont durs, mous ou en poudre ;

(1) Voy. Alfred Hardy, *Traité des maladies de la peau*. Paris, 1887.

tous doivent être exempts d'un grand excès d'alcali, ceux surtout qui sont employés pour le visage, comme les poudres et les crèmes de savon, où cette alcalinité est accusée par la causticité de leur dissolution ; on la reconnaît aussi en traitant un peu de savon avec du calomel (*protochlorure de mercure*) ; le mélange ne doit pas noircir.

Les lotions savonneuses facilitent le nettoiement des résidus de la transpiration ; mais, lorsqu'elles sont alcalines, elles altèrent l'épiderme, gercent et altèrent la peau. On doit éviter de prendre des eaux calcaires ou séléniteuses pour faire la barbe.

Certains savons laissent après eux une sensation onctueuse et veloutée ; d'autres, au contraire, une sensation âpre et sèche. Ces différences tiennent à des artifices de fabrication que nous ferons connaître. Dans les savons *à chaud*, l'ébullition fait disparaître de la pâte toute trace d'élément caustique. Dans les savons *à froid*, on a maintenu une température presque basse, quitte à laisser dans la pâte un excès de causticité. Les premiers sont les seuls hygiéniques ; les seconds accroissent les bénéfices du vendeur.

L'indigo, le violet d'aniline, le caramel, le sesquioxyde de chrome, le curcuma, le cinabre (bisulfure de mercure), etc., servent à colorer les savons en bleu, violet, brun, vert, jaune ou rose ; quelquefois on se sert de substances végétales, ce qui vaut beaucoup mieux ; aucune de ces substances n'est dangereuse dans le savon ; cependant il vaudrait mieux remplacer le cinabre par un autre rouge.

Il est fâcheux que l'on trompe le public en vendant sous des noms d'emprunt des savons qui ne renferment pas certaines substances dont ils portent le nom ; il est fâcheux surtout qu'on leur attribue des propriétés thérapeutiques. Enfin, nous devons signaler une fraude coupable qui se pratique sur les poudres de savon, et qui consiste à mélanger celles-ci avec 20 à 40 p. 100 de poudres inertes, telles que celles d'*albâtre* ou de *talc*. Ces savons se vendent d'ailleurs à un prix très bas.

SAVONS MÉDICINAUX

M. Piesse a fait une série de savons médicinaux tels que savon au soufre, à l'iode, au brome, à la créosote, savon mercuriel, savon d'huile de croton, et plusieurs autres. On prépare ces savons en ajoutant la substance médicamenteuse à du blanc de suif, puis on les met en tablettes. Pour le savon d'antimoine et le savon mercuriel, les sous-oxydes des métaux employés peuvent aussi être mêlés dans le blanc de suif en fusion. Les savons à l'iode, au brome, à la créosote et autres contenant des substances très volatiles, se font mieux à froid en râpant le blanc de suif dans un mortier et en incorporant les médicaments par une longue trituration.

L'auteur pense que dans certaines maladies cutanées ces savons seront d'une grande utilité comme auxiliaires du traitement général. Il est évident que, pendant les lotions, les vaisseaux absorbants sont très actifs ; on ne doit donc se servir de ce genre de savon que sur l'avis spécial d'un homme de l'art. Sans doute on ne tardera pas à reconnaître qu'ils peuvent être également utiles à l'intérieur. Le précédent du savon de Castille qui contient de l'oxyde de fer permet de croire que ces savons trouveront leur place dans les pharmacopées. La découverte, faite par M. William Bastick, de la solubilité dans l'huile, sous certaines conditions, des alcaloïdes actifs, de la quinine, de la morphine, etc., rend vraisemblable la supposition qu'on peut faire, avec du savon, des composés analogues.

Il y a quelque quarante ou cinquante ans, on importait plusieurs espèces de savons qui sont aujourd'hui tout à fait inconnus : savons de Joppé, de Smyrne, de Jérusalem, de Gênes, d'Alicante, etc. Presque tous avaient l'huile pour base.

[La vente des savons médicinaux, au soufre, à l'iode, au brome, à la créosote, etc., qui peut être faite par les parfumeurs en Angleterre, où la pharmacie est libre, ne saurait être tolérée en France : il est évident que de pareilles préparations rentrent dans le domaine de la pharmacie, et que toutes les fois qu'un savon ou tout autre cosmétique est présenté comme possédant des propriétés thérapeutiques, c'est un *médicament* et non un cosmétique; il doit par conséquent être soumis en France aux prescriptions légales sur la vente des médicaments (1).]

Huiles, pommades, glycérolés.

Les huiles et les pommades aromatiques sont exclusivement destinées à la chevelure; quelques-unes cependant servent spécialement à oindre la peau, à la nettoyer et à la rendre souple; nous citerons parmi celles-ci la *pommade aux concombres* et le *cold-cream*, excellentes préparations quand elles sont fraîches, mais qu'il faut bien se garder de laisser rancir sur place, et ne jamais employer en excès.

Les glycérolés, ou glycérine aromatisée, prendront peut-être d'ici à peu de temps un rang important en

(1) Consultez à cet égard DUBRAC, *Traité de jurisprudence médicale et pharmaceutique*, 2e édition. Paris, 1893.

parfumerie; pour cela il faut qu'on l'emploie tout à fait pure. La glycérine est soluble dans l'eau, elle ne rancit pas, elle dissout presque tous les corps que dissolvent l'eau et l'alcool, elle est douce, onctueuse, elle a, en un mot, tous les avantages des corps gras, sans en avoir les inconvénients.

[[On emploie beaucoup la glycérine pour les lèvres gercées, malgré le défaut qu'elle présente d'être gluante.

Sous le nom de *savons à la glycérine*, on rencontre une spécialité de savons très employés, grâce à leurs propriétés adoucissantes pour la peau.

Les lotions à la glycérine sont composées de :

Eau de fleur d'oranger.........	$4^{lit},54$
Glycérine......................	226 grammes.
Borax..........................	20 —

Souvent on les préfère aux savons, car il n'est pas rare de trouver des falsificateurs étrangers qui nous envoient sous le nom de *savons à la glycérine* des savons ne contenant pas même des traces de ce corps.]]

Fards.

Quelle que soit la forme sous laquelle on les prenne, *poudres*, *pâtes* ou *crépons*, quelle que soit la matière dont ils soient formés, les fards sont les plus dangereux des cosmétiques : tantôt ils obstruent la peau, la rendent dure et cassante et empêchent la transpiration; tantôt, par suite de leur absorption, ils déterminent de véritables empoisonnements.

Ovide indique divers artifices pour corriger la nature : « Vous empruntez à la céruse sa blancheur trompeuse; d'autres artifices remplacent la couleur du sang;

vous savez allonger ou épaissir vos sourcils et effacer sous un cosmétique vos joues véritables; vous n'avez pas honte d'animer l'éclat de vos yeux avec des poudres fines ou avec du safran qui croît sur les rives limpides du Cydnus (1). »

Martial, en parlant des femmes qui abusent de la craie et de la céruse, dit :

> Sic, quæ nigrior est cadente moro,
> Cerussata sibi placet Lycoris (2).

« Lycoris, qui est plus noire qu'une mûre qui tombe de l'arbre, se trouve belle quand elle est blanche avec la céruse. »

On attribuait au cumin la propriété de faire pâlir. Horace, en parlant du *servile pecus imitatorum*, nous fait connaître cette propriété :

> Pallerem casu, biberent exsangue cuminum (3).

« Si je venais à pâlir, ils s'empresseraient de boire du cumin (pour devenir plus pâles) (4). »

Pline nous apprend que la mandragore servait à effacer les cicatrices du visage; d'après Ovide, les pavots étaient employés aux mêmes usages.

Les *fards blancs*, préparés à la céruse (carbonate de plomb), dont on déguise le nom sous ceux de *blanc d'argent*, *blanc de perle*, etc., sont les plus dangereux. Les empoisonnements produits par ces fards sont nombreux, surtout chez les artistes dramatiques. Outre l'in-

(1) Ovide, *Art d'aimer*, III. — Voy. Dupouy, *Médecine et mœurs de l'ancienne Rome*, 1885.

(2) Martial, liv. I, ép. LXXIII.

(3) Horace, liv. I, ép. XIV, v. 18.

(4) Voy. Dupouy, *Médecine et mœurs de l'ancienne Rome*, d'après les poètes latins. Paris, J.-B. Baillière et fils, 1885.

convénient de l'absorption, ils ont celui d'altérer la peau, de la cautériser, de l'irriter chroniquement ; ils lui communiquent une teinte blafarde et un aspect ridé, qui tient à une perte de la rétractilité et à la diminution de la circulation capillaire.

Le plomb, absorbé par la peau, sous quelque forme qu'il y soit appliqué, passe dans le sang, et là, au lieu d'accuser spontanément sa présence par quelque crise qui donnerait l'éveil, il opère sourdement et avec lenteur. C'est du côté du système nerveux que se manifestent ses premières atteintes : les forces se dépriment et la sensibilité se pervertit ou s'exalte; puis il survient des contractures, des spasmes, des mouvements automatiques, des convulsions épileptiformes, et souvent même quelques signes de ramollissement de la moelle ou du cerveau.

Les coliques, l'encéphalopathie et la paralysie saturnine sont les conséquences d'un emploi fréquent de ces fards. Récemment encore, le docteur Ward a publié une observation de paralysie saturnine observée chez plusieurs membres d'une famille qui faisait usage de crépons plombifères.

Pour remplacer la céruse, on a essayé le sous-nitrate de bismuth, qui est le véritable blanc de fard, l'oxyde et l'oxalate de zinc, la craie, le talc, etc. ; mais, comme la céruse adhère et couvre mieux, on la préfère, sans penser aux dangers auxquels expose son emploi.

On s'est trop préoccupé des traces d'arsenic que le sous-nitrate de bismuth peut renfermer ; il serait d'abord facile de l'obtenir pur; puis, l'arsenic étant là à l'état insoluble et en quantités infinitésimales, il serait sans aucun danger.

Les *fards rouges* sont préparés avec les mêmes matières et colorés par le carmin, le bois de Brésil, la carthamine : toutes ces substances sont inoffensives ; il n'en est pas de même du cinabre : c'est un produit au moins aussi dangereux que la céruse.

Les *fards bleus* doivent leur couleur à l'indigo, au bleu d'azur, et les *gris* au sulfure d'antimoine ; ils n'ont pas d'autre inconvénient que celui qui résulte de la présence de la céruse, et celui que présentent tous ces enduits.

Poudres.

En thérapeutique, on utilise comme poudres absorbantes et desséchantes, pour empêcher le contact des parties, la poudre du vieux bois, le lycopode, la fécule ou l'amidon, purs ou mélangés quelquefois avec le sous-nitrate de bismuth ou le calomel ; en parfumerie on fait surtout usage de l'*amidon aromatisé*, de la *poudre de riz* ; leur emploi ne présente aucun inconvénient.

La *poudre de riz* rafraichit et adoucit la peau en même temps qu'elle absorbe l'humidité. Seulement cette poudre renferme habituellement de l'amidon, du talc, de l'albâtre (quelquefois 50 p. 100), et du carbonate de chaux qu'aromatise un peu de violette ; le riz n'y entre que comme élément accessoire. C'est mieux encore pour ce qu'on appelle la *fleur de riz*, car alors il n'y entre souvent pas du tout ; il est quelquefois remplacé par de la magnésie, afin de donner au mélange plus de légèreté et plus de souplesse.

S'il n'était jamais commis de substitutions plus graves, il ne faudrait pas trop s'en plaindre, car le composé qui en résulte est inoffensif et, de plus, il atteint le but beaucoup mieux que la poudre elle-même. Ce qu'on veut, c'est faire paraître la peau et plus blanche et plus fine. Or, la poudre de riz véritable, offrant trop peu de fixité, serait enlevée par le simple frôlement de l'air ou des étoffes; au contraire, celle qui se débite sous ce nom pourra, pendant toute une soirée, opposer la plus magnifique résistance. Malheureusement, pour la rendre encore plus stable, certains fabricants ajoutent des poudres astringentes dont l'action peut causer des accidents sérieux.

Éponges.

Les meilleures éponges sont celles qu'on tire de Smyrne ou des rivages des îles de l'archipel Grec. Quand nous les recevons, elles sont pleines de sable; c'est dans cet état qu'il vaut mieux les acheter. On en fait ensuite ressortir le sable en les battant avec une baguette, puis on les rince dans l'eau de rivière froide. Rien n'est meilleur qu'une bonne éponge pour nettoyer la peau; aussi les chirurgiens la préfèrent-ils à toute autre substance. Quand on se sert d'éponges avec du savon pour se laver habituellement, elles deviennent bientôt graisseuses et on les jette de côté avant qu'elles soient à moitié usées. Les fibres cellulaires qui constituent le tissu particulier de l'éponge la rendent propre à décomposer le savon, en retenant la graisse et l'huile, ce qui la rend *gluante*. Quand cela arrive, il faut préparer une solution de soude dans la proportion de 250 grammes de soude pour 2^{lit},5 d'eau, et y mettre dégorger l'éponge pendant vingt-quatre heures. Ensuite on la lave, on la rince dans de l'eau de source, puis dans l'eau contenant un peu d'acide muriatique (un verre d'acide pour 2 à 3 litres d'eau est suffisant). Enfin, on rince une dernière fois l'éponge à grande eau, toujours dans l'eau de source. Les meilleures éponges valent de 50 à 100 francs le demi-kilogramme ; on retrouve bien le prix du temps passé à les nettoyer. Si l'on a soin de bien rincer une éponge chaque fois qu'on s'en est servi, il sera rarement nécessaire de recourir à ce grand nettoyage.

Tatouages.

Avant que César vînt conquérir les Gaules, les Pictes, premiers habitants des montagnes d'Écosse, empruntaient leur nom aux couleurs dont ils étaient couverts ; les chefs et les nobles Papdïcas portaient leurs armoiries en tatouages sur leur front et sur leur poitrine.

En Europe, le tatouage se réduit aujourd'hui à couvrir les bras et la poitrine de nos marins et de nos ouvriers d'emblèmes et de devises.

Le dessin que l'on veut représenter, dit M. F. Hutin (1), est préalablement tracé avec une plume ou un pinceau sur la partie qui doit être tatouée. Une matière colorante rouge, bleue ou noire, est délayée dans un vase, sur une palette ou dans une coquille, comme s'il s'agissait de peindre. Deux, trois ou quatre aiguilles à coudre sont attachées ensemble et de front. La peau sur laquelle le dessin a été tracé est tendue aussi régulièrement que possible, et le tatoueur, après avoir trempé ses aiguilles dans la solution colorée, les pousse dans l'épaisseur du derme, en suivant les contours de l'image. Les aiguilles ne sont point placées dans le même sens que les lignes,

(1) F. HUTIN, *Bulletin de l'Acad. de méd.*, 1853, t. XVIII, p. 318. — Voy. aussi BERCHON, *Histoire médicale : « Tatouage »*. Paris, 1869 ; et LACASSAGNE : *Les tatouages*, 1881 (J.-B. Baillière et fils).

mais en travers de celles-ci ; car ce n'est pas pour épargner le temps et la douleur qu'elles sont réunies plusieurs ensemble ; c'est pour donner plus de largeur aux lignes, et faire ainsi pour chaque point plusieurs piqûres qui le rendent plus apparent.

Les aiguilles sont enfoncées plus profondément dans le derme, suivant la finesse de la peau, la sensibilité du patient, ou la volonté du graveur qui, à chaque nouvelle ponction, trempe de nouveau son burin dans le liquide coloré, s'il veut agir en conscience. L'opération est terminée quand tout le dessin est ainsi piqué. Au bout d'un quart d'heure, le tatoué lave la partie, qui a laissé suinter quelque peu de sang ; et ce lavage se fait tantôt avec de l'eau, tantôt avec de l'urine : certains artistes préfèrent que ce soit avec de l'eau-de-vie ou du rhum, dont il reste dans le verre une quantité assez grande pour qu'ils en fassent leur profit.

Quelquefois, par excès de précaution, on passe un tampon ou un doigt, imprégné de la matière colorante, sur les piqûres des tatouages à une seule couleur, pour en faire pénétrer davantage dans la peau. Mais cette mesure est peu nécessaire, et serait d'ailleurs impossible pour des dessins diversement colorés.

Les matières colorantes le plus en usage chez les sujets observés par F. Hutin (1) sont : le *vermillon*, la *poudre écrasée*, l'*encre de Chine* et le *bleu* dont se servent les blanchisseuses, délayé dans de l'eau pure ou dans la salive, et enfin l'*encre à écrire* noire ou bleue. M. Ambroise Tardieu (2) a eu presque exclusivement

(1) *Recherche sur les tatouages*, Paris, 1853, et *Bulletin de l'Acad. de méd.*, 1853, t. XVIII, p. 348.

(2) Ambroise Tardieu, *Étude médico-légale sur le tatouage* (*Annales d'hygiène*, 1855, t. III, p. 173).

sous les yeux des cas de tatouage à l'encre de Chine, avec quelque mélange de vermillon, et croit pouvoir affirmer que ce sont là aujourd'hui à peu près les seules couleurs employées, et, selon lui, le tatouage à l'encre de Chine, pour peu qu'il ait pénétré à une certaine profondeur dans l'épaisseur de la peau, acquiert, par la transparence des tissus et après un certain temps, une teinte bleuâtre très marquée que l'on pourrait attribuer à une autre matière colorante.

[[L'emploi de ces tatouages n'est pas complètement sans inconvénients. C'est ainsi qu'il y a quelques mois un riche Anglais eut la fantaisie de se faire tatouer ; mais, ne voulant pas faire les choses à demi, il se fit couvrir de dessins des pieds à la tête. A la suite de cette opération, il fut obligé de s'aliter pendant une semaine entière, en proie à de sérieuses souffrances.]]

Les habitants de l'Océanie et les naturels de l'Amérique tatouent tout leur corps, principalement le visage; les Germains se teignaient en rouge. Claye (1), auquel nous empruntons ces détails, dit que l'emploi de ces peintures et de ces graisses répondait, chez les peuples qui en faisaient usage, à une nécessité hygiénique; ils se garantissaient ainsi de la piqûre des insectes, et ils se rendaient moins sensibles aux émanations malfaisantes et aux changements atmosphériques.

Dans la Floride, les femmes se couvrent tout le corps de dessins indestructibles ; celles de Duan se font graver sur la peau des fleurs de différentes couleurs. Les habitants de Rotouma et des îles Wallis ont le bas de la poitrine, jusqu'au genou, recouvert d'un tatouage régulier imitant les cuissards des anciens preux.

(1) Claye, *Les Talismans de la beauté*, p. 24.

A Taïti et dans les îles de l'Océanie, les oreilles des habitants sont percées et portent, au lieu de pendants, des fleurs et des herbes odorantes ; les Cochinchinoises noircissent leurs dents par l'usage du bétel ; les Moresques et les Tunisiennes se teignent les joues et les lèvres avec de la noix de galle, du safran, du henné, etc.

Après cette énumération de cosmétiques si variés et de pratiques si diverses, nous formulerons un précepte :

Toutes les fois que l'on voudra, par des moyens artificiels, conserver l'éclat et l'incarnat du teint, tous les attributs de la beauté extérieure, ce sera toujours aux dépens de la santé générale ; un régime bien ordonné, la sobriété et la modération en toutes choses sont les cosmétiques les plus sûrs.

Les cosmétiques au point de vue de l'hygiène publique.

Quant à la police médicale relative à la vente des cosmétiques, nous pensons, avec le professeur Ambroise Tardieu (1), que l'autorité administrative est suffisamment armée pour saisir et dénoncer à la justice les débitants de produits dangereux et nuisibles à la santé, et en particulier de cosmétiques vénéneux ; il n'est donc pas besoin de nouvelles mesures ; nous demandons l'application de la loi : que l'on interdise aux marchands de cosmétiques nuisibles la vente libre des poisons qui n'est permise aux pharmaciens que lorsqu'ils prennent toutes les mesures prescrites.

(1) *Dictionnaire d'hygiène publique et de salubrité*, 2e édition. Paris, 1863, t. I, p. 641, art. COSMÉTIQUES.

Les parfums, médicaments et poisons.

« Le médecin moderne, dit sir W. Temple (1), ne fait, que je sache, aucun emploi des parfums. Nous ne faisons pas attention à leurs vertus, à l'efficacité dont ils sont doués, et cependant ils peuvent, je crois, en avoir, autant pour faire du bien que pour faire du mal, pour établir la santé que pour la compromettre. L'expérience ne nous démontre que trop l'influence pernicieuse de certaines émanations, et nous connaissons tous l'action de diverses substances qu'il est dangereux de respirer ; personne n'ignore au contraire qu'il est des herbes, des fleurs, dont l'odeur est aussi vivifiante qu'agréable. Leur puissante efficacité dans les maladies, spécialement dans les maux de tête, est connue de quelques personnes; mais tout esprit observateur peut aisément la constater.»

[Les substances odorantes, les parfums et les essences sont plus souvent employées en médecine que ne semble le penser sir W. Temple. Sans parler du musc, du castoréum, de la civette et de l'ambre, dont on fait un fréquent usage comme antispasmodiques, nous pourrions citer encore les gommes-résines des Ombellifères (assa fœtida, galbanum, sagapenum, opoponax et gomme ammoniaque), auxquelles on attribue les mêmes propriétés, et les résines odorantes des Conifères et des Térébinthacées, telles que l'encens, le bdellium, la résine élémi, la myrrhe, la résine animée (2), le galipot, etc., qui sont employées à l'extérieur comme maturatives et résolutives, et qui font partie d'un grand nombre d'em-

(1) W. Temple, *Essay on Health and long Life.*

(2) Selon Guibourt (*Histoire naturelle des drogues simples*), qui la nomme *résine du courbaril*, la résine animée est fournie par l'*Hymenæa courbaril* (Légumineuses), grand arbre de l'Amérique méridionale.

plâtres et d'onguents. Les baumes de Tolu, du Pérou, de la Mecque, le benjoin sont d'excellents expectorants en même temps que des parfums exquis (1).

La thérapeutique a tiré un grand parti, depuis quelques années surtout, de la propriété que possèdent la plupart des parfums de se volatiliser lorsqu'on les chauffe, pour faire des fumigations et même des inhalations ; c'est ainsi que l'on a fait des fumigations de plantes aromatiques, de baies de genièvre, etc., des exhalations d'huiles essentielles de goudron, et les vapeurs de benjoin ont rendu de grands services dans l'aphonie et les extinctions de voix.

Les huiles essentielles elles-mêmes sont souvent employées en médecine, tantôt pures à l'intérieur, comme celles d'anis, d'amandes amères, de térébenthine, de sabine, de copahu, etc., tantôt à l'extérieur, sous la forme d'alcoolats, et elles constituent alors d'excellents médicaments fortifiants, rubéfiants et dérivatifs. Enfin, les huiles essentielles sont la base des eaux distillées ou hydrolats, dont on fait un si fréquent usage, et parmi les plus odorantes nous citerons celles d'amandes amères, de laurier-cerise, d'anis, de fenouil, de fleurs d'oranger, de cannelle, de mélisse, de mélilot, de tilleul, de roses, etc.

Quant aux émanations des plantes, des fleurs et des fruits, il faut distinguer deux cas : tantôt les senteurs qu'elles dégagent sont dues à des huiles essentielles, à des parfums plus ou moins coercibles ; d'autres fois ce simple dégagement d'odeurs se complique de phénomènes chimiques qui purifient ou altèrent l'air ambiant selon les circonstances dans lesquelles ils se produisent.

(1) Voy. Moquin-Tandon, *Éléments de zoologie médicale*, 2e édition. Paris, 1862. — Manquat, *Thérapeutique*, 5e édition, t. II, p. 206-207.

Les émanations odorantes des fleurs, ou celles des parfums isolés ne sont pas toujours inoffensives ; elles doivent toujours être respirées avec modération et diluées dans de grandes quantités d'air ; elles produisent souvent des céphalalgies intenses ; et l'on remarque souvent chez certains distillateurs, et surtout chez les ouvriers qui fabriquent des essences artificielles (éthers composés), des désordres nerveux assez graves ; à côté de cela il existe des idiosyncrasies spéciales qui font repousser certaines odeurs, d'ailleurs fort douces.

Quant aux émanations gazeuses qui résultent des phénomènes chimiques qui se produisent dans les plantes, elles peuvent varier de nature et de propriétés ; sous l'influence de la radiation solaire, toutes les parties vertes des végétaux purifient l'air ambiant en absorbant surtout l'acide carbonique, fixant le carbone et dégageant de l'oxygène ; à l'obscurité, au contraire, ces mêmes parties vertes exhalent de l'acide carbonique, et cette même exhalation se remarque constamment dans toutes les parties colorées (non vertes) des végétaux, telles que corolles, étamines, pistils, fruits mûrs, etc. ; il résulte même des recherches de M. Boussingault, que dans certaines circonstances les plantes pourraient dégager de l'oxyde de carbone, qui est un poison violent. Donc il faut conclure qu'il n'est jamais prudent de laisser des fleurs en grande quantité dans les appartements clos.

Certaines essences, même exposées au contact de l'air, s'oxydent, sè résinifient et dégagent de l'acide carbonique, de même que quelques-unes d'entre elles peuvent ozoniser l'air et lui donner de nouvelles propriétés.

A côté de l'emploi bienfaisant et salutaire, il faut noter l'emploi malfaisant et criminel des parfums ; car, s'ils servent de médicaments, ils servent aussi de poisons, ou plutôt ils sont l'un et l'autre.

A diverses époques, les sorciers, les devins et les enchanteurs ont caché leurs mystérieuses pratiques sous le voile des parfums ; il nous serait toutefois bien difficile de dire quel est ce poison subtil qui tuait par simple inspiration, que les Italiens renfermaient dans les chatons des bagues, et que René le Florentin employa, dit-on, pour empoisonner Jeanne d'Albret.

Les célèbres empoisonneurs faisaient grand usage des parfums. Médée, très versée dans leur connaissance, avait reconnu les bons effets des bains de vapeurs aromatiques : c'était là ce qui constituait son pouvoir magique. M. Beleo nous apprend que, la première, elle découvrit une fleur qui pouvait rendre les cheveux noirs ou blancs, de sorte que ceux qui voulaient changer la couleur de leur chevelure voyaient, grâce à elle, leurs vœux exaucés ; pour que les médecins ne pénétrassent pas ses secrets, elle préparait ses bains mystérieusement. Des fomentations rendaient aux hommes la force et la santé ; et, comme elle se servait d'une chaudière de bois et de fer, on croyait qu'elle faisait réellement bouillir ses malades. Pelias, vieillard cacochyme, s'étant soumis à sa prescription, mourut dans le cours du traitement.]

Avec ce chapitre, finissent nos remarques sur l'application des substances odorantes à l'hygiène et à la toilette de la beauté élégante.

Être « en bonne odeur » est un indice de pureté morale. Le docteur Andrew Vinter voudrait que chaque personne adoptât une odeur spéciale, dans le sens physique du mot, suivant les circonstances d'âge, de joie et de tristesse où elle se trouve. Pourquoi, dit-il, ne reconnaîtrions-nous pas nos belles amies par les parfums délicats qui les entourent, comme nous les reconnaissons de loin au doux son de leur voix? Il est pour chaque caractère une odeur qui semble lui appartenir particulièrement. A la femme spirituelle, le jasmin; à la femme brillante, le magnolia; à la femme forte, le musc; à la jeune fille dans la première fleur de sa beauté, la rose. Les émanations du citron conviennent mieux aux natures mélancoliques, et il y a dans l'héliotrope comme une note triste qui sied à la jeune veuve.

Le souverain Créateur n'a pas voulu seulement que toutes ses œuvres fussent utiles; il a voulu leur donner encore la beauté et la variété. Les fleurs auraient pu avoir toutes la même couleur et la même odeur, elles auraient pu être inodores et incolores. Cependant, quelle beauté exquise, quels parfums divers dans les végétaux! Et comme nous admirons tous ces teintes brillantes, ces émanations embaumées! L'homme est fait pour apprécier les dons que la bonté créatrice a semés sur ses pas avec tant de profusion, et le plaisir qu'il en tire, comme il est le plus pur et le plus innocent, est en même temps le plus doux et le plus durable.

« Salomon dans toute sa gloire n'était pas vêtu comme une de ces fleurs », a dit le divin Maître en parlant des lis; et, quand il veut donner une idée de sa grandeur et de sa gloire, c'est à une fleur qu'il se compare : « Je suis, dit-il, la rose de Sharon. »

II

APPLICATIONS GÉNÉRALES DES PARFUMS

Boîtes à parfums.

La terre sourit dans tout l'éclat de sa parure,
Ici des plantes embaumées exhalent leurs parfums.
Création d'HAYDN.

Les parfums en usage chez les Anciens n'étaient certainement pas autre chose que les résines odorantes qui coulent naturellement de divers arbres et arbustes de l'hémisphère oriental ; pour nous convaincre de l'usage et du cas qu'ils en faisaient, nous n'avons qu'à lire les Écritures : « Quel est celui qui vient... parfumé de myrrhe et d'encens avec toutes les poudres du marchand. » (*Cantique de Salomon*, III, 6.) S'abstenir de l'usage des parfums est considéré en Orient comme un signe d'humiliation. « Et il arrivera qu'au lieu d'une odeur agréable ce sera une puanteur infecte. » (*Isaïe*, III, 20, 24.) « Et ils vinrent et apportèrent des tablettes. » (*Exode*, XXXV, 22.) Le mot *tablettes*, dans ce passage, veut dire boîtes à parfums en métal, en bois, ou en ivoire, curieusement incrustées. Quelques-unes de ces boîtes étaient peut-être faites en forme d'édifices, ce qui expliquerait le mot *palais* dans le psaume XLV, 8 : « Tous les vêtements sentent la myrrhe, l'aloès et la casse dont l'odeur s'échappe des palais d'ivoire par quoi ils t'ont rendu joyeux. » De ce qui est dit dans saint Mathieu (II, 11), il semblerait résulter que les parfums étaient considérés comme le présent le plus précieux qu'il fût possible de faire : « Et quand ils (les Mages) eurent ouvert leurs trésors, ils lui offrirent pour présents (à l'enfant Jésus) de l'or, de l'encens et de la myrrhe. » Autant que nous pouvons savoir, les parfums dont se servaient les Égyptiens et les Persans pendant les premiers temps du monde étaient des parfums secs, le nard (*Nardostachys Jatamansi*, Valérianées), la myrrhe, l'oliban et autres résines qui sont encore presque toutes employées par les parfumeurs. Parmi les objets curieux réunis à Alnwick Castle, on voit un vase trouvé dans les catacombes d'Égypte. Il est rempli d'un mélange de résines, etc., qui répandent encore aujourd'hui une odeur agréable, quoiqu'elles aient probablement trois mille ans. Il est certain, pour nous, que l'on se servait de ce vase et de la préparation qu'il renfermait pour parfumer les appartements, comme on se sert à présent d'un pot-pourri.

Poudres pour sachets.

Les parfumeurs de France et d'Angleterre préparent un grand nombre de ces poudres qui, mises dans des sachets de soie ou dans des enveloppes élégantes, trouvent un facile débouché. Ces sachets, dont on aime à respirer l'odeur, fournissent encore un moyen économique de communiquer un parfum agréable au linge et aux vêtements, quand on les laisse dans les tiroirs.

Peau d'Espagne.

La peau d'Espagne est un cuir très parfumé que l'on trempe dans un mélange d'essences où l'on a fait dissoudre quelques résines odorantes.

Ces peaux exhalent pendant des années une odeur très agréable, ce qui les a souvent fait appeler « sachets inépuisables ». On en a fait de minces qui sont très recherchées pour parfumer le papier à lettres.

L'odeur permanente du cuir de Russie est connue de tout le monde et plaît à beaucoup de personnes. Elle est due au santal odorant avec lequel il est tanné et à l'huile empyreumatique de l'écorce du bouleau avec laquelle il est corroyé. Mais l'odeur du cuir de Russie n'est pas assez *recherchée* pour être considérée comme un parfum; cependant on peut, en le plongeant dans les diverses essences, lui donner toutes les odeurs possibles, et il les retiendra d'une manière remarquable, surtout si on le trempe dans l'essence de santal ou de schœnanthe. De cette manière on peut varier à l'infini l'odeur de la peau d'Espagne et en augmenter beaucoup le mérite par la fixité donnée au parfum.

Papier à lettres parfumé.

Si l'on met un morceau de peau d'Espagne en contact avec du papier, celui-ci absorbera assez l'odeur pour pouvoir être considéré comme « parfumé ». Il va sans dire que, pour qu'on puisse écrire sur le papier, il ne faut pas qu'aucune des teintures ou essences odorantes le touche, car ces substances altéreraient la fluidité de l'encre et gêneraient le mouvement de la plume ; ce n'est donc qu'au moyen de cette sorte de contagion qu'il est possible de parfumer avec avantage le papier à lettres.

Après les sachets dont nous venons de parler, il faut mentionner la ouate parfumée dont on se sert pour garnir toutes sortes d'objets en usage dans le boudoir des dames. On en met dans les pelotes à épingles, dans les écrins à bijoux et autres choses pareilles. Pour préparer ce coton, on se borne à le tremper dans quelque teinture forte de musc, etc.

Signets parfumés.

Nous avons vu dans la fabrication de la peau d'Espagne comment le cuir pouvait absorber les substances odorantes; c'est absolument de la même manière que l'on traite les cartes avant d'en faire des signets. Ainsi préparées, on les décore ensuite de dessins au goût des acheteurs et on les orne tantôt de broderies, tantôt de perles.

Pierres parfumées.

On est curieux de savoir comment ces pierres peuvent exhaler une odeur comme des fleurs naturelles et de quelle contrée elles viennent.

Quand on les déplace dans la petite boîte qui les contient, on voit les effets curieux du kaléidoscope et l'on respire le plus délicieux parfum. La vérité est que, sous le papier d'argent sur lequel les pierres sont fixées, est une carte découpée de la grandeur de la boîte; sur chaque carte est étendu un mélange de musc, de civette et d'essence de rose broyés et mêlés dans un peu de gomme adragante.

Cassolettes et printanières.

Ce sont de petites boîtes d'ivoire de différentes formes percées de manière à laisser échapper l'odeur qu'elles contiennent. Le mélange dont on se sert pour remplir « ces palais d'ivoire qui nous rendent joyeux » se compose de parties égales de musc en grain, d'ambre gris, de graines de vanille, d'essence de rose, de poudre d'iris, avec une quantité suffisante de gomme adragante pour donner au tout la consistance d'une pâte.

Coquilles parfumées.

Les coquillages de Venise qu'on trouve en si grande abondance sur les bords de la mer Adriatique, près des îles de la Grèce et des îles Maldives, sont d'abord nettoyés avec de l'acide muriatique affaibli pour leur donner leur brillant de perle. On fait ensuite un mélange d'essences, par exemple 500 grammes de bergamote et 25 grammes de bois de santal, 56 grammes de lavande et 56 grammes de bois rose, on y mêle 2 grammes de civette et 3 ou 4 grammes de musc.

Alors on trempe les coquillages dans la composition qui monte dans les spirales dont ils se composent. Quand ils sont secs, ces coquillages servent à parfumer les écrins et les boîtes à ouvrage.

Fleurs parfumées.

Les fleurs artificielles si bien réussies ne donnaient cependant l'illusion qu'aux yeux ; aussi la parfumerie s'est-elle empressée de joindre à l'aspect l'odeur de la plante imitée.

On possède donc maintenant des plantes, fleurs et bouquets dont la fraîcheur et les qualités odoriférantes sont absolument semblables au naturel.

Bague à jet d'odeur.

Indépendamment des parfums qui s'emploient pour mouchoirs, habits, vêtements et dont nous donnons les recettes dans notre second volume, il existe une quantité de petits objets parfumés et dont la vogue augmente tous les jours.

En première ligne nous devons citer la bague à jet d'odeur. Cette bague a obtenu, autrefois, une sorte de célébrité comme moyen de porter sur soi des odeurs.

Le succès qu'a obtenu ce charmant bijou auprès de tous ceux qui l'ont vu est on ne peut plus flatteur pour celui qui l'a inventé. C'est à la fois un objet de luxe et d'utilité. Au moyen de la plus légère pression, la personne qui le porte peut en faire jaillir à volonté un jet de parfum. Ainsi chacun peut avoir sur soi au bal, au con-

Fig. 65. — Bague à jet d'odeur.

cert, dans la chambre d'un malade, une quantité d'essence suffisante pour rafraîchir un instant.

Plus d'une fois ces bagues ont été l'occasion de scènes comiques. Ainsi, un monsieur qui a les parfums en horreur, excepté le tabac, en pressant la main d'une dame reçoit une averse de l'éternel frangipane ou du non moins éternel « *kiss me quick* » (embrassez-moi vite), au grand bonheur de la société, ravie de le voir si doucement « *dévoilé* ».

Ces bagues se remplissent très aisément. On presse le chaton de la bague ; on verse de l'odeur dans une tasse et l'on y plonge l'anneau ; l'élasticité du chaton attire le parfum à l'intérieur jusqu'à ce qu'il soit rempli.

Épingles à jet d'odeur.

[[Dans le même genre et avec un égal succès on a créé la cravate magique.

L'épingle de cette cravate est creuse, et communique au moyen d'un tuyau avec une poire en caoutchouc dissimulée sous les vêtements.

Une simple pression de main permet d'envoyer l'essence parfumée en un point donné.]]

Encens.

Il n'est pas douteux que l'habitude de brûler des pas-

Fig. 66. — Grand prêtre brûlant de l'encens sur l'autel.

tilles dans les appartements ne vienne de l'usage de

brûler de l'encens sur les autels pendant les cérémonies religieuses. — « Il arriva par le sort, selon ce qui s'observait entre les prêtres, que ce fut à lui (Zacharie) d'entrer dans le temple du Seigneur pour y brûler l'encens. » (Luc, 1, 9.) « Et tu feras un autel pour y brûler de l'encens... Et Aaron y brûlera de l'encens tous les matins quand il arrangera les lampes; et le soir, quand il allume les lampes, il y brûlera de l'encens. » (*Exode*, xxx, 1, 7.)

L'encensoir.

L'encensoir en usage dans les églises est fait de cuivre,

Fig. 67. — Encensoir.

d'argent allemand ou d'autres métaux précieux; la gravure ci-dessus en montre la forme; la partie supérieure est percée de trous pour laisser s'évaporer le parfum (1). Dans la partie inférieure est un petit réchaud de cuivre que l'on peut en tirer et remplir de charbon embrasé. Pour s'en servir on met le charbon dans l'encensoir et on verse l'encens dessus : la chaleur le volatilise immédiatement et la fumée se répand. Le clerc, en balançant en l'air l'encensoir attaché à trois longues chaînes, favorise le dégagement de la vapeur embaumée. La manière d'encenser varie légèrement dans les églises à Rome, en France et en Angleterre ; quelques-uns envoient l'encensoir plus haut que la tête. A l'église de la Madeleine, à Paris, l'habitude est de le lancer toujours de la longueur des chaînes et de le rattraper vivement de la main gauche.

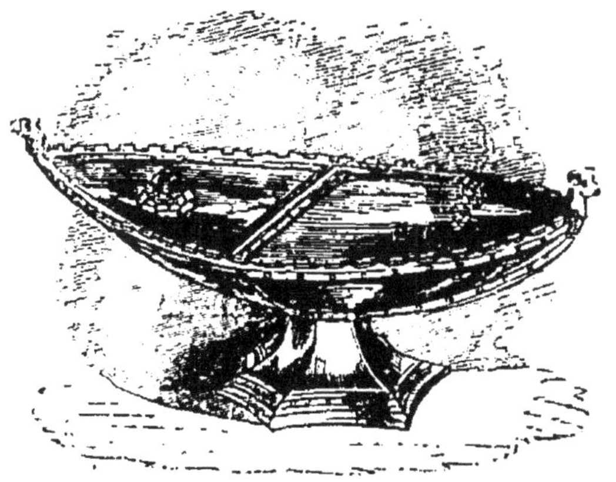

Fig. 68. — Brûloir à encens antique.

La gravure ci-dessus représente une boîte ou brûloir à encens antique (fig. 68); l'original en argent est long de 18 centimètres. Il appartient à William Wells, esq., de Holme Wood House, Whittlesea, Cambridgeshire. On

(1) Le mot *parfum* (*per fume*) est dérivé du latin *per fumus* (par fumée), parce que les premiers parfums en usage étaient ceux dont l'odeur se dégage dans la combustion.

l'a trouvé en curant l'étang de Whittlesea. La forme et la construction en sont bien assorties à l'usage auquel il est destiné. Quand il ne sert pas, c'est un objet élégant pour orner un boudoir ; et, quand on en a besoin, on trouve dans la boîte l'encens et les allumettes pour le faire brûler. Il est probable qu'il a appartenu à l'abbaye de Ramsey (1), supposition suggérée par les têtes de bélier que l'on voit à l'avant et à l'arrière du vaisseau.

Divers échantillons d'encens préparé pour le service des autels paraissent n'être pas autre chose que de la résine oliban d'une qualité ordinaire qui ne ressemble en rien à la composition prescrite par Dieu et dont l'*Exode* donne la formule tout au long.

Les pastilles des modernes ne sont en réalité qu'une légère variante de l'encens des Anciens. Pendant longtemps on leur donna le nom d'*osselets de Chypre*. On trouve dans les vieux livres de pharmacie, sous le nom de *suffitus*, un certain mélange des résines alors connues qui, jeté sur les cendres chaudes, produisait une fumée que l'on regardait comme salutaire dans plusieurs maladies.

C'est avec la même idée, ou tout au moins pour masquer la mauvaise odeur de la chambre des malades, qu'on se sert aujourd'hui de pastilles et de rubans de fumigation.

Lampe à parfum.

Peu de temps après la découverte de la propriété particulière qu'a le platine spongieux de rester incandescent dans la vapeur d'alcool, J. Deck (de Cambridge) en

(1) *Ram*, en anglais *bélier*.

fit une ingénieuse application pour parfumer les appartements. On remplit une lampe ordinaire à esprit-de-vin d'eau de Hongrie ou d'autre esprit parfumé, puis on y met une mèche comme d'habitude. Au centre de la mèche, et la dépassant environ de 3 millimètres, on met une petite boule de platine spongieux fixée à une petite tringle de verre introduite dans la mèche.

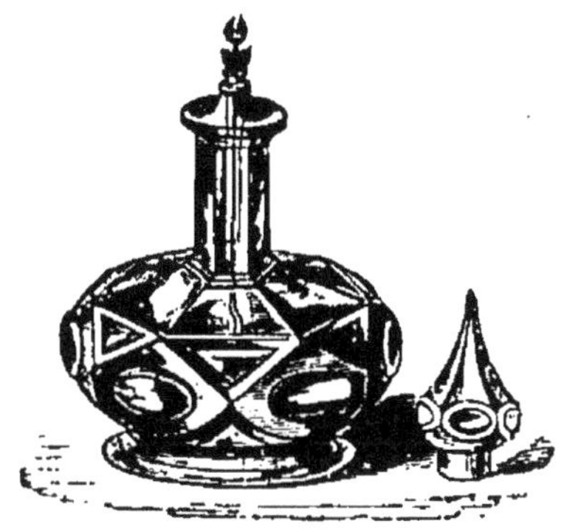

Fig. 69. — Lampe sans flamme à parfum.

Quand la lampe est ainsi arrangée, on l'allume et on la laisse brûler jusqu'à ce que le platine passe au rouge-cerise; on peut alors éteindre la flamme, le platine continue à demeurer incandescent pendant un temps indéfini. Le voisinage d'une boule embrasée amène naturellement l'évaporation d'un corps volatil, comme l'est une essence aromatique répandue sur la surface d'une mèche de coton, et par suite la diffusion de l'odeur.

Au lieu de remplir la lampe d'eau de Hongrie, on peut y mettre de l'eau de Portugal, de verveine ou toute autre essence spiritueuse.

Les personnes qui ont l'habitude de se servir des lampes à parfums ont souvent l'occasion de remarquer que, quelque différence qu'il y ait dans la composition du liquide employé, il y a toujours une certaine ressemblance dans l'odeur quand le platine est en œuvre. Cela vient de ce que, tant que la vapeur de l'alcool mêlée au gaz oxygène passe sur le platine incandescent, il se forme toujours divers produits, en plus ou moins grande quantité, tels que l'acide acétique, l'aldéhyde et l'acétal, qui donnent un cachet particulier et un bouquet assez agréable à la vapeur, mais qui absorbent et annihilent toute autre odeur.

Papier à fumigations.

Il y a deux manières de le préparer :

I. Prenez des feuilles de papier à cartouches léger, plongez-les dans une solution d'alun ainsi faite : alun 28 grammes, eau 1^{lit},56. Quand elles sont complètement imbibées, faites-les bien sécher; sur un des côtés de ce papier étendez un mélange composé de gomme de benjoin, d'oliban, et de baume de Tolu ou du Pérou en proportions égales, si vous n'aimez mieux le benjoin seul. Pour étendre la résine, etc., il est nécessaire de les faire fondre dans un vase de terre; on en verse ensuite une couche mince sur le papier et l'on en adoucit la surface avec une spatule chaude. Quand on veut s'en servir, on tient des bandes de ce papier au-dessus de la bougie ou de la lampe afin de faire évaporer le principe odorant sans embraser le papier. L'alun l'empêche jusqu'à un certain point de s'enflammer.

II. On trempe des feuilles de bon papier léger dans une solution de salpêtre, dans la proportion de 56 grammes de salpêtre pour 56 centilitres d'eau; on les fait ensuite bien sécher.

On fait dissoudre une gomme odorante, myrrhe, oliban, benjoin ou autre, dans de l'esprit-de-vin rectifié jusqu'à ce que celui-ci en soit saturé; avec une brosse on étend cette solution sur les deux côtés du papier, ou bien on plonge le papier dans la solution; après quoi on le suspend en l'air où il sèche rapidement. On fait ensuite avec des bandes de ce papier, en les roulant, des espèces de broches que l'on enflamme et qu'on souffle aussitôt. Le nitre contenu dans le papier est cause qu'il brûle

Fig. 70. — Vase et section montrant le ruban de Bruges.

tout doucement en répandant l'agréable parfum des gommes aromatiques. Si l'on presse deux de ces feuilles l'une contre l'autre avant que la surface soit sèche, elles se colleront et n'en feront qu'une seule. Coupées en bandes, elles forment ce qu'on appelle *allumettes odoriférantes* ou *broches parfumées*.

VAPORISATEURS.

Depuis un certain temps, on emploie beaucoup certains appareils appelés *vaporisateurs*, qui, au moyen d'un courant d'air à grande vitesse, répandent dans l'atmosphère, à l'état de vapeur, les liquides alcooliques chargés de parfum.

Nous citerons ici deux genres de vaporisateurs les plus répandus :

Le premier peut servir sur tous les flacons contenant le liquide que l'on veut vaporiser.

Il se compose de deux tubes de verre réunis ensemble par une charnière mobile (fig. 71).

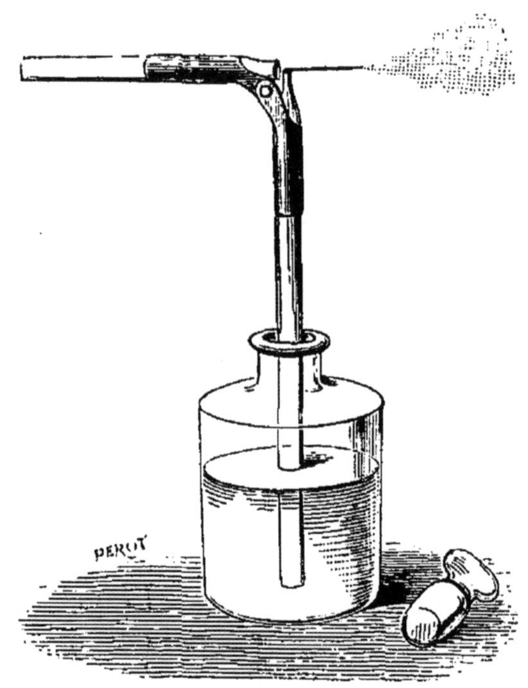

Fig. 71.

L'un de ces tubes est terminé par un cône dont l'ouverture est très petite.

Pour se servir de cet appareil, on met les tubes à angle droit, on plonge le tube à bout conique dans le flacon, de façon que l'extrémité inférieure soit à une petite distance du fond du flacon ; on souffle fortement dans le tube horizontal, et le courant d'air, entraînant le liquide contenu dans le flacon par le tube vertical, se trouve mélangé avec l'alcool vaporisé qui sert de véhicule aux parfums contenus dans le flacon.

Le deuxième appareil est composé du flacon contenant le liquide, en même temps que du système pulvérisateur (fig. 72). Ici ce n'est plus par entraînement qu'on

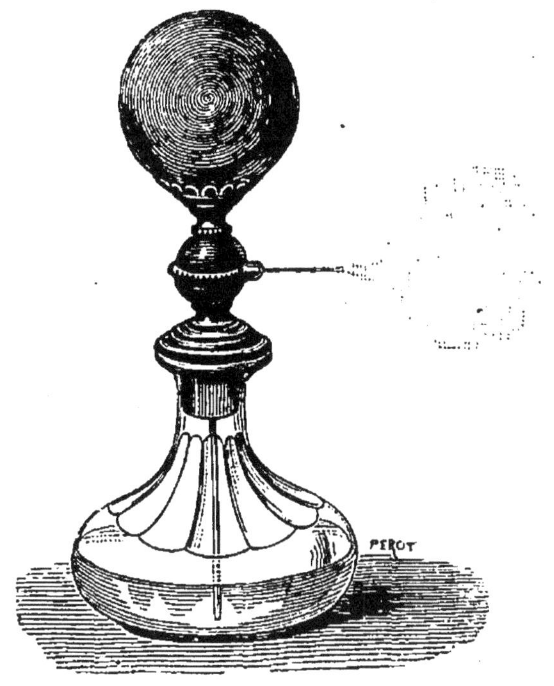

Fig. 72.

atteint le but décidé, mais, au contraire, au moyen de la pression sur le liquide, qui monte dans le tube plongeur et qui se trouve mélangé avec une certaine quantité d'air au moment où l'on comprime la boule en caoutchouc qui se trouve au sommet de l'appareil.

Ce système est préférable au précédent : il est plus commode et donne une vaporisation plus divisée.

ROUGES ET POUDRES ABSORBANTES.

Il manque quelque chose sur la table de toilette d'une dame s'il ne s'y trouve pas quelque boîte de poudre absorbante. En effet, dès notre plus tendre enfance, cette poudre s'emploie avec avantage pour ôter l'humidité de la peau. Il n'est donc pas étonnant qu'on en continue l'usage dans un âge plus avancé, si, en en modifiant légèrement la composition, on peut en faire non seulement un absorbant, mais encore un auxiliaire de la beauté. Nous n'exagérons rien en disant qu'il s'en consomme chaque année des quintaux. Ces poudres ont généralement pour base diverses fécules extraites du froment, du riz, des pommes de terre, de différentes amandes, mêlées en proportions plus ou moins grandes avec du talc en poudre ou stéatite (pierre de savon), de la magnésie (silicate de magnésie), de la craie de Briançon, de l'oxyde de bismuth, de l'oxyde de zinc, etc. On les étend sur le visage avec une patte de lièvre préparée et emmanchée à cet effet. Cependant, quand on saupoudre toute la peau, comme lorsqu'on veut étancher l'humidité après s'être lavé, on préfère le plus souvent les *houppes* en duvet de cygne. Une personne en position d'être bien renseignée m'affirme qu'il s'importe chaque année, en Angleterre, environ cinq mille peaux de cygnes qui payent les droits d'entrée ; mais il y a tout lieu de supposer qu'un grand nombre trouvent encore moyen de « se soustraire aux ennuyeuses formalités de la douane ». Si nous portons ce nombre à deux mille, nous aurons chaque année une importation réelle de sept mille peaux de cygnes. Chaque peau pouvant faire en moyenne soixante houppes, ce sera par an un total de quatre cent vingt mille houppes.

Les poudres les plus en faveur sont celles qui sont connues sous les noms de *poudre à la violette*, *poudre de toilette*, etc.

L'amidon employé dans ces poudres peut être extrait d'une foule de substances, et la grosseur du grain dépend de la substance sur laquelle on a opéré ; le grain de l'amidon de riz est comparativement le plus fin.

[Les poudres au blanc de zinc (oxyde de zinc) ou au blanc de fard (sous-nitrate de bismuth) peuvent, à notre avis, être vendues par les parfumeurs français, mais à la condition toutefois qu'ils ne leur attribueront aucune propriété thérapeutique, car ils en feraient ainsi de véritables médicaments. Il en est de même des poudres composées au calomel ou à toute autre préparation mercurielle dont la vente, au terme de notre législation, ne peut être faite que par des pharmaciens, sur prescription d'un médecin.

Il est peu de matières sur lesquelles on trompe davantage que sur les poudres de toilette. Nous voudrions à cet égard que l'étiquette fît connaître la composition de ces poudres, et, lorsqu'on annonce de la *poudre de riz*, il faudrait que celle-ci ne contînt pas jusqu'à 60 p. 100 d'albâtre (sulfate de chaux) pulvérisé. Il existe dans tous les pays du monde des individus *patentés* dont l'unique industrie consiste à fabriquer des produits destinés à en falsifier d'autres. Un pareil état de choses est honteux, il ruine le commerce et fait injustement rejaillir sur des industriels et des commerçants honnêtes la défaveur qui ne devrait atteindre que ceux qui trompent le public.]

Blanc français.

C'est du talc pulvérisé, passé à travers un tamis de soie.

Cette dernière poudre est excellente pour le visage, particulièrement parce que ni les émanations de la peau ni celles de l'atmosphère n'en altèrent la couleur.

L'usage de se peindre le visage paraît avoir été suivi plus ou moins, par les personnes des deux sexes, depuis les temps les plus reculés jusqu'à nos jours. « Et Jéhu étant arrivé auprès de Jezrael, Jezabel l'apprit ; et elle se peignit le visage, orna sa tête et se mit à la fenêtre. » (*Rois*, IX, 30.) Gibbon (1) dit que l'empereur Héliogabale, quand il entra pour la première fois dans Rome, avait les sourcils teints en noir et les joues enluminées de rouge et de blanc. Le premier présent que fit l'impératrice de Russie à Catherine, nouvellement arrivée à la cour et à peine âgée de quinze ans, fut un pot de rouge (2).

Blanc de perle liquide (pour le théâtre).

L'usage d'un fard blanc est indispensable aux actrices et aux danseurs ; les grands mouvements de la scène couvrent leurs joues d'une rougeur incompatible avec certains effets dramatiques et qui a besoin d'être dissimulée sous quelque cosmétique. Mme V..., dans sa carrière théâtrale, a probablement employé plus d'un demi-quintal d'oxyde de bismuth préparé comme suit :

Eau de rose ou de fleur d'oranger.	0lit,56
Oxyde de bismuth.................	113 grammes.

Triturer pendant longtemps et bien mélanger.

Rouge et fards.

Nous ne reviendrons pas sur la chimie des rouges et des fards dont nous parlons dans le volume *Chimie des parfums*, p. 301 ; quatre ou cinq maisons suffisent à en fournir à toute l'Europe. C'est chez M. Monin, successeur de Titard, rue Grenier-Saint-Lazare, à Paris, qu'on trouve sans contredit la plus belle qualité.

La manipulation du plus beau carmin est encore un mystère, parce que, d'une part, la consommation en

(1) GIBBON, *Décadence et chute de l'empire romain*, vol. I, chap. VI.
(2) *Mémoires de l'impératrice Catherine II*, par M. A. HERZEN.

étant très restreinte, peu de personnes s'en occupent, et d'autre part, la matière première étant très chère, il n'est pas facile de faire des expériences aussi coûteuses.

Sir H. Davy raconte à ce sujet l'anecdote suivante :

« Un fabricant anglais, connaissant la supériorité du carmin français, se rendit à Lyon pour perfectionner ses procédés et traita, avec le premier fabricant de cette ville, de la vente de son secret; il convint de lui en donner 25000 fr. Celui-ci lui montra toutes les opérations dont le résultat obtenu sous ses yeux était un magnifique carmin. Cependant l'Anglais n'avait trouvé aucune différence entre le mode de fabrication français et celui qu'il avait toujours suivi lui-même. Il se plaignait à son professeur, soutenant que celui-ci lui avait caché quelque chose. Le Français jura que non et l'engagea à venir une seconde fois voir la manipulation. Notre homme examina minutieusement l'eau et les substances, qu'il trouva en tout semblables à celles qu'il employait, puis, au comble de la surprise : « Je vois, dit-il, que j'ai perdu ma peine et mon argent, car l'air de l'Angleterre ne nous permet pas de faire de bon carmin. — Un instant, repartit le Français ; n'allez pas vous y tromper. Quel temps fait-il aujourd'hui? — Un beau soleil, reprit l'Anglais. — Eh bien, c'est ces jours-là que je fais ma couleur. Si j'essayais de travailler par un temps sombre et nébuleux, j'aurais le même résultat que vous. Si vous voulez m'en croire, mon ami, ne faites jamais de carmin que par un beau soleil. — Sans doute, répondit l'Anglais, mais alors je crains de n'en pas faire beaucoup à Londres! »

Bleu pour les veines.

Les exigences de la mode sont telles que si les parfumeurs n'étaient pas en état de fournir aux élégantes le moyen de faire serpenter sur leur peau blanche un petit filet d'azur, pour marquer le trajet des veines, il semblerait qu'il y eût une lacune, un *desideratum* dans leur art et dans leur laboratoire.

Le bleu pour imiter les veines se fait avec de la craie de Briançon (talc) réduite en poussière impalpable, passée à travers un tamis de soie, teintée dans la proportion voulue avec du bleu de Prusse, et enfin transformée en une pâte par l'addition d'un peu d'eau légèrement gommée. Quand cette pâte est sèche, on la met en pots de la même manière que le rouge.

Après avoir adouci le teint avec du blanc, on indique les veines avec une estompe trempée dans le bleu dont la composition précède. Ces estompes sont faites en peau de chevreau; l'intérieur de la peau forme l'extérieur de l'estompe.

Lorsqu'il est employé avec art, ce bleu produit un effet agréable et naturel.

Poudre d'or pour les cheveux.

La poudre d'or a été portée par l'impératrice Eugénie au carnaval de 1860. Depuis lors, comme c'est l'ordinaire en fait de modes, l'usage de cette poudre s'est rapidement propagé, et toutes les beautés qui aspirent à briller dans la sphère du grand monde doivent être poudrées d'or.

La première qualité se fait avec de l'or en feuilles pulvérisé; la qualité inférieure n'est pas autre chose qu'une grossière poudre de cuivre.

FIN.

TABLE DES MATIÈRES

II

FIN DE LA TABLE DES MATIÈRES.

1269-04. — Corbeil. Imprimerie Éd. Crété.

www.ingramcontent.com/pod-product-compliance
Ingram Content Group UK Ltd.
Pitfield, Milton Keynes, MK11 3LW, UK
UKHW020604230726
13926UKWH00005B/2190